本书研究获水利人才发展资助项目（JL

U0226900

循环经济视域下中小城市规划与生态城市建设实证分析

裴 亮 尚毅梓 鲁仕宝 等 著

科学出版社

北 京

内 容 简 介

　　循环经济是一种以资源的高效利用和循环利用为核心，以减量化、再利用、资源化为原则，以低消耗、低排放、高效率为基本特征，符合可持续发展理念的经济增长模式，是对"大量生产、大量消费、大量废弃"的传统增长模式的根本变革。本书以马克思主义经济理论为指导，借鉴国内外学者有关循环经济的研究成果，对循环经济所涉及的基本理论问题进行全面系统分析；基于循环经济的中小城市规划研究开创了我国城市规划领域系统应用循环经济新的理念的先河，是对我国城市规划理论的补充和完善，对我国中小城市规划的编制、实施和管理具有重要的现实意义和长远的指导作用。

　　本书可供城市规划、资源环境、地理学、经济学及管理学领域的科研人员使用，也可作为高等院校相关专业学生的参考用书。

图书在版编目（CIP）数据

循环经济视域下中小城市规划与生态城市建设实证分析 / 裴亮等著.
北京：科学出版社，2024. 11. -- ISBN 978-7-03-080106-7

Ⅰ. TU984. 2；X321. 2

中国国家版本馆 CIP 数据核字第 20249LN466 号

责任编辑：林　剑／责任校对：樊雅琼
责任印制：吴兆东／封面设计：无极书装

科 学 出 版 社 出版
北京东黄城根北街 16 号
邮政编码：100717
http://www.sciencep.com
北京中石油彩色印刷有限责任公司印刷
科学出版社发行　各地新华书店经销
*

2024 年 11 月第 一 版　开本：720×1000　1/16
2025 年 1 月第二次印刷　印张：14
字数：300 000
定价：**188. 00 元**
（如有印装质量问题，我社负责调换）

本书撰写组成员名单

裴　亮　　尚毅梓　　鲁仕宝

多　佳　　望　甜　　杨　帆

热合曼江·吾甫尔　　李文锋

王淑智　　段培高　　王旭阳

刘云非　　卢诗阳　　曲梦晓

自　序

循环经济是一种以资源的高效利用和循环利用为核心，以减量化、再利用、资源化为原则，以低消耗、低排放、高效率为基本特征，符合可持续发展理念的经济增长模式，是对"大量生产、大量消费、大量废弃"的传统增长模式的根本变革。循环经济的实质是以尽可能少的资源消耗、尽可能小的环境代价实现最大的经济效益和社会效益，力求把经济社会活动对自然资源的需求和生态环境的影响降低到最小程度。在宏观层面上，发展循环经济要求对产业结构和布局进行调整，循环经济的发展理念贯穿于经济社会发展各领域、各环节，建立全社会的资源循环利用体系，在减量化的基础上实现资源的高效利用和循环利用。在微观层面上，发展循环经济要求企业节能降耗、提高资源利用效率；对生产过程中产生的废弃物进行综合利用；根据资源条件和产业布局，合理延长产业链，促进产业间的共生组合。这是循环经济的本质和要求。

自 20 世纪中叶相继爆发了震惊世界的"八大公害"事件以来，城市生态与环境研究日益受到人们的重视。各国专家学者经过系统的分析研究，制定了一系列措施建议，取得了丰硕的成果。近年来国际上城市生态与环境的研究向深度和广度上同时扩展，内容涉及多个领域，并且其研究目标也越来越集中在城市的可持续发展上。我国循环经济型生态城市理论的研究起步较晚，20 世纪 80 年代末90 年代初以来，随着可持续发展战略的普遍推行，发达国家把发展循环经济、建立循环型社会作为实现环境与经济协调发展的重要途径，并把循环经济上升到国家法律层面。德国、日本、美国都是循环经济生态城市发展较好的国家，法国、英国、意大利、西班牙、韩国、荷兰、新加坡等国家也都在积极发展城市循环经济，研究先进国家循环经济发展，得出几点借鉴经验：法律体系完善；政府干预；市场机制与市场手段；公众意识的培养。

随着我国城市化进程的加快，循环经济型生态城已成为学术界普遍关注的一个热点。大力推进城市的生态化建设，是新世纪赋予我们的历史使命，是贯彻党的二十大提出的促进人与自然和谐，推动整个社会走上生产发展、生活富裕、生态良好的文明发展道路的必然要求。将已有的理论和实践总结形成理论体系并用于指导实践，在满足不同领域专家学者和管理需求的同时，为丰富循环经济的理论贡献自己的一份力量，这就是我们写作《循环经济视域下中小城市规划与生态城市建设实证分析》的出发点。

裴 亮

2024 年 5 月

前　言

城市化进程的加快和城市化水平的提高，在为人类的城市生活带来舒适和便利的同时，也使得城市患上能源资源短缺、生态环境恶化、交通拥挤等"城市综合征"，严重影响着城市的健康发展。要从根本上解决这一问题，就必须在作为城市化主要调控手段的城市规划上引入新的知识、新的构思和新的理念，改变当前城市经济的粗放式发展模式，实现可持续发展。循环经济就是人类为实现可持续发展所采用的保护环境，维持生态平衡，实现城市经济、社会、环境协调发展的一种全新的经济发展模式。

本书基于循环经济的中小城市规划与生态城市建设研究，在城市规划中引入循环经济的新理念，采用定性和定量分析相结合的方法，分析循环经济和城市规划的内涵、基本特征和基本原则，探讨循环经济与城市规划的辩证关系；分析循环经济的基本理论对城市规划的新要求，系统地研究城市系统良性循环的自组织，以及经济、社会、资源及空间调控机制，研究城市资源和环境对城市发展的承载能力，探讨城市规划变革的思路及建设紧凑型、节能省地型、节约型城市和绿色人居环境等一系列城市规划新的理念，建立由规划的基本观、基本原则、基本内容、技术标准、规划审查构成的城市规划结构体系，构建具有中国特色的城市规划和生态城市建设新的理论体系。采用理论与实践相结合的方法，讨论研究作为城市发展循环经济的重要因素的城市空间（土地）和资源规划的范式，建立循环经济理念下城市土地集约、重复、复合利用的规划决策管理体系，提出土地利用的优化模式和实施措施；阐述平衡与调配、开源与节流、重复与循环的城市资源规划的原理，提出中小城市资源动态规划的内容。结合杨凌城市规划实际，研究循环经济理念下的产业、土地利用、生态建设和资源保护等规划思路和具体规划方案。

本书开创了我国城市规划领域系统应用循环经济新的理念的先河，是对我国城市规划理论的补充和完善，对我国中小城市规划的编制、实施和管理，以及生态城市建设发展具有重要的现实意义和长远的指导作用。

本书主要有以下特点：一是形成了较为完整的理论体系，从循环经济的起源、理论基础、评价方法和指标体系、国内外实践、中国的发展模式、制度建设等方面进行了系统总结；二是掌握的资料比较全面，研究团队参与国内外项目研究时，做了大量的调研，并参加了一些地方规划的评审工作，对国内外的情况比较了解；三是知识性、可读性强，将自然科学和社会科学融为一体，可以作为高等院校相关学科的本科生、研究生学习参考资料，也可以作为政府管理人员（如规划、环境保护等）和企业家的必备读本。

裴　亮

2024 年 1 月

目　　录

| 1 |　绪　　论

1.1　循环经济理论产生的背景

2001 年，诺贝尔经济学奖获得者、美国经济学家斯蒂格利茨（Joseph E. Stiglitz）在世界银行的一次讨论会上宣称：新技术革命和中国的城市化将是影响 21 世纪人类进程的两大关键因素。新世纪对中国有三大挑战，居首位的是城市化，中国的城市化将是区域经济增长的火车头，并产生最重要的经济利益。如果中国能在 21 世纪中期成为世界上高度城市化的国家，拥有 10 亿以上城市人口，其经济实力、科技影响力将改变世界政治经济的大格局，成为人类历史上的一次重要转折[1]。

城市化进程的加快和城市化水平的提高，为人类的城市生活带来了舒适和便利。但在城市日益现代化的同时，城市也不得不面对能源短缺、交通拥挤、环境恶化、住房紧张、供水不足、污染严重等"城市病"所带来的巨大压力[2-6]。中国科学院院士、中国工程院院士周干峙在西安举行的 2005 年中国城市规划年会上说，当前城市化发展中存在的主要问题是"四个透支"和"三个失衡"。"四个透支"即土地资源透支、环境资源透支、能源资源透支、水资源透支；"三个失衡"即城市内贫富差距扩大、城乡经济差距扩大、沿海和内地差距扩大。中国科学院可持续发展研究中心首席科学家牛文元认为，要从根本上解决"城市病"问题，必须在区域概念下重新进行城市规划，改善城市发展格局，转变城市建设局限于一个个小区内的封闭做法，要形成辐射，形成大中小城市和小城镇协调发展的格局，使市的居住、生产、流通之间更加有序。我国作为人口大国和资源短缺的国家，城市发展必须改变无视社会和生态成本，以及不考虑社会公平和长远稳定的不能持续发展的模式。要用循环经济的理念完善城市增长的理论体系，协调城市与区域发展，统筹城市各个功能区和整个系统的规划，协调区域产业链，增强城市文化内涵，必须深入研究循环经济理念下城市规划的基本原理、内容和实施措施。

循环经济理论的产生是与区域经济发展，特别是城市化和城市发展建设的实践密切相关的。20 世纪中叶以来，发达国家在控制环境污染等环境问题的同时，建立起了所谓的循环经济理论和循环经济体系。然而，其循环经济实际上是建立在局部或地区范围内的循环经济，并且要以雄厚的资本优势、科技优势、人力资源优势为背景。显然，这种局限于局部地区的循环经济，在全球水平上是不可持续的。因此，狭义循环经济理论是不完全意义上的循环经济理论，不具有广泛的理论指导意义。新兴工业化国家城市发展循环经济的背景与发达国家显著不同，一方面城市发展缺乏发达国家城市所具备的资源背景，另一方面缺乏发达国家城市的资本优势、科技优势和人力资源优势，这就更加需要循环经济理论创新，建立完全意义和广义上的循环经济理论，指导其城市循环经济实践，有效地解决快速城市化伴生的复合、多样的城市环境问题和社会问题。基于循环经济理论的城市规划则是解决这个问题的前提和关键之一。

城市的建设和发展水平首先取决于城市规划的编制水平与实施效果，城市规划的科学合理性对城市发展目标的实现具有十分重要的意义。温家宝总理多次强调城市规划是城市建设和发展的蓝图，是建设和管理城市的基本依据。城市规划搞得好不好，直接关系城市总体功能能否有效发挥，关系经济、社会、人口、资源、环境能否协调发展。城市规划是一项全局性、综合性、战略性的工作，涉及政治、经济、文化和社会生活等各个领域。制定好城市规划，要按照现代化城市建设的总体要求，立足当前，面向未来，统筹兼顾，综合布局。要处理好局部与整体、近期与长远、需要与可能、经济建设与社会发展、城市建设与环境保护、进行现代化建设与保护历史遗产等一系列关系。通过加强和改进城市规划工作，促进城市健康发展，为人民群众创造良好的工作和生活环境。制定城市规划要广泛听取各方面意见，特别要听取专家的意见，多方比较，反复论证，经过法定程序审批，城市规划一经批准，就具有法规的权威性，必须严格执行，任何人不得随意更改。然而，随着城市社会经济活动规模的扩大，城市系统整体功能越来越复杂化，城市生活模式和生活理念更加多元化，资源短缺和信息经济等都不断地对城市规划提出新的要求，在城市社会经济的快速发展状态下，要实现城市的可持续发展，有效利用城市发展的资源，保护自然和生态环境，实现城市发展经济、环境和社会效益的优化，城市规划必然要引入新的思想、新的构思和新的知识，用循环经济的基本理念，研究城市发展资源和环境对城市发展的支撑与承载能力，建立城市各要素和系统环境运转的基本理论，探索循环经济理念下的城市规划理论体系，将是具有中国特色的城市规划新的理论体系的重大课题。

2006 年，党中央提出了"以人为本，全面、协调、可持续发展"的科学发展观，坚持统筹城乡发展、统筹区域发展、统筹经济社会发展、统筹人与自然和谐发展、统筹国内发展和对外开放"五个统筹"发展建设理念，新的发展建设理念要求科学地认识和理解城市"发展"的内涵。如何建立基于循环经济理念上的城市规划体系，成为发展建设理念亟须解决的问题。对此，本书旨在研究基于循环经济理念的中小城市规划理论，为中小城市摆脱其发展困境找到出路，以期对我国城市科学发展观的内涵有所完善。

1.2　基于循环经济的城市研究动态

环境污染的日益加剧和城市无限蔓延引起的城市病受到广泛关注，国内外相关领域学者就此展开了系列、长期的研究。但因城市发展水平的差异，不同地域和不同领域的研究对循环经济的认识程度及其强调的侧重点也各不相同。

1.2.1　国外城市循环经济研究动态

20 世纪 50 年代萨迪亚斯（C. A. Doxiadis）的人类聚居学思想开创了可持续生态居住区研究的先河，其后的探索和实践经历了迂回曲折的过程。20 世纪 60 年代末，环境问题进一步升级，建筑师们重新审视和探讨人与环境的关系，将生态经济的基本原理应用到经济发展和城市建设中，开始了人地协调发展的理论研究。代表作是 V. Olgyay 的《设计结合气候》（*Design with Climate*）和 McHarg 的《设计结合自然》（*Design with Nature*）。前者详细总结了第二次世界大战以后 10 年中建筑师结合自然、有效利用自然资源所创作的一系列作品。但后来的城市重建和经济复苏的表象掩盖了人与自然的矛盾，导致发达国家流行所谓的"国际式建筑"[4]，城市规划建设中忽略了人与自然的和谐。McHarg 从宏观和微观两个层面对人与自然环境的关系进行了研究，提出并论述了人类适应自然、创造新的生存环境的必要性和可能性，并创造性地将生态学、热力学等理论引入建筑领域，启示后人以全新的角度、从更大的范围来研究人类聚居问题。

20 世纪 70 年代初，国际社会就以协调人与自然界相互关系、优化生存环境、调控失调的地球表层为目标，提出统筹区域人口（population）、资源（resource）、环境（environment）和发展（development）问题的综合研究（简称为 PRED）。PRED 研究的核心理念是系统的思维、协调的思想。城市可以看作一种特定类型的区域，所以城市规划也应该贯穿系统协调的思想，在地球生命支持系统允许范围内来发展，控制城市自身数量，理智地选择城市发展方式，控制城市资源消耗数量和环境污染程度，通过调整城市的发展方式维持人类社会永续发展。事实上，在 20 世纪 70 年代，世界各国普遍关心的问题仍然是污染治理，即末端治理方式。1972 年罗马俱乐部在《增长的极限》中，首次正式向世界发出了警告，"如果世界人口、工业化、污染、粮食生产和资源消耗方面按照现在的趋势继续下去，地球上的增长的极限有朝一日会发生"[5]。康芒纳（Commoner）深化循环经济的讨论，提出运用生态学思想指导经济和政治事务，摒弃现代社会的线性生产过程，主张无废弃物的再生循环生产方式，强调追求适度消费和精神生活的高度充实。但是，这一时期，循环经济的思想更多的还是先行者的一种超前理念，并未得到世人积极的响应。

20 世纪 70 年代后期，国际建筑师协会鉴于当时世界城市化趋势和城市规划过程中出现的新内容，于 1977 年在秘鲁的利马召开了国际性的学术会议，与会专家学者签署了《马丘比丘宪章》，将城市规划置身于区域环境中，强调了人与人、人与自然关系的研究在城市规划中的重要性，提倡城市规划的过程性、动态性，提高对城市规划的系统认识。20 世纪 80 年代，建筑师将目光转向了建筑的历史性和地区性。在这方面第三世界国家的建筑师如埃及的法赛（H. Fathy）、印度的柯里亚（C. Correa）、马来西亚的杨经文（K. Yeang）等尤为突出，他们结合当地的自然地理环境、气候、经济状况、技术水平及历史文化传统，设计出大量适合普通百姓居住、由住户直接参与建造的节能、美观的建筑。同时，人们对城市废弃物处理的思想和政策也发生了明显的变化，对废弃物资源化的认识经历了从"排放废弃物"到"净化废弃物"再到"利用废弃物"的过程。但对于如何从生产和消费源头上防止污染产生，大多数国家仍然缺少思想上的洞见和政策上的举措。

总的说来，20 世纪七八十年代，城市研究关注的是城市经济活动造成的生态后果以及建筑经济活动如何向生态化发展，而不考虑如何从根本上增强城市发展的有机联系，实现循环发展。

1987 年，布伦特兰（G. H. Brundtland）的报告《我们共同的未来》指出了城市化问题的严重性，它使建筑工作者认识到单纯的生存空间和房屋设计所考虑的范围太窄，远远不能达到人类对其生活环境的需求，如健康、舒适、愉悦等。相反，大量污染、人口密集而使人类住区环境不断恶化。因此必须结合经济、环境、文化等各方面的因素来研究和设计人类的生存空间[6]。1988 年 2 月联合国大会通过了《2000 年全球住房战略》，1992 年 6 月在里约热内卢召开的联合国环境与发展大会，通过了《21 世纪议程》，其中将"促进人类住区的可持续发展"用单独章节予以重点论述，对改善住区规划和管理，提供环境基础设施，促进住区可持续发展的能源和运输系统等制定了行动依据、目标和实施手段。

20 世纪 90 年代，可持续发展战略成为世界潮流。源头预防和全过程污染控制逐步成为西方发达国家环境与发展政策的主流，人们在不断探索和总结经验的基础上，以资源利用最大化和污染排放最小化为主线，逐渐将清洁生产、资源综合利用、生态设计和可持续消费等融为一套系统的循环经济战略。道格·赛特

（Doug. Seiter）在美国得克萨斯州首府的奥斯汀城市规划中，不仅提出了远景规划，还列出了衡量其运行的 130 个指标。迈克尔·科蒂特（Micheal Cortett）也提出了考虑农村居住环境的土地规划。这阶段的研究内容着重于人工环境的节能设计和无害化设计。建筑师提出了建筑设计的"3R"原则，即减少能源和资源的使用量，重复使用建筑构件或建筑产品，加强旧建筑的修复和建筑材料的重复使用。因建筑节能和对环境影响减小而被称为"生态建筑""绿色建筑""节能建筑"。

1996 年 6 月，联合国在伊斯坦布尔召开了第二届人类住区大会——城市问题首脑会议，提出"城市化过程中人类住区可持续发展目标"及 29 项目标，如"鼓励在中小城镇和农村增加生产性投资、就业机会、基本公共设施，住宅的平衡和可持续发展""促进自然资源的有效利用，改变不符合可持续发展的生产和消费形式与方式，为城市居民提供健康的生活与工作环境""鼓励提高住区内用能的效率，降低能耗，尽量使用替代能源和可再生能源"等。1998 年 10 月，加拿大、美国、中国等国家的建筑学者在加拿大召开了"绿色建筑 98"（Green building Challenge 98），会上总结了各国的建筑学者在绿色建筑及居住区研究方面的成果和实践。联合国人居委员会认为：今后人类的居住地都要逐步改造成为当代和子孙后代持续发展的基地。就是要以人们可以承受，而又不影响生态平衡的方式来满足所有人类的居住要求。改善人类居住地的环境已经成为世界各国的普遍认识，并成为共同的奋斗纲领。2001 年，联合国人居委员会联大会议全面审查和评价了"人居议程"的实施情况，指出，"走可持续发展道路是解决人类住区的必由之路。城市发展应与资源环境相适应，城市建设应利用先进的科学技术成果和手段"。

1999 年 6 月，《北京宪章》指出：工业革命后，人类在利用和改造自然的过程中，取得了骄人的成就，同时也付出了高昂的代价。如今，生命支持资源——空气、水和土地——日益退化，环境祸患正在威胁人类。而我们的所作所为仍然与基本的共识相悖，人类正走在与自然相抵触的道路上。人类尚未揭开地球生态系统的谜底，生态危机却到了千钧一发的关头。

2002 年，联合国环境规划署（UNEP）在巴黎发布的《全球环境展望》（*Global Environment Outlook*）以日益恶化的全球环境呼吁循环经济为题，着重指出："过去十年，传统的线性经济方式进一步导致环境退化和灾害加剧，对世界造成了 6080 亿美元的损失——相当于此前 40 年中的损失总和。"气候模型研究表明，除非大大减缓资源使用，推行循环经济模式，否则 100 年后，地球温度将比现在上升 6℃，必然导致气候变暖、生物多样性减少、土壤贫瘠、空气污染、水极度缺乏、食品生产减少等全球性重大环境问题[7]。

2005 年 6 月，全球 60 多个城市的市长在美国签署《城市环境协定——绿色城市宣言》，呼吁促进城市可持续发展，提高城市贫民的生活质量，减少垃圾，确保饮用水安全以及科学治理城市，通过能源、废弃物减少、城市设计、城市自然、交通、环境健康和水七方面努力改善城市居民的生活质量。

国外城市循环经济的实践集中在 3 个层面上：一是企业层面上（小循环），偏重于生态工艺技术开发研究，推行清洁生产，减少生产和服务中的物料与能源的消耗量，加强废弃物回收利用，实现污染排放的最小化；二是区域层面上（中循环），偏重于工业生态学的原理以及产业链间的协调组织研究，通过企业间的物质集成、能量集成和信息集成，形成产业集群和共生关系，合理规划和功能分区，组合布局工业生态园区；三是社会层面上（大循环），强调区域间合作，由"末端治理"向"源头控制"转变，把人口、资源、环境、经济、社会等因素纳入循环经济考核体系，展开区间合作，共同促进区域可持续发展。而付诸实践的循环经济模式有 4 种：一是美国杜邦化学公司内部的循环经济模式。该模式通过组织厂内各工艺之间的物料循环，延长生产链条，减少生产过程中物料和能源的使用量，尽量减少废弃物和有毒物质的排放，最大限度地利用可再生资源，提高产品的耐用性等。二是丹麦的凯隆堡工业园区模式。该模式按照工业生态学的原理，通过企业间的物质集成、能量集成和信息集成，形成产业间的代谢和共生耦合关系，使一家工厂的废气、废水、废渣、废热、废弃物或副产品成为另一家工厂的原料和能源，建立工业生态园区。三是德国的回收再利用体系（recycling and reuse system，RRS），由专门组织回收处理包装废弃物的非营利社会中介组织，将企业组织成为网络，在需要回收的包装物上打上绿点标记，然后由 DSD 委托回收企业进行处理。四是日本的循环型社会模式，由政府推动构筑多层次循环经济法律体系。

总体看来，各国发展循环经济的切入点不同。日本从资源减量化入手，以建设循环型社会为主旨。第二次世界大战后，日本实行"追赶型"和"赶超型"的经济政策，国民经济多年持续、快速增长，到 1968 年，国内生产总值已位居世界第二位。但经济快速增长使环境污染、生态破坏事件频频发生，严重影响了自然界正常的生态循环，终于演变成严峻的社会问题和政治问题。为了谋求环境问题的彻底解决，日本政府抛弃传统的经济运行方式，代之以抑制废弃物的产生、促进废弃物的再利用为目的，形成废弃物处理与资源循环再利用一体化的物质循环链条，构筑起抑制自然资源消费、减轻环境负荷的"循环型社会"。德国则从环境保护入手，主要通过建立废弃物资源化的双元系统来发展"循环经济"。1991 年，德国首次按照从资源到产品再到资源的循环经济思路制定了《包装废弃物处理法》，要求生产商和零售商要尽可能减少并回收利用商品的包装物，以减轻填埋和焚烧的压力。1994 年，德国公布了发展循环经济的《循环经济及废弃物法》，把资源闭路循环的循环经济思想从商品包装拓展到社会相关领域，规定对废弃物管理的手段首先是尽量避免产生，同时要求对已经产生的废弃物进行循环使用和最终资源化的处置。德国的循环经济立法体系共 3 个层次，即法律、条例和指南。除上面提到的法律、条例外，还有《农业和自然保护法》《污水污泥管理条例》《废旧汽车处理条例》《废电池处理条例》《有机物处理条例》《废弃电器电子产品回收处理管理条例》《废木材处理条例》《废弃物管理技术指南》《生活垃圾处理技术指南》等。德国关于循环经济的立法及实践，对世界各国都产生了巨大影响。

对于城市来说，循环经济作为一种有效平衡城市经济增长、社会发展和环境保护三者关系的经济发展模式，发达国家经过长期的实践，已经实现了城市循环经济的法治化和社会化，运用法律规范推动和保障城市循环经济的发展，形成循环型城市。国际经验有两点启示：一是逐步建立和完善循环经济法律法规体系；二是立法先行，以法律促进和规范循环经济的发展。几个循环经济做得较好的国家如日本、德国、美国、法国、比利时、奥地利等国家都有循环经济的相关立法。对我国来讲，有必要完善循环经济法律体系，注意制定相关政策，形成发展循环经济的激励和约束机制。同时，要注意发挥社会中介组织的作用。

1.2.2　国内城市循环经济研究动态

改革开放后，我国把计划生育和环境保护作为基本国策，人居也由研究转为实践。20 世纪 80 年代初，许涤新等主编了《生态经济学》，90 年代马传栋编著了《生态经济学》，贾华强编著了《可持续发展经济学导论》，刘思华主编了《可持续发展经济学》等，他们提出了环境与经济结合的理论成果。同时，国家自然科学基金也不断资助与人居环境、城市的发展与更新、地区建筑环境、自然景观开发等有关的科研项目。为了与国际接轨，1992 年，我国政府签署了《21 世纪议程》，提出了《中国 21 世纪议程》等一系列战略措施和方针政策。1993 年，我国正式启动了"2000 年小康型城乡住宅科技产业工程"，颁布了《中国城市小康住宅通用体系（WHOS）设计通则》，提出了"以人为核心、可持续发展、智能化设备、工业化技术、成套成品配置、现代化管理、个性化"未来住宅设计与建设的七项原则，并以此在全国 56 个城市 65 个住宅小区开展了"小康住宅建设"的试点工作。其中，上海市的新里弄建筑与北京的菊儿胡同成为"新建筑地区主义"的典型例证，并获得联合国人居奖。同年，周干峙教授等提出了建立人居环境学科。

1994 年，我国政府通过了《中国 21 世纪议程——中国人口、环境与发展白皮书》，提出"人类住区发展的目标是促进其可持续发展，并动员全体民众参加，建成规划合理，环境清洁、优美、安静，居住条件舒适的人类住区"。对城市化与人类住区管理、基础设施建设与完善人类住区功能、改善人类住区环境、向所有人提供适当住房、促进建筑业可持续发展、建筑节能和提高住区能源利用效率 6 个领域进行了陈述。

进入 21 世纪，我国经济发展中的资源环境矛盾日益尖锐，从而在循环经济的概念引入国内仅仅几年的时间，循环经济思想就引起了决策层的高度重视，大力发展循环经济成为国家的基本方略。循环经济的理论研究和实践便全面展开，主要研究和实践可以归纳为四方面：一是出版了系列循环经济研究方面的理论书刊、研究成果和报告；二是成立了专门的循环经济研究机构，就理论和实践进行探索；三是部分城市开展了循环经济规划编制，将城市功能地域的循环经济发展付诸实施；四是循环经济领域的国际、国内学术交流十分踊跃。环境与循环经济国际研讨会（2004 年，复旦大学）、亚太经济合作组织（APEC）循环经济与中国西部大开发会议（2005 年，银川）、第七届 3R 循环经济国际会议（2005 年，北京）、循环经济与区域可持续发展国际会议（2005 年，杭州）、中国循环经济论坛等会议先后召开。

2003 年 7 月 28 日，胡锦涛总书记的讲话中提出"坚持以人为本，树立全面、协调、可持续发展的发展观，促进经济社会和人的全面发展"。城市规划建设必须按照"五个统筹"的要求，推进生产力和生产关系、经济基础和上层建筑相协调，处理好城市环境保护和经济增长的关系。冯之浚、谢振华、王如松对城市环境问题的研究表明：中国城市环境问题主要是由经济发展的目的不明确、发展方式不当引起的；要解决这一问题，就必须改变经济增长方式，调整社会经济活动与生态系统之间不平衡的物质交换关系，走循环经济的发展道路；并从城市化、城市区域关系、城市规划等多角度展开对循环经济理念下城市规划方法的探讨[8-10]。

目前公开发表的关于循环经济研究的文章不下千篇，但是基本上都还限于循环经济概念阐释、工农业生产领域生态技术研究、循环型产业组织模式、法律政策层面研究。

综合上述分析，目前国内对于循环经济的研究集中在概念或理论阐述的层次，尤其是还没有人做过对循环经济系统至关重要的综合性发展研究。有关循环经济的发展之路，世界银行的经济学家在 *Circular Economy-An interpretation* 中也没有超越中国学者的更加详尽、有效的建议和意见。国外理论界对城市循环经济的认识还仅限于可持续发展的大概念上，对城市系统中如何按照城市循环理论要求安排和布局各种用地，协调各种资源，组合产业结构都还没有进行深入地探讨，对于指导经济和社会发展的城市规划如何做到循环规划，为城市和区域循环发展奠定稳定的基础和科学的理论框架，还没有人研究过。本书将就此领域展开循环城市规划理论与实证的分析，希望能弥补该领域研究的空白，对我国中小城市规划能有所指引。

参 考 文 献

［1］ Joseph E. Stiglitz. Globalization and Its Discontents. New York：W. W. Norton & Company，2002.

［2］ Pearce D W，Turner R K. Economics of Natural Resources and the Environment. Baltimore：Johns Hopkins University Press，1990.

［3］ Stahel W R. The product life factor//Stahel W R. An Inquiry into the Nature of Sustainable Societies：The Role of the Private Sector，1982（3）：72-96.

［4］ Ayres R U. Industrial metabolism：Theory and policy//Ayres R U，Simonis U E. Industrial Metabolism：Restructuring for Sustainable Development. Tokyo：United Nations University Press，1994.

［5］ McDonough W，Braungart M. Cradle to Cradle：Remaking the Way We Make Things. New York：North Point Press，2002.

［6］ Foundation M A. Towards the circular economy. https：//www. mckinsey. com/~/media/McKinsey/dotcom/client_service/Sustainability/PDFs/Towards_the_circular_economy. ashx，2013［2020-12-20］.

［7］ 鲁仕宝，多佳，裴亮. 中国开放时期循环经济理论与实证研究. 北京：中国原子能出版社，2016.

［8］ 王如松. 系统化、自然化、经济化、人性化——城市人居环境规划方法的生态转型. 城市环境与城市生态，2001（3）：36-43.

［9］ 谢振华. 大力发展循环经济. 求是，2003（13）：31-33.

［10］ 冯之浚. 中国循环经济高端论坛. 北京：人民出版社，2005.

2 循环经济与城市规划关系

循环经济是将物质流动方式由单向（资源—产品—废弃物）线型模式转变为闭合（资源—产品—废弃物—再生资源）循环型模式，按照"减量化、再利用、资源化"的基本原则，以新思维实现经济效益、生态效益和社会效益的有机结合，为人类发展提供一个注重与环境相协调的全新的发展观。由于当前的城市规划理论是建立在线性经济运行模式基础上的思想体系，因此城市经济增长模式的转变必然要求城市规划理论和城市建设实践进行相应的变革。

2.1 循环经济的思想

2.1.1 循环经济的内涵

循环经济的思想诞生于20世纪60年代，由于传统经济形式是由"资源—产品—废弃物"所构成单向流的经济模式，城市建设只关注资源开发，忽视了城市资源利用效率，以资源支撑城市发展导致资源的短缺。同时，城市资源消耗量的增加日益加剧城市环境污染，使城市逐渐失去了原有的自然环境外貌，基于资源消耗基础上的城市化和工业化导致城市灾害不断，城市发展中出现的问题引起了人类的关注，城市与自然和谐发展的问题逐渐提上日程。美国经济学家鲍尔丁（Boulding）提出了"宇宙飞船理论"，指出地球就像在太空中飞行的宇宙飞船，要靠不断消耗和再生自身有限的资源而生存，如果不合理开发资源，破坏环境，就会走向毁灭，人类要努力提高地球资源的循环利用能力[1]，首次提出了循环经济的概念。20世纪八九十年代，快速工业化带来突发灾害事件和区域性污染的加剧，面对现实的环境问题，人类开始制定可持续发展战略，通过法律和政策来约束城市各项经济活动。1992年6月，在里约热内卢签署的《21世纪议程》标志着可持续发展成为全球共识。20世纪90年代后期，人类逐渐意识到，应把资源投入—企业生产—产品消费—废弃物处理的线性增长模式转变为可循环的资源利用模式，使经济活动自然融入生态系统的物质循环过程中。学术界则从资源综合利用、环境保护、技术规范、经济结构、增长模式等不同角度定义循环经济的内涵，把循环经济的内涵从经济领域扩展到整个社会，提出"循环型社会"的概念。

"物质闭环流动型经济"是循环经济的语义渊源，因学科认知和阐述的角度不同，给出释义有40余种。代表性的阐述如下。

（1）生态学意义上的概念。所谓循环经济，就是把清洁生产和废弃物的综合利用融为一体的经济，本质上是一种生态经济，它要求运用生态学规律来指导人类社会的经济活动[2,3]。简言之，循环经济是按照生态规律利用自然资源和环境容量，实现经济活动的生态化转向，它是实施可持续战略的必然选择和重要保证[4]。

（2）经济学意义上的概念。从物质流动的方向看，传统工业社会的经济是一种单向流动的线性经济，即"资源—产品—废弃物"。线性经济的增长，依靠的是高强度地开采和消耗资源，同时高强度地破坏生态环境。循环经济的增长模式是"资源—产品—再生资源"[5-7]。

（3）环境科学意义上的概念。循环经济是以物质、能量梯次和闭路循环使用为特征的，在环境方面表现为污染低排放，甚至污染零排放。循环经济将清洁生产、资源综合利用、生态设计和可持续消费等融为一体，运用生态学规律来指导人类社会的经济活动，因此本质上是一种生态经济[8]。循环经济的根本任务就是保护日益稀缺的环境资源，提高环境资源的配置效率[9]。

（4）资源科学意义上的概念。"循环经济"，就是对资源及其废弃物，乃至对"死亡"产品的"遗体"进行综合利用的一种生产过程[10]。这一生产过程的实施，可以实现最大限度地"保护资源、节约资源"的目的。"循环经济"理论反对一次性消耗资源，提倡资源的重复使用或多次重复使用，提倡对已经达到生命终点的产品实现再生，使其变废为宝，达到变废弃物为再生资源和再生产品的目的[11,12]。

目前，我国普遍接受国家发展和改革委员会给出的循环经济的定义："循环经济是一种以资源的高效利用和循环利用为核心，以'减量化、再利用、资源化'为原则，以低消耗、低排放、高效率为基本特征，符合可持续发展理念的经济增长模式，是对'大量生产、大量消费、大量废弃'的传统增长模式的根本变革。"[13]该定义指出了循环经济的核心、原则、特征及其与可持续发展理念的关系，对指导资源短缺下的经济发展模式，改善经济增长与环境治理之间的矛盾具有重要的现实意义。

在全球人口剧增、资源短缺、环境污染和生态蜕变的严峻形势下，循环经济是人类重新认识自然、尊重客观规律、探索经济发展规律的产物，它要求人类运用生态学规律来指导社会经济活动，所以循环经济本质上也是一种生态经济，是按照自然生态系统的能量流模式组织资源与产品间的物质流动，挖掘人类废弃物的再生产和重复利用能力，从根本上消除经济发展与环境生态间的矛盾，实现经济效益、社会效益和环境效益的综合优化，其本质内涵与可持续发展战略是一致的。

2.1.2 循环经济与传统经济的区别

循环经济与传统经济存在着本质的区别（表2-1），传统经济是一种高投入、高消耗、高污染、低产出"三高一低"的"牧童式"经济，其社会物流模式是"资源—生产—流通—消费—丢弃"，运行模式是由"自然资源—产品和用品—污染排放"线性流程组成的物质单向流动，即传统经济是一种线性经济，对资源的利用方式是粗放的和一次性的，所获得的社会经济增长是通过把资源持续不断地变成废弃物而实现数量的增长。传统经济还存在着"外部不经济"效应、"公共物品"效应，以及国民经济核算制度不科学等先天性的机制不健全，这些机制加重了资源耗竭、环境污染和生态恶化。为此，要实现人类社会可持续发展和城市人居环境的长期可居性，就必须对现有经济系统和人类的伦理道德进行根本性调整，这种调整旨在建立一个与人类社会持续发展相对应的经济体系——循环经济。循环经济是人类为实现可持续发展而采用的旨在保护环境，维持生态平衡，以资源的高效利用和循环利用为核心，以"减量化、再利用、资源化"为原则，以低消耗、低排放、高效率为基本特征，实现生产要素"闭合环流"的经济形式和物流呈"资源—产品—再生资源"的反馈式经济模式，缓解社会经济发展面临的资源短缺，以及生态环境矛盾日益尖锐问题[14]。

表 2-1　循环经济与传统经济的比较分析

项目	传统经济模式	循环经济模式
理念	征服、改造自然	人与自然和谐
物流模式	资源—产品—废弃物	资源—产品—再生资源
环境政策	末端治理	全过程控制
技术范式	线性式	反馈式
生产特征	不受资源限制； 追求最大经济利润； 不考虑节约资源过度生产； 忽视废弃物对环境的破坏	合理利用资源，降低对环境的危害； 追求利润与环境保护有机结合； 可持续性地利用资源； 完善维护制度，设计开发易循环使用的产品，延长产品生命周期

项目	传统经济模式	循环经济模式
消费特征	追求方便性产品的消费，造成废弃物的过剩化； 一次性使用产品； 重视个人所有的价值观； 缺乏环境保护意识	在满足方便性的前提下，追求减少环境负荷的合理消费； 产品循环利用； 降低个人所有意识； 重视产品功能利用的价值观
废弃物	废弃物的大量排放造成资源的浪费和高环境负荷； 缺乏对废弃物排放造成环境破坏的认识	废弃物资源化，抑制废弃物产生，无害化处理废弃物； 彻底实施废弃物排放责任制度
主要特征	"三高一低"（高投入、高消耗、高污染、低产出）	"两低一高"（低消耗、低排放、高利用）

循环经济思想按生态学原理和系统工程方法，建立具有高效的资源代谢过程和完整的系统耦合结构，以及整体、协同、循环、自生功能的网络型、进化型的复合生态经济。它是以物质、能量梯次和闭路循环使用为特征，以"3R"为原则，追求"资源—产品—再生资源—再生产品"的物质循环流程，促使资源、能量在动态经济循环链的合理、科学、持久及最大限度地利用，最大限度地降低经济活动对环境的影响，实现经济和自然环境的双重持续发展。

循环经济的技术主体要求在传统工业经济的线性技术基础上，增加反馈机制。在微观层次上，要求企业纵向延长生产链，从生产产品延伸到废旧产品的回收和再生，拓宽横向技术体系，将生产过程中产生的废弃物进行回收利用和无害化处理。在宏观层次上，要求整个技术体系实现网络化，使资源实现跨产业循环利用，对废弃物进行产业化无害处理。表面上，循环经济强调"三废"的回收利用，但实际上是在技术范式革命的基础上实现人与自然和谐，建立一种新的经济发展模式，即把原本不属于经济范畴的内容纳入经济核算体系，进而通过经济机制的内在调节实现生产系统内部自我有序的循环[15]。

循环经济与传统线性经济相比，具有完整的运行机制，它不但消除了"外部不经济"效应，健全了国民经济核算制度，而且提高了资源和能源的利用效率，能够解决区域性、结构性的环境污染问题，延长和拓宽生产技术链，扩大环保产业和资源再生产业的规模，并扩大就业，为城市化以来的传统经济发展模式转向可持续发展的经济模式提供战略性理论基础和实现途径，从根本上消除长期以来城市资源环境与经济发展之间的矛盾。可见，建立城市循环经济体系，是医治现代城市弊端的良药，是城市人居环境可持续发展的有力保证。

2.1.3　循环经济的基本原则

循环经济不但建立"资源—产品—废弃物—再生资源"经济新思维，而且倡导在生产到消费过程中，要遵循物流"减量化（reduce）、再利用（reuse）、资源化（resources）"的原则，即"3R"原则。因此，"3R"原则构成循环经济的理论核心，是循环经济有效实施的基本路径。

（1）减量化原则。要求用较少的资源投入来达到既定的生产目的或消费目的，在经济活动的源头注意节约资源和减少污染。在生产中，减量化原则常常表现为要求产品体积小型化和产品质量轻型化。此外，要求产品包装追求简单朴实而不是豪华浪费，从而达到减少废弃物排放的目的。城市是社会经济活动的载体，城市规划从总体上制定城市的发展战略、目标及其实施的路径，减量化原则要求城市规划从城市发展的全局来考虑城市资源的利用效率，建立科学高效的城市发展目标和资源消耗的指标体系。

（2）再利用原则。要求产品和包装容器能够以初始的形式被多次使用，而不是用过一次就了结，以抵制当今世界一次性用品的泛滥。再利用更符合循环经济的要求，循环经济期望实现物质能量的最优化使用，由于对废弃物的再利用比资源化可以利用更少的成本实现同等的功能。从能量流的角度，城市系统是一个负熵流系统，每日产生的大量废弃物是造成系统负熵的根源，城市规划应能从城市物质流系统入手，建立各阶段废弃物及半成品再利用的规划调控机制和系统政策，是城市系统实现物流的"超导"运转状态，将会极大地改变城市系统的能耗水平，提高资源利用效率。

（3）资源化原则。要求生产出的物品在完成其使用功能后，能重新变成可以利用的资源而不是无用的垃圾。很显然，资源化和再利用原则的实施，反过来强化了减量化原则的实施。城市垃圾、废弃物的资源化已日益引起城市政府的重视，国内外城市大多已开始探索垃圾的资源化利用途径，建立生态化利用和能量的二次转化等多种有效利用城市垃圾的方法。但从城市规划角度看，尤其是大多中小城市，其探索尚处于起步阶段。

"3R"原则在循环经济中的重要性并不是并列的，它们的排列是有科学顺序的。减量化优先级最高，是从源头控制废弃物产生量，是最彻底有效的管理方法；在不得不产生废弃物时，则应尽量减少其产生量；接下来是在可行的情况下再利用或资源化（图2-1）。

减量化原则是第一原则。循环经济不仅要把废弃物资源化、回收利用，更为重要的是它强调生产和消费等经济活动能系统地减少或避免废弃物的产生。减量化原则将人们长期奉行的末端治理思想转变为源头和全过程预防思想，将防治污染结合到生产和消费等整个经济活动中，弥补末端治理思想的不足与打破其局限[16]。

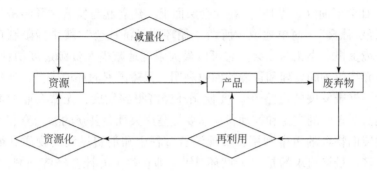

图 2-1　循环经济运行模式图

2.1.4　循环经济层面

目前，循环经济在实践过程中主要体现在企业、园区、社会三个层面上。

（1）企业层面（小循环）。企业是资源消耗和产品形成的地方，实施循环经济必须从每个企业入手。清洁生产是企业实现循环经济的基本形式，即企业根据循环经济的思想，按照清洁生产的要求，采用新的技术和设备，设计和改造生产工艺流程，形成无废、少废的生态工艺，使上游产品所产生的"废弃物"成为下游产品的原料，在企业内部实现物质的闭路循环和高效利用，减轻甚至避免环境污染，节约资源和能源，实现经济增长和环境保护的双重效益[17]。通过清洁生产的实施可以彻底解决原有企业采用"末端处理"方式带来的问题[18]。

（2）园区层面（中循环）。单个企业的清洁生产和厂内循环具有一定的局限性，因为这些过程肯定会形成厂内无法消解的一部分废料和副产品，于是需要在企业外部去组织物料循环。生态工业园区是循环经济的重要形式，按照工业生态学的原理，在园区层面上通过废弃物交换建立的生态产业链是在企业群体之间实施循环经济的典型代表。生态工业园区是生态工业的实践，是包含若干工业企业，也包含农业区、居民区等的一个区域系统[19]。它通过生态工业园区内物质流和能量流的正确设计，模拟自然生态系统，形成企业间共生网络。在生态工业园区内的各企业内部实现清洁生产，做到废弃物源减少，而在各企业之间实现废弃物、能量和信息的交换，以达到尽可能完善地资源利用和物质循环以及能量的高效利用，使得区域对外界的废弃物排放趋于零，达到对环境的友好[20]。生态工业园区是建立在多个企业或产业的相互关联、互动发展的基础上，追求系统内各生产过程从原料、中间产物、废弃物到产品的物质循环，达到资源、能源、投资的最优利用。在这一模式中，没有了废弃物的概念，每个生产过程产生的废弃物都变成下一生产过程的原料，所有的物质都得到了循环反复地利用。

（3）社会层面（大循环）。在社会层面上，建立起与发展循环经济相适应的"循环型经济社会"。简单地说，所谓"循环型经济社会"就是指限制自然资源消耗、环境负担最小化的社会。它可以最大限度地减少对资源过度消耗的依赖，保证对废弃物的正确处理和资源的回收利用，保障国家的环境安全，使经济社会走向持续、健康发展的道路[21]。要使循环经济得到发展，光靠企业的努力是不够的，还需要政府的支持和推动，更需要提高广大社会公众的参与意识和参与能力。通过废旧物资的再生利用，实现消费过程中和消费过程后物质和能量的循环。循环经济最终追求的是"大循环"[22]，即在整个的社会经济领域，使工业、农业、城市、农村都达到循环，甚至在工业、农业、生态之间也存在着交叉点、链接点，在交叉点链接点上充分利用起来，这就是大循环。如果整个社会物流过程中都实现了这个目标，那就是我们最终要建立的循环型经济社会。

2.1.5　循环经济的基本特征

循环经济从理论上实现经济、社会和生态效益统一，把人与自然的和谐作为新的社会经济发展的基本价值观，城市社会经济发展兼顾城市经济、资源和环境的统筹发展与协调机制的建立。循环经济作为一种科学发展观，一种全新的经济发展模式，具有其独特的特点。

（1）新的发展理念。循环经济是一种新的发展理念，是从人、自然资源和科学技术的更大系统来分析经济问题[23]。循环经济在人、自然资源和科学技术的大体系内，在资源投入、企业生产、产品消费及其废弃的全过程中，不断提高资源利用效率，把传统的依赖资源净消耗线性增加的发展模式转变为依靠生态型资源的循环发展模式[24]。

新的发展理念表现为新的系统观、价值观。对于新的系统观，循环是指在一定系统内的运动过程，循环经济的系统是由人、自然资源和科学技术等要素构成的大系统。循环经济观要求人在考虑生产和消费时不再置身于这一大系统之外，而是将自己作为这个大系统的一部分来研究符合客观规律的经济原则。针对城市来说，将"城市区域协调""城市空间的效率""城市物质能量流的投入产出比"等系统建设作为维持城市可持续发展的基础性工作来抓。对于新的价值观，循环经济观在考虑自然时，不再像传统工业经济那样将其作为"取料场"和"垃圾场"，也不仅仅视其为可利用的资源，而是将其作为人类赖以生存的基础，是需要维持良性循环的生态系统；在考虑科学技术时，不仅考虑其对自然的开发能力，还要充分考虑到它对生态系统的修复能力，使之成为有益于环境的技术；在考虑人自身的发展时，不仅考虑人对自然的征服能力，而且更重视人与自然和谐相处的能力，促进人的全面发展。

（2）新的发展方式。循环经济是一种新的经济增长方式，与工业经济对资源的一次性使用、生产增长依赖资源净消耗的线性增加相比，循环经济对同一种资源多次使用，提高资源利用效率，变废为宝，循环使用，依靠这种新的方式来促进经济的增长。它的生产要素不仅包括劳动力、资本，还应包括资源、环境、科学技术和各种智力资本。它的资源状况将是逐步提高资源的循环利用。它的增长不仅注重量的增加，而且注重质的提高。

新的发展方式主要体现在新的经济观、生产观和消费观上[25]。一是新的经济观。在传统工业经济的各要素中，资本在循环，劳动力在循环，而唯独自然资源没有形成循环。循环经济观要求运用生态学规律，而不是仅仅沿用 19 世纪以来机械工程学的规律来指导经济活动。不仅要考虑工程承载能力，还要考虑生态承载能力。在生态系统中，经济活动超过资源承载能力的循环是恶性循环，会造成生态系统退化；只有在资源承载能力之内的良性循环，才能使生态系统平衡地发展。二是新的生产观。传统工业经济的生产观是最大限度地开发利用自然资源，最大限度地创造社会财富，最大限度地获取利润。而循环经济的生产观是要充分考虑自然生态系统的承载能力，尽可能地节约自然资源，不断提高自然资源的利用效率，循环使用资源，创造良性的社会财富。在生产过程中，循环经济观要求遵循 "3R" 原则，同时尽可能地利用可循环再生的资源替代不可再生资源，如利用太阳能、风能等，使生产合理地依托在自然生态循环上；尽可能地利用高科技，尽可能地用知识投入来替代物质投入，以达到经济、社会与生态的和谐统一，使人类在良好的环境中生产生活，真正全面提高人民生活质量。三是新的消费观。循环经济观要求走出传统工业经济 "拼命生产、拼命消费" 的误区，提倡物质的适度消费、层次消费，在消费时就考虑到废弃物的资源化，建立循环生产和消费的观念。同时，循环经济城市要求通过税收和行政等手段，限制以不可再生资源为原料的一次性产品，如宾馆的一次性用品、餐馆的一次性餐具和豪华包装等的生产与消费。

（3）新的环境模式。循环经济是一种新的环境污染治理模式。从城市文明发展的历程来看，环境问题根植于城市经济发展方式。循环经济倡导自然资源的节约、保护和循环利用，并以系统论和生态学为理论指导，要求最大限度地将废弃物转化为资源，降低废弃物的产生量和排放量，这个过程相应减少了污染治理投入和环境监管成本，改善了经济活动的外部性，起到了污染治理、环境保护的作用。

2.1.6　循环经济的实践要求

循环经济始于人类对环境污染的关注，源于人与自然关系的科学思辨。它是人类社会发展到一定阶段的必然选择，是重新审视人与自然关系的必然结果。循环经济符合可持续发展理念，它抓住了当前我国城市普遍面临资源相对短缺而又大量消耗的症结，对解决城市发展资源的制约问题具有迫切的现实意义。然而，社会经济发展阶段、科技文化水平和政治经济体制的差异，导致人们对循环经济的认识与实践的不同。发达国家（地区）处于后工业化发展阶段，消费型城市产生的大量废弃物是其环境保护和可持续发展的主要问题，循环经济实践以提高生产效率和废弃物的减量化、再利用及资源化为核心；处于工业化初期和中期的城市地域，投资率高，原材料工业增长速度快，城市处于资源消耗阶段，城市经济增长方式粗放，资源浪费大，单位 GDP 的污染物排放量高，循环经济发展要以提高资源利用效率、减少资源消耗为目标，同时要相应地削减废弃物的产生量。目前，我国中小城市大多处于工业化成长阶段，因此发展循环经济的探索和实践应关注以下几个问题。

（1）循环经济的理念源于我国。我国传统农业就是一种典型的循环经济，农家肥、畜禽、田地、村落构成和谐的农村生态系统，可更新资源在低生产力水平和小的时空尺度上循环，以世界7%的耕地资源养活了1/4的世界人口，并维持了我国小农经济社会超稳定的经济形态[26]。对于中小城市，应分析城市所处的经济发展阶段及其地域资源特征，建立与之相应的城市生态经济系统和机制，统筹城市发展资源的空间配置及其因地制宜的空间组织形态。

（2）循环经济的生态学基础不仅仅是"3R"原则。循环经济不仅是物质的闭路循环，而且是一场与技术、体制、行为等领域都有关的生产要素、生产关系与生产方式的革命，以及城市结构、功能的重组，应全面体现整体、协同、循环、自生的生态整合机理。发展循环经济的首要任务是促进观念转型、体制改革和功能重组。城市循环经济理论的实践需要相应政策、技术、投资和管理成本的支撑，还必须实现城市地域物质能量流时空结构的统筹优化，需要中小城市规划在区域、空间和物流组织上的统筹协调。

（3）循环经济不单是物质闭环流动型经济。现代化的循环经济必须在吸取传统农业生态经济再生和自生精华的基础上推进改革开放，发展竞争经济和共生经济，在自然生态承载力允许范围内实现线性与循环叠加的螺旋式增长，同时强调物质的闭路循环和产业的发展，才是完整的循环经济。中小城市都是开放的经济系统，每个城市又是城市地域系统的子系统，因此中小城市规划要深入分析城市的腹地及影响范围，科学界定城市的发展及生存空间，根据当地条件持续推动创新型产业的发展，提升城市发展竞争的区域层次。

（4）循环经济并不是简单地否决高物耗、高能耗、重污染型产业。发展循环经济，不是简单地淘汰或挤走高耗能、重污染产业，而应从更大尺度上系统地进行区域、社会和技术的整合，从体制、机制上解决这些产业和常规技术的更新换代问题。对于社会必需的高物耗、高能耗、重污染型产品，应当优先考虑布局在环境容量大、技术水平高、环境法规严格、社会生态意识高的地区集中发展、系统整改，而不要也不可能都去发展高新技术产业[27]。我国中小城市一般具有资源和环境优势，往往成为大中城市或发达地区高耗能、重污染产业的转移地，此时中小城市规划应建立严格、规范的城市建设项目的环境评价机制，宣扬高标准的城市环境保护治理要求，主动形成调控产业结构的规划控制机制。

（5）循环链并不一定越长，生态效益就越好。循环经济实践证明，产业链不是越长越好，产业生态网也不是越复杂越好，一定程度的多样性和复杂性可能导致稳定性，但过多的多样性和复杂性也可能导致不稳定性。生态网链的稳定性取决于系统组分的优势度和多样性的平衡、开放度和自主能力的平衡、结构的刚性和柔性的平衡。通过长链使废弃物零排放，即使在技术、经济上可行，但由于系统可靠性差，生态上往往也是不合理的。因此，中小城市发展循环经济必须准确认识城市的发展条件，根据城市的"生态适宜性"定位城市发展方向，而非小而全；利用城市地带及区位优势，形成更大范围的高效城市体系、产业链，城市的用地空间结构应以满足主体功能的高效发挥为前提来组织。

我国国情要求加快转变经济增长方式，将循环经济的发展理念贯穿到区域经济发展、城乡建设和产品生产中，将建设资源节约型和环境友好型社会列为基本方略。因此，我国发展循环经济是产业生态化与污染治理产业化、高新技术产业与传统产业的有机协调发展，采用综合性战略措施来解决复合型生态环境问题。发达国家发展循环经济的首旨是改变"大量生产、大量消费、大量废弃"的社会经济发展模式。从我国社会经济的基本特征来看，发展循环经济的主旨是改变"高消耗、高污染、低效益"的传统经济增长模式，根据国情发展有中国特色的循环经济，注重不同层面的协调发展。

2.1.7　循环经济对于城市发展的意义

循环经济是一种全新的经济发展模式，它遵循生态经济规律，是实现可持续发展的有效途径。近年，无论是创建国家卫生城市、国家环保模范城市、国家生态示范城市（区），还是城市与区域发展政策的调整，都体现了循环经济的发展观。

城市是一类较为特殊的地域类型，是人类文明的载体，是人口的高度聚集和经济、社会、文化要素的聚合体。城市的聚集性决定了它是资源消耗的主体，我国城市资源消耗量约占全国资源消耗总量的60%。如果我国城市资源消耗量达到发达国家资源消耗水平，那我国已探明的原油储量将在3～4年耗尽，森林将在4年内砍伐完，铁矿石约维持30年，煤炭能维持85～100年[28]。高密度的城市人口既是城市文明的创造者和继承者，又是城市经济系统的主要生产者和区域资源的主要消费者，城市人口密度和城市人口规模的不断增加带来的环境与资源矛盾越来越突出。在人口规模200万人以上的城市中，巨大的人口压力与有限的资源和环境自净能力形成尖锐矛盾，许多城市相继出现了资源短缺，尤其是水资源严重不足。另外，城市人口规模无节制扩张导致城市空间结构的转型，从而导致能源紧缺、交通堵塞、用地矛盾、污染加剧、垃圾围城等连带效应，城市可持续发展受到资源、环境制约。

目前，我国进入城市化的快速发展期，城市人口和城市规模都在以前所未有的速度增长，为了构建可持续增长的城市体系，开展城市循环经济研究已迫在眉睫。城市规划必须建立资源节约型的城市产业结构，坚持用科学发展观促进城市发展与人口、资源、环境的综合协调，改善城市发展的条件，提高城市发展的质量，全面推进城市循环经济体系建设。根据循环经济的基本原则和城市规划的内涵，循环经济理念对于城市规划的作用表现如下。

（1）循环经济理念有利于改变城市发展的方式，提高城市资源利用的效率，实现城市可持续发展。目前，我国正处于工业化与城市化加速发展阶段，城市经济的巨大推动力，使城市人口迅速增长，城市空间不断扩张，区域生产要素向城市高度集中。在此过程中，城市为了满足不断增长的资源、空间要求，城市功能也日益多样化，导致城市劳动就业、资源利用、社会文明等城市发展问题。而以循环经济理念指导城市化，能够依据区域的环境容量，合理地组织城市人口和产业分布格局，根据能量流的系统过程协调城市社会关系，建立符合生态原则的城市用地组织体系。

（2）循环经济思想有利于提高城市生活质量。未来人类对于城市生活质量提出了更高的要求，要求城市生态环境、城市人文环境、城市社会环境、城市就业环境等的协调。城市绿地覆盖率达到60%，就可以改善城市小气候，城市成为人类的"第二自然界"[29]，是人与自然和谐统一的生态系统。城市物质文化应该能够满足人类高质量的物质生活和精神生活需求。循环经济应坚持生态优先原则，从整体上实现城市人工生态系统与自然生态系统的有机融合，城市规划要从实现城市区域发展的全局统筹布局，不断满足人们的更高的生活环境需求。

（3）循环经济的实施路径有助于城市实现效率城市的目标。目前我国城市垃圾处理主要采用填埋、堆肥和焚烧 3 种方法。填埋法虽简单易行、处理量大，但造成土地资源浪费，易造成地下水污染，而且部分不易被自然界分解腐化的化工废弃物还会形成环境污染[30]。循环经济倡导城市资源综合利用，将城市中一些生产领域的废品和垃圾转变成其他领域的原材料和能源，节约土地资源。因此，消除城市化过程中的问题和负效应，根本出路就是从控制城市发展建设的源头——城市规划上，建立基于循环经济理念的城市规划理论体系及其实施方略。

2.2 城市规划的基本理论

2.2.1 城市规划的基本概念

城市规划是指为了实现一定时期内城市的经济和社会发展目标，确定城市性质、规模和发展方向，合理利用城市土地，协调城市空间布局和各项建设的综合部署与具体安排。城市规划是建设城市和管理城市的基本依据，是保证城市土地合理利用和城市活动协调进行的前提和基础，是实现城市经济和社会发展目标的重要手段。城市规划经过法律规定的程序审批确立后，就具有法规效力，城市规划区内的各项土地利用和建设活动，都必须按照城市规划进行。

（1）城市规划的作用。城市规划是代表国家意志的政府行为，是政府通过对城市未来发展目标的确定，制定实现这些目标的途径、步骤和行动纲领，以及通过对城市空间配置，引导和控制未来城市发展的纲领性文件[31]。城市规划的作用表现在以下几方面：一是国家对城市建设进行宏观调控的手段。二是政策形成和实施的工具。城市规划就是一种政策表述，它表明政府对特定地区的建设和发展在未来时段所要采取的行动。三是构筑城市未来的空间框架。城市规划以城市土地利用配置为核心，建立起城市未来发展的空间结构。城市规划限定了城市未来各项建设空间区位和建设强度，在具体的建设过程中担当了监督者的角色[32]。

（2）城市规划的任务。城市规划经过法律规定的程序审批确立后，就具有法规效力。其主要内容：一是确定城市的规模和发展方向，实现城市的经济和社会发展目标；二是从城市的整体和长远利益出发，合理有序地配置城市空间资源；三是通过空间资源配置，提高城市的运作效率，促进经济和社会发展；四是确保城市经济、社会发展与生态环境相协调，增强城市发展的可持续性；五是建立各种引导机制和控制规则，确保各项建设活动与城市发展目标相一致。

（3）城市规划的层次。城市规划总体上划分为三个层次：一是城镇体系规划，主要在分析城市区域发展条件的基础上，对区域城市体系发展进行总体部署，其核心是城市发展战略、空间结构和区域生态环境建设。二是总体规划。城市总体规划编制可划分为纲要和总体编制两阶段，大城市也可编制分区规划。城市总体规划的主要任务是综合研究和确定城市性质、规模和空间发展形态，统筹安排城市各项建设用地，合理配置城市各项基础设施，处理好近期建设与远期发展的关系，指导城市合理发展。城市分区规划的主要任务是在总体规划的基础上，对城市土地利用、人口分布和公共设施、城市基础设施的配置做出进一步的安排，以便与详细规划更好地衔接。三是城市详细规划。城市详细规划分为控制性详细规划和修建性详细规划。城市详细规划的对象是城市中功能比较明确和地域空间相对完整的区域，按功能可以分为居住区、工业区和商贸区等详细规划[33]。

2.2.2 城市规划的基本原理

西方的城市规划起源于为解决 19 世纪末资本主义工业城市的种种环境恶化问题和社会问题。在不同的历史发展阶段，城市规划作为城市公共事务的组成部分之一，在社会变革中扮演着不同的角色并影响着社会[34]。同时，城市规划在逐步为社会所改造，其中城市规划思想的几个重要转变如下。

（1）城市规划从"物质形体设计"转变到崇尚系统分析（systematic analysis）方法的理性决策过程（rational process of decision-making）的科学性规划。

（2）城市规划从"蓝图式"实质性规划逐步变为"过程中"规划，经过 20 世纪七八十年代的发展，诸多学者认为城市规划师并非仅仅扮演有一技之长的专业人员角色，而是通过自己的主观意识和价值体系进行城市规划；城市规划师这种技术性角色应该转变到公共事务中，扮演汇集群众意见和协调不同利益团体的角色。后来的"联络性规划"（communicative planning）以及"倡导性规划"（advocacy planning）等就是在对城市规划的反省中出现的城市规划新思路。

（3）以后现代主义规划思潮占主导地位的多元论规划思潮，对现代主义的城市规划思想造成了很大的冲击，使得"城市规划思想处于划时代的转变时期"。城市规划的"物质形体设计"转向系统理性的城市规划。20 世纪 60 年代以来，系统方法、理性决策和控制论被引入城市规划中[35]。

总之，城市规划思想从"艺术"到"科学"的转变导致城市规划内容和规划方法的规范化、理性化。一方面，要求应用系统论的方法调查和分析城市；另一方面，规划决策过程也是科学决策过程。

我国现代城市规划理论源于20世纪30年代西方城市规划理论的引入，但系统的城市规划理论和实践则开始于新中国成立，其与我国社会经济发展历程基本一致，可划分为以下4个阶段[32]。

（1）20世纪50~60年代。城市建起了很多"工业基地"式的新兴城市，但这些城市自身的产业单一，对自然资源的依赖程度很高，可持续发展能力很差。不仅如此，这些城市与当地区域经济格格不入，形成了城乡对立的二元经济结构。

（2）20世纪60~70年代。在"要准备打仗"的思想指导下，经济布局更走上了一条"深挖洞、广积粮"之路，城市建设几乎完全停滞。

（3）改革开放到2000年。我国的城市化战略实际上仍表现出了很大的摇摆性。例如，从20世纪80年代中期开始，农民自己创造出了一种农村工业化的形式，就是乡镇企业。到20世纪90年代初期，我国的财政税收、出口创汇和GDP，乡镇企业的贡献率都超过1/3，就是人们说的"三分天下有其一"。邓小平当时称赞乡镇企业是"异军突起"。但一直到20世纪90年代后期，对农民的政策仍然是"离土不离乡、进厂不进城"。到20世纪90年代末期，我们才发现这个政策给乡镇企业的发展留下了极大的隐患。例如，基础设施不足和环境保护的矛盾非常尖锐、远离市场造成信息不灵、各种要素很难实现优化配置等。

（4）2000年以来。各地普遍启动并呈现出极大活力的恰恰是大中型中心城市的规模扩张以及与此相应的城市建设加速和城市经济活跃。在20世纪80年代深圳建设和90年代上海浦东开发的经验启迪下，在北京"申奥"、上海"申博"成功后，各地纷纷在自己的发展战略中大大强化了城市化的位置。可以说，城市化进程的大大加速是"十五"计划始料未及的。

我国城市规划正处于转型的过渡时期。西方多种思潮对国内规划理论的冲击使整个规划理论界开始了反思和重新探索。在数学模型基础上提出的城市系统论逐步引导整个城市规划向更加理性、更加科学的方向发展。但同时对城市发展战略和城市设计的重视也使整个城市规划朝着科学和艺术两个不同的领域方向发展。在实践中探讨城市规划人员在规划中的作用，强调公众的参与，以及政府的引导和规划人员的协调作用，是国内规划理论中"城市管治"的核心，政府的控制行为逐步减弱，更加注重实践中公众的需求。整个城市规划界对西方规划理论的探讨和吸收影响着城市规划理念的重新调整，形成中国特色的规划思想。

2.2.3 城市规划的基本内涵

城市规划是对城市建设活动的综合部署，依据城市的经济社会发展目标，确定城市的发展性质、发展规模和用地方向，组织城市整体功能用地的配置，统筹城市的各类建设用地和空间资源，综合部署城市建设活动，实现城市的可持续发展。城市规划是对城市的性质、发展目标、发展规模、城市功能结构、用地布局、城市交通、基础设施、绿地系统、历史文化保护等系统的总体部署，落实城市发展建设过程中的近远期重大建设项目的空间位置和用地布置。对城市局部地区的土地利用、空间环境要素等城市建设活动的具体安排，包括建设项目的用地范围、建设强度、总平面布置、工程管线位置控制、空间环境控制标准等方面的内容。

在城市发展过程中，社会经济体制的变革和科学技术的进步，不断影响着城市结构的演进，推动着人们对城市认识的发展，进而形成不同历史时期的城市规划理念。总体来看，我国古代城市规划的思想经历了从封闭的里坊制到开敞街巷制的转化，欧洲城市建设经历了中世纪神权至上的城市结构到建立在平均、平等、自给自足理想上的田园城市实践，现代城市规划的早期理念也经历了从《雅典宪章》到《马丘比丘宪章》的发展。前者强调城市功能分区，描绘城市发展的终极蓝图；后者要求城市规划从"人的相互作用与交往是城市存在的基本依据"入手，研究城市与区域的关系、人与人的相互关系，突出规划实施的动态特征。目前，城市规划的理念从适应城市生产功能和生活需要转向协调解决城市发展建设中各种矛盾和问题，强调城市与区域的协调发展，有效缓解城市社会矛盾，考虑城市文化价值取向，保护城市有价值的自然和人文资源，创造优美的人居环境，追求"建筑–城市–园林"的统一，体现城市物质形体和环境的连续性与完整性，营造具有宜人的面貌、良好的气氛的社区居住生活环境，保护城市生态、社会、物质环境的协调统一。

循环经济强调高效地利用资源，节制人类的无限欲望，实现城市发展与资源的循环利用的统一。因此，城市规划的视野从城市走向区域，关注城市与区域的协调，实现城市与区域的可持续发展。

2.2.4　城市规划中的基本问题

近年，我国城市建设迎来了空前的繁荣，但城市规划的现状令人困惑。针对我国城市发展建设的基本态势，以及中小城市社会经济的基本特征，当前城市规划的主要问题如下。

（1）城市规划失效。城市规划对城市发展失去调控作用，一方面是许多城市总体规划尚未到期，但城市建设规模已经完全突破原定的范围，许多城市为期20年的规划指标在5年内"完成"已成为"常识"；另一方面总体规划的实施进程滞后于规划的期限，基础设施不能合理布局和相互衔接，反映在道路建设上就是修了挖，挖了又修，老百姓戏称为城市道路应安上拉链。

（2）城市区域割据。城乡规划体制分割，城郊接合部建设混乱，城市郊区的规划管理没有具体细则。规划管理部门与土地管理部门对于城市与郊区的管理呈现分而治之的状态，使得城郊接合部成了"两不管"的脏、乱、差地带，造成引人注目的"城市郊区病"。

（3）新旧相互脱节。城市通过开发新区带动城市社会经济发展成为一种时新的模式，但问题是为了取得超常的发展建设成就，城市新区规划建设往往自成体系，各类开发区、大学城、科技园、软件园、旅游度假村等可以独立进行规划，分割肢解了城市的总体规划，给城市的长远健康发展埋下了隐患。

（4）历史文化毁坏。建设性破坏导致城市风貌、历史文化遗迹、历史建筑环境等受到严重破坏。

（5）生态环境恶化。传统的城市发展模式导致城市区域生态的破坏，城市环境污染日益严重，50%的城市污水未经处理直接排放，导致自然水体、水资源受到严重污染。

（6）建设秩序混乱。城市规划虽然是城市建设总纲，但近期建设规划与项目建设计划的脱节导致城市建设时序的混乱，城市基础设施严重不足和重复建设并存。城市开发建设与城市基础设施建设呈现严重的时空不整合状态，先开发后修路再修通水等种种不合理建设时序，使城市的环境质量持续下降。

（7）城市风貌同化。城市作为社会经济文化的载体，因城市区域条件和人文特质的差异，各个城市风貌应该具有文化的个性。但近年不同地域的城市相互模仿，城市建设风格雷同，以至千城一面。中小城市盲目追求城市变大、变新、变洋，热衷于建设"标志性"建筑，大广场、宽马路、大草坪、豪华办公楼、欧化景观等现象在全国中小城市都有不同程度的表现。

（8）监督机制缺失。在以经济发展为考核标准的城市经济体制下，城市规划监督约束机构软弱，违法建筑严重泛滥。中小城市普遍存在违法建设，尤其是城乡接合部和城市外缘，违法建设呈现愈演愈烈之势。

（9）区域统筹不足。区域间的城市规划没有建立有效的协调机制，区域城市间呈现恶性竞争，各个城市发展目标仍然是传统的大而全、小而全的思想占上风，忽视与周边城市的协调发展，城市规划"只见单个城市，不见区域城市群"的传统思维不能发挥城市区域的整体功能（从宏观上协调区域性基础设施建设和城市发展战略），使城市地域的良性循环发展受到破坏。

（10）规划理论滞后。中小城市规划理论建设未引起足够重视，大部分小城市规划只是政府意志的表达，城市发展规划往往缺乏规划理论支撑，小城市发展建设脱离城市发展的客观规律，不能有效地指导城市建设活动。

上述问题在我国中小城市规划中普遍存在，其根源在于各级政府的城市发展建设理念是追求城市的线性增长，盲目追求城市超常规、高速度的发展，城市发展建设战略决策脱离区域资源支撑能力的分析，中小城市规划基本都是盲目贪大，很少见城市发展规模缩小的规划，这种单纯扩展的规划暴露出城市规划体制与管理体制的弊端。从循环经济的视角来看，目前我国中小城市规划、运转体制的主要问题如下。

（1）没有基于循环经济原理研究城市发展战略。科学理论是保证城市规划的前提，这就要求对城市经济发展有清晰的认识，以科学的城市发展战略指导城市发展。目前中小城市规划对城市、区域缺乏深入研究，对城市社会经济发展状态、城市发展的资源环境支撑把握不准，导致城市规划决策的城市空间和产业布局、土地利用等规划脱离实际，城市发展战略发挥不了其宏观、综合、前瞻的作用。

（2）片面强调促进经济发展，忽视了经济、社会、生态环境的整体协调。循环经济强调城市经济增长与区域环境建设的协调，通过将传统的城市线性增长模式转变为循环经济发展模式，实现城市的可持续发展。长期以来，城市规划片面强调以经济建设为中心，在基础设施建设、土地使用、工程项目、资金安排上严重倾向于有利于提高产值和增加财政收入的项目。一方面，对于破坏环境、浪费土地的现象控制不严；另一方面，忽视低收入者、外来人口、农民工等弱势群体权益的保护，尤其在土地规划和基础设施规划上没有留出相应的空间，人为加剧了社会各阶层利益的不平衡，造成了就业、居住、公共卫生、社会保障、教育等方面的一系列社会矛盾。

（3）城市规划法规体系不健全，尤其是缺少遏制超越城市发展规划的刚性法规实施的体制保障。发达国家循环经济发展的基本保障是存在完善的法规体系，城市规划法从法律地位讲是我国城市建设的"基本法"，但城市规划本身技术性特征和部门属性往往不能够保证其法律地位的独立性。从监督程序上看，尽管城市规划受到地方人民代表大会审议和国务院审批的双重约束，但由于其地域性和专业性很强，监督的有效性不高。因此，有必要寻求更广泛和有效的监督方式。

（4）中小城市规划编制与建设脱节，城市建设土地管理制度、水资源等的循环利用缺少制度保障和相应的激励机制。出于增加财政和预算外收入的考虑，政府对土地增量的需求特别强烈，往往与现行的土地利用规划存在相当大的矛盾。遏制政府对增量土地的过分需求是解决这个问题的现实办法。

2.2.5　城市规划的发展方向

城市化是人类文明进程中的一个方向，是现代社会变迁的基本标志，包含着事物发展的普遍性规律。城市规划应以科学发展观为指导，遵从规律，实事求是，积极探索城市发展内在规定性，将世界经验与我国实际相结合，走出一条新路。实践中既不能过度强调中国的特殊性而拒绝世界普遍性的带有规律性的成功经验，又不能一味迷信外国而不去踏踏实实了解中国实际、试验中国道路。我国城市经济总量增长较快，但结构性、地域性矛盾突出，多数行业在国际分工中处于较低层次。我国不可能也没必要有那么多的现代化国际大都市，从循环经济发展的理念出发，我国城市规划应将建设宜居城市作为重点。

城镇发展需要树立新的观念。以循环经济为城市规划的基本理念，以建设"宜居城市"为城市规划的基本目标，正确地处理城市生产与生活功能的关系，将建设完善的基础设施、良好的生态环境、优美的城市景观、公平的社会环境、适宜的经济水平、宽松的政策环境、良好的社会风尚和多元的城市文化作为城市规划的基本内容。因此，从循环经济理念出发，削弱城市发展的等级观念，加快人口集中和产业结构优化，以城市发展带动区域产业结构升级，以合理的区域产业结构为基础，完善城市功能，形成合理的区域城市结构。在构筑区域城镇网络的基础上，根据区域社会经济发展的特点，确定区域城市发展建设模式，形成开放、流动、有序、互补的区域城市体系。城市发展必须转变观念，充分认识城市空间结构与自然环境协调的重要性，加快城市经济市场化步伐，增强城市结构优化的自组织机制；建立规范的协调组织，加强政府的宏观调控能力。

2.3　循环经济与城市规划的关系

人类社会的社会活动实质是物质流、能量流和信息流的有效顺序流动，城市作为人类社会经济活动的主要载体，是物质、能量和信息流聚集的枢纽，城市中的物质能量流是负熵流，输入的物质和能量要大于输出，导致物质和能量在城市的聚集，如果不能及时疏解，容易导致城市运转的瘫痪。循环经济以物质闭环流动为特征，在资源环境不退化甚至得到改善的情况下促进社会经济增长的战略目标，为城市未来发展提供了一个注重环境与经济相协调的全新的可持续发展观。

2.3.1　循环经济与城市规划的关系分析

循环经济理念是城市可持续发展的基础理论，循环经济理念提供城市规划基本原理，城市规划是调控经济循环发展的有效手段。

（1）科学的城市规划是促进城市可持续发展的关键。城市规划是政府确定城市未来发展的目标，改善城市人居环境，调控人口规模、土地使用、资源节约、环境保护和各项开发建设行为，以及对城市发展进行的综合协调和具体安排。城市规划是依法维护公共利益和社会公平，实现经济、社会和环境协调发展的公共政策。国内外的经验证明，城市能否获得可持续发展，首先取决于是否有科学、合理的城市规划来指导城市的开发、建设和管理。城市合理发展必须通过科学的规划，城市规划一方面强调经济增长和社会进步，另一方面非常注重城市生态环境质量、城市风貌形象质量和城市文化质量的逐步提高。可持续发展规划的实施将引导城市走向稳定、和谐的发展之路，对城市进一步优化生存环境、创造比较条件，以及增强城市综合实力和竞争力起到积极的推动作用。

（2）城市发展资源的短缺决定城市必须发展循环经济。人口众多、资源相对不足、生态环境承载能力弱，是我国城市的基本情况。城市水土资源、矿产资源和环境状况已经严重制约城市发展，实现城市人口、资源和环境的协调发展，要求城市实施循环经济的发展模式。在资源、环境、人口的制约下，循环经济是实现城市可持续发展的有效手段，建立在循环经济理念基础上的城市规划编制方法将是对人类文明的贡献。循环经济是城市发展资源节约型、环境友好型的城镇化道路的途径，发展循环经济，保护城市生态环境，以建设资源节约型、环境友好型城市为城市规划的基本目标。

（3）发挥城市规划在发展循环经济中的综合调控作用。只有立足以人为本和统筹原则制定城市规划，促进城市健康有序发展，才能提高城市的可持续发展能力和整体功能。要求城市规划适应循环经济发展的要求，立足于国情，坚持贯彻合理用地、节约用地的原则，严格控制城市建设用地的标准，实施严格的城市建设用地规划许可制度，加强对城市建设用地增长的有效控制，努力提高城市建设用地的节约利用水平，促进城市发展方式从粗放型向集约型转变。

（4）坚持可持续发展原则，建立资源节约型、环境友好型城市。改革开放以来，我国的城市化进程明显加快，在许多大中城市中出现了水资源紧张、能源紧缺、废弃物污染、大气环境质量恶化、基础设施滞后等现代化城市通病。从可持续发展的观念出发，探索相应的城市化规划理论和方法，以城市规划为首要环节，保证实现城市社会、经济、人口、资源、环境的协调发展。城市规划和建设要特别坚持资源节约型、环境友好型城市的创建，从城市的资源条件谋划城镇的发展，要加强对历史文化遗产的保护，增强城市的特色，处理好城市现代化建设和城市历史文化传统的继承与保护关系，高度重视和切实保护好自然遗产与文化遗产。

2.3.2 城市规划理论的变革

（1）物质流、能量流和信息流的动态性特征需要动态的城市发展理论和规划原理。城市发展是动态的，城市规划也应是动态。城市规划是人类为了在城市的发展中维持公共生活的空间秩序而对未来空间的安排，确定城市性质、规模和空间发展状态，统筹城市各项建设用地，合理配置城市各项基础设施等是城市规划的范式。城市的自然条件、现状条件、发展战略、规模和建设速度都随着城市化进程的加快发生变化，要求城市规划的内容也随具体情况发生变化。动态规划是通过研究城市的发展变化规律及影响发展的主要因素，按照循环经济的要求，梳理出一条主脉——决定城市性质、规模和空间发展状态的主因，确定城市性质、规模和空间发展状态，合理地、有效地和公正地创造有序的城市生活空间环境，提供建设城市和管理城市的基本依据，保证城市合理地运转，实现城市社会经济发展目标。城市规划研究如何配置"空间"这个稀缺性资源，使其在协调人类各种需求的同时满足最大化原则。

城市是人类各项社会经济活动的物质空间，本质是人类活动物质流、能量流和信息流存储、传递、交换、转化、代谢的"媒介"。物质流、能量流和信息流的时空特征直接影响着人们对城市空间的需求。城市各项用地就是物质流、能量流和信息流的"存储器"；城市各项基础设施就是物质流、能量流和信息流传递、交换的"通道"。当物质流、能量流和信息流在存储、传递、交换、转化及代谢过程中出现不畅、堵塞时，各种城市环境问题及其衍生问题接踵而至。此时"城市性质、规模和空间发展状态"就成为城市内部及与外界在物质流、能量流和信息流存储、传递、交换、转化及代谢过程中流量大小和流向变化上的反映。城市持续发展活力的根源不在于城市的性质、规模和空间发展状态，而在于城市中物质流、能量流和信息流的大小、方向和组织。

（2）循环规划能促进物质、能量和信息的循环利用水平。要实现城市社会经济的可持续发展，必须放弃传统工业社会经济状态下"资源—产品—污染排放—治理"式单向流动的线性经济。依照循环经济理念，对整个物质流程和储存进行分析，确定能源优化结构和使用方式，减少生产过程末端对废弃物处理所承受的巨大负担，即在减少污染处理开支基础上把废弃物处理变为企业的一个新的利益来源，以节约资源和保护环境。

面对物质流循环的要求，城市规划理论需要完成两个层面的变革。一是生产层面上的变革。2003年，我国实施《中华人民共和国清洁生产促进法》，标志着工业污染从单纯的末端治理向污染预防的转变，如立法禁止使用聚苯乙烯泡沫塑料餐具，提高能源利用效率和普及无污染燃料，城市在可持续发展的正确方向上迈出了坚定的第一步[36]。但在此过程中，城市规划仍然停留在物质形态规划，没有把握城市物质流程的基本规律，面对城市社会经济可持续发展对规划的要求，城市规划显得力不从心、无处下手。因此，面对资源短缺条件下的城市规划，规划师还有很多工作要做。二是建设管理层面上的变革。城市固体废料、有害废料、液体废料和大气污染的治理涉及多个管理部门。目前的城市管理制度导致部门关心的仅是自身的利益，结果就是部门在处理环境问题时往往过分强调自我主张，部门间的扯皮只是把问题从一个部门转移到了另一个部门的管理范围，于是"减少污染"成了"转移污染"。例如，从水污染的治理到垃圾焚烧等都要产生二次污染，但是生物圈是一个整体，所有这些问题都是不可分割地联系在一起的，需要城市规划从整体利益高度进行积极探索。

（3）物质闭环流动是城市用地空间组织的新的基本原则。循环经济在物流上要求把经济活动实体组织成具有"资源—产品—再生资源"反馈式流程的模式，要求经济活动中的物质和能源能够得到合理循环与持久利用，从而把经济活动对自然环境的影响降低到尽可能小的程度。生态规划是仿照自然生态环境将城市中的物质流看作一个物质链环，使得物质链"链尾"变为"链首"，中间减少物质链依然有用，而随着物质链的循环，物质在损耗、能量在减少，直至为零，这时不存在无用的物质，污染自然也就没有了。按照这种理想状态的设计，如何构造一个满足物质能够循环下去的、生产生活上有着密切联系的城市，就成为城市规划新的基本原则。

当前，各类城市用地中容载的经济活动能否满足物质和能源的合理循环与持久利用，规划理论和实践还没有答案，更不清楚实现能源合理循环与持久利用的具体标准和实现模式。事实上，无论是把工业园区作为生物圈的赘生物，视同生物生态系统一样期望工业园区内各企业合作，把资源特别是废料相互利用而达到最优，使得地区总体资源增值的研究[37]，还是对不同产业和行业按照仿食物链网的形式进行纵向、横向及区域的耦合，使企业建立起物质多层分级利用网络和物质闭路循环的产业链网的尝试[38]，都说明了现行城市中用地空间组织在规划设计理念上需要变革。

2.3.3 城市规划实践的变革

（1）城市规划具有阶段性。美国学者波特按经济增长主动力的属性，将经济增长分为要素（劳动力、土地及其他初级资源）推动、投资推动、创新推动和财富推动4种增长模式[34]。在一定的经济结构条件下，循环经济的发展与城市所处的经济结构条件具有较强的关联性，具有阶段性的过程，它的发展主要受经济发展阶段、人们的思想意识以及科学技术发展水平三方面影响。因此，循环经济下的城市规划实践相应地也具有发展的阶段性，或者说规划理论可以超越规划实践，但是规划实践在局部可以出现跨越式发展的量变过程，而实现跨越式的质变发展。

从科技发展水平看，城市发展要经历以下 3 个阶段：一是以资源利用的节约和资源利用率的提升为基本目标；二是以资源的循环再利用，把生产过程中废弃物转化为有用物质，以及废弃物的"零排放"为发展的终极目标；三是提高可再生资源在生产过程中的比例，以降低对不可再生资源的依存度为主要目标。从构架循环经济产业体系的维度出发，城市发展要经历以下 3 个阶段：一是根据循环经济思想设计生产过程，促进原料和能源的循环利用，完成企业内部的改造，实现生态产业；二是实施循环经济法则，把不同的企业、产业连接起来，形成具备生态产业链、生态产业环的产业园区；三是努力实现（城市）社会整体循环经济的发展。相应地，规划实践在城市发展的不同阶段面对的问题和需要解决的问题也就不同了。规划阶段论的提出是城市规划实践求真务实的一个具体表现。

（2）修改城市规划的基本职能。仇保兴认为城市规划具有三大构成：是一门专门的学科、一项政府行为和一项社会运动[39]。从城市规划起源看，市场能够推动工业革命，但是解决不了城市卫生的问题；市场能够推动经济发展，但是解决不了环境保护的问题，这些问题必须由政府来解决，而政府做这些事情必须借助城市规划这个工具。政府必须调动城市真正的主人——社会团体、企业或城市经营主体的积极性，让城市规划成为一个由全体市民参与的实践过程。

城市的发展是城市诸多实体发展的合集，城市性质的确立是城市中社会团体、企业和城市经营主体的集中体现。政府要通过城市规划完成市场经济无法完成的功能，通过市民的积极参与实现规划设想，城市规划就必须进行职能修订。

（3）倡导适应循环经济发展的城市空间新结构。一是构建有利于提高资源利用率的城市空间新结构。目前，大多城市结构仅是局部优化，城市整体用地结构和布局不尽合理为普遍现象，城市空间结构仍处于"大饼越摊越大"的恶性演化中。城市的工业园区虽然形成了聚集效应，但传统的布局形式不具备可持续性。从循环经济理念看，可持续的工业园区应该是一个完整的生态循环系统，即所有产品和服务的生产与消费具有显著的关联性，按照符合自然生态系统特征的逻辑运行，尽可能最大化地完成工业园区内的物质循环与降解，实现"零排放"和无污染。二是增添新型城市功能，满足循环型经济发展需求。21 世纪新的生活方式将会是时间分割的方式，也就是人们在城市中居住，享受着城市的高密度信息和多样化人际交流，而在需要的时候回归自然[40]。城市作为开放系统必须参与物质的循环、能量的流动，保持与地球其他生命体之间的信息沟通。人类由于认知有限性，当城市发展进程中出现经济与环境问题时，多数情况下缺乏全面考虑与生物圈密切相关的问题的意识。规划建造的城市与自然之间的绿色走廊，虽然保证人与自然、自然与自然沟通的顺畅，但城市空间布局随意分割、切断生态系统，致使各生态系统的相互交流变得困难。最新实验证明，即使宽只有 20m 左右的森林走廊，也能使各种各样的种子交流成为可能。严格地说，人们对如何维护生态网络正常流动与循环的研究还只是刚刚开始。又如，城市新能源的利用对城市空间结构提出新的要求，如果我们没有很好地加以考虑，没有随时关注适应城市协调发展的新需求，增设新功能，那么现在认为合理的城市空间结构在不久的将来就会阻碍城市进一步合理的发展。

2.4 小　结

城市规划几乎包括了所有的学科，现代城市规划在内容上更趋向高度的综合性特征。循环经济理念下的中小城市规划原理探索刚刚起步，需要中小城市规划理论研究与城市建设实践的有机结合。城市规划理论的研究可以从"点""链""群""网" 4 个层次展开。

"点"的研究集中在符合循环经济要求的功能单元，这也是城市发展壮大的"细胞"，着重研究城市功能单元的组织行为、运转机制和管理体制，构筑与之相应的规划原理。

"链"的研究关键是城市要素子系统组织行为、运转机制和管理体制，主要是自然生态系统、城市经济系统、城市社会文化系统和城市基础设施系统，根据各个子系统的特质，建立各自系统规划的原理，梳理"系统"间的关系，构筑系统协调的发展规划机制。

"群"的研究核心是以城市总体功能结构优化为目标，探索城市各个功能单元及其之间链接关系和谐运转的内在机制，以及城市与上下层次城镇及其要素系统间关联的基本规律，构筑与之相应的规划原理。

"网"的研究重点体现在城市与腹地相互联系，探索城市区域化、区域城市化的演化机理及其规划实现的基本路径，构筑区域城乡一体化发展的资源环境、经济技术和政治文化支撑体系的规划理论。

参 考 文 献

[1] Boulding K E. Economics of the Coming Spaceship Earth. Environmental Quality in a Growing Economy. Baltimore：John Hopkins University Press，1966.

[2] 黄贤金. 循环经济：产业模式与政策体系. 南京：南京大学出版社，2004.

［3］ Ghisellini P, Cialani C, Ulgiati S. A review on circular economy：The expected transition to a balanced interplay of environmental and economic systems. Journal of Cleaner Production, 2016, 114：11-32.

［4］ 刘国涛. 循环经济·绿色产业·法制建设. 北京：中国方正出版社, 2004.

［5］ 陈锐, 牛文元. 循环经济：二十一世纪的理想模式. 中国经济信息, 2003 (18)：4.

［6］ Kirchherr J, Reike D, Hekkert M. Conceptualizing the circular economy：An analysis of 114 definitions. Resources, Conservation and Recycling, 2017, 127：221-232.

［7］ Murray A, Skene K, Haynes K. The circular economy：An interdisciplinary exploration of the concept and application in a global context. Journal of Business Ethics, 2017, 140 （3）：369-380.

［8］ 季昆森. 循环经济原理与应用（第二版）. 安徽：安徽科学技术出版社, 2004.

［9］ 张坤. 循环经济理论与实践. 北京：中国环境科学出版社, 2003.

［10］ 孙国强. 循环经济的新范式：循环经济生态城市的理论与实践. 北京：清华大学出版社, 2005.

［11］ Geissdoerfer M, Savaget P, Bocken N M, et al. The circular economy：A new sustainability paradigm?. Journal of Cleaner Production, 2017, 143：757-768.

［12］ 毛如柏, 冯之浚. 论循环经济. 北京：经济科学出版社, 2003.

［13］ 国家发改委经济体制与管理研究所. 发展循环经济是落实科学发展观的重要途径. 宏观经济研究, 2005 (8)：22-26.

［14］ 解振华. 领导干部循环经济知识读本. 北京：中国环境科学出版社, 2003.

［15］ 冯之浚. 循环经济导论. 北京：人民出版社, 2004.

［16］ 冯之浚. 论循环经济. 中国软科学, 2004 (10)：1-9.

［17］ 韩宝平. 循环经济理论的国内外实践. 中国矿业大学学报（社会科学版）, 2003 (1)：58-64.

［18］ 李强, 王桂侠. 工业生态园的启示——对我国工业园区构成的反思. 中国科技论坛, 2003 (6)：67-70.

［19］ 虞锡君. 产业集群内关键共性技术的选择：以浙江为例. 科研管理, 2006 (1)：80-84.

［20］ 解振华. 关于循环经济理论与政策的几点思考. 环境保护, 2004 (1)：6-9.

［21］ 国际环保产业促进中心. 循环经济国际趋势与中国实践. 北京：人民出版社, 2005.

［22］ 张凯. 循环经济理论与实践. 北京：中国环境科学出版社, 2005.

［23］ 王立红. 循环经济——可持续发展战略的实施途径. 北京：中国环境科学出版社, 2005.

［24］ 李兆前, 齐建国. 循环经济理论与实践综述. 数量经济技术经究, 2004 (9)：145-154.

［25］ 金丹阳. 再生资源产业的实践与探索. 北京：中国环境科学出版社, 2001.

［26］ 曲格平. 发展循环经济是 21 世纪的大趋势. 机电产品开发与创新, 2001 (6)：10-13.

［27］ 周宏春. 循环经济：一个值得重视的发展趋势. 新经济导刊, 2002 (9)：258-259.

［28］ 年福华, 姚士谋. 21 世纪我国城市化发展趋势的探索. 科技导报, 2002 (1)：53-56.

［29］ 郭亚军, 潘建民. 建设绿色城市是可持续发展的战略选择. 经济研究资料, 2001 (7)：

46-48.

[30] 陈勇鸣.循环经济与城市生活垃圾处置.上海企业，2005（3）：26-28.

[31] 李德华.城市规划原理（3版）.北京：中国建筑工业出版社，2001.

[32] 鲁仕宝，裴亮.中国开放时期循环经济理论与实证研究.北京：中国原子能出版社，2016.

[33] 仇保兴.城市经营、管治和城市规划的变革.城市规划，2004（2）：8-22.

[34] 约翰·M·利维.现代城市规划.张景秋，等，译.北京：中国人民大学出版社，2003.

[35] Directorate General for City and Regional Planning of the Community of Madrid. Madrid：Strategy Report-metropolitan Region of Madrid，1999.

[36] 彭琴，龚新奇.从循环经济的国内外实践看我国循环经济发展支撑体系的构建.北方环境，2003（4）：5-8.

[37] 吴志强，蔚芳.可持续发展中国人居环境评价体系.北京：科学出版社，2002.

[38] 颜京松，王如松，蒋菊生，等.产业转型的生态系统工程.农村生态环境，2003（1）：1-7.

[39] 仇保兴.城市经营、管治和城市规划的变革.城市规划，2004（2）：8-22.

[40] 黑川纪章.共生城市.建筑学报，2001（4）：7-12.

3 | 循环经济理论体系的构建

循环经济是通过"循环"达到"经济"的目的，实现经济活动的生态化转向。循环经济的发展既要遵循生态规律，更要遵循经济规律。国内许多学者对循环经济的自然科学和管理学基础做出了多种解释。本书则侧重将循环经济与经济增长和发展相结合，把循环经济置于可持续发展理论背景中，在经济学视角下探寻循环经济的经济学理论基石。

3.1 循环经济的经济理论阐释与反思

3.1.1 马克思和恩格斯对循环经济相关问题的论述

1）对人与自然之间物质变换的阐述

人与自然之间的物质变换是人通过有目的地改造自然的劳动过程占有自然，使自然为人类提供必需的物质条件。在马克思看来，劳动是人类生存和发展最基本的条件，"劳动首先是人和自然之间的过程，是以人自身的活动来引起、调整和控制人和自然之间的物质变换的过程"。没有人的劳动，只有自然本身的物质交换，就不会有人与自然之间的物质变换，当然也不会有人类的生活。

（1）人与自然之间的变换经常要借助自然力的帮助。人与自然的物质变换过程就是生产使用价值即创造社会物质财富的过程。人在改变物质形态的劳动过程中要经常依靠自然力的帮助。因此，劳动并不是它所生产的使用价值即物质财富的唯一源泉。正像威廉·配第所说，"劳动是财富之父，土地是财富之母"。

劳动和自然界一起构成财富的源泉，自然界为劳动提供材料，劳动使材料变为财富。马克思认为，在社会生产中"人和自然，是同时起作用的"。外界自然条件在经济上可以分为两大类：生活资料的自然丰富，如土壤的肥力，渔产丰富的水等；劳动资料的丰富，如奔腾的瀑布、可以航行的河流、森林、金属、煤炭等[1]。自然界直接给人类提供生活资料，自然就以土地的植物性产品或动物性产品的形式提供必要的生活资料[2]。如果不能从自然界中获得生活资料，人类将无法生存。

（2）人与自然之间物质变换的延伸。在产品生产出来之后，人与自然之间的物质变换并没有结束。在产品生产过程中和产品消费后对人与自然的影响，仍然存在于人与自然的物质变换中。长期以来，人们忽视生产和消费对自然的影响。虽然19世纪的资源环境问题并不像今天这样突出，但马克思和恩格斯依然敏锐地发现了人类生产活动对自然的消极影响。正如恩格斯指出的那样："到目前为止存在过的一切生产方式，都只在于取得劳动的最近的、最直接的有益效果。那些只是在以后才显示出来的、由于逐渐地重复和积累才发生作用的进一步的结果，是完全被忽视的。"

这里所说的"完全被忽视的""进一步的结果"是人类长期的生产活动对大自然的负面影响。恩格斯说："我们不要过分陶醉于我们对自然界的胜利。对于每一次这样的胜利，自然界都报复了我们。每一次胜利，在第一步都确实取得了我们预期的结果，但是在第二步和第三步却有了完全不同的、出乎预料的影响，常常把第一个结果又取消了。"美索不达米亚、希腊、小亚细亚以及其他各地的居民，为了得到耕地，把森林都砍完了，但是他们想不到，这些地方今天竟因此成为荒芜不毛之地，因为他们使这些地方失去了森林，也失去了积聚和储存水分的中心[3]。

马克思和恩格斯的这种"物质变换"理论深刻揭示了人与自然之间的本质关系。人与自然之间的一切矛盾都是在这一过程中不断显现、发展和解决的。由于这种"物质变换"的程度和规模随着科学技术和生产力的发展越来越大，又随着时间的推移而积累得越来越多，终将超出自然界所能承受的限度。特别是当代科学技术高度发达，大量生产、大量消费、大量废弃的生产方式和生活方式，使得人与自然之间的物质变换不论是规模还是程度，都刷新了历史纪录，达到地球的承载极限。产生这种情况的根本原因仍然是人与自然之间的物质变换没有得到合理的控制和调整。

2）对废弃物再循环的论述

（1）废料的分类。马克思认为，"所谓的废料，几乎在每一种产业中都起着重要的作用"，这种"废料"即生产排泄物和消费排泄物。所谓生产排泄物，是指工业和农业的废料；消费排泄物则一部分指人自然的新陈代谢所产生的排泄物，另一部分指消费品消费以后残留下来的东西。因此，化学工业在小规模生产时损失掉的副产品，以及制造机器时废弃的但又作为原料进入铁的生产的铁屑等，都是生产排泄物。人的自然排泄物和破衣碎布等，是消费排泄物。马克思认为，"消费排泄物"对农业来说最为重要，但是在《资本论》第三卷第五章中，马克思主义要是将生产排泄物作为考察对象的。

（2）废弃物利用的原因及条件。在马克思看来，"原料的日益昂贵，自然成为废弃物利用的刺激"。而废弃物的再利用有3个前提条件：这种废弃物必须是大量的，而这只有在大规模的劳动条件下才有可能；机器的改良，使那些在原有形式上本来不能利用的物质，获得一种在新的生产中可以利用的形式；科学的进步，特别是化学的进步，发现了那些物质的有用性质。在这里，马克思将废弃物的规模、机器的改良和科学的进步视为废弃物再利用的基本条件。只有生产力达到一定水平，在社会化大生产、大规模生产和共同生产时，产生的废弃物才能重新成为一个产业部门或另一个产业部门的生产要素。马克思进一步论述："由于大规模社会劳动所生产的废料数量很大，这些废料本身才重新成为商业的对象，从而成为新的生产要素。这种废料，只有作为共同生产的废料，才对生产过程有这样重要的意义，才仍然是交换价值的承担者。"化工产业提供了废弃物利用的最显著的例子。它不仅发现新的方法来利用本工业的废弃物，还利用其他产业的各种各样的废弃物，如把以前毫无用处的煤焦油变为苯胺染料、茜红染料（茜素），甚至把它变成药品。

（3）节约的两种类型。马克思十分重视节约在社会生产中的作用，他指出，"社会地控制自然力以便经济地加以利用"。不仅要节约利用自然力，即用较少的人力、物力和财力等获得较大的社会成果，还要注重对废弃物的利用和减少废弃物的产生。马克思区分了两种不同的节约：一是对生产过程中产生的废弃物的循环再利用，二是减少废弃物的产生。应该把这种由生产废弃物的再利用造成的节约和由废弃物的减少造成的节约区别开来，后一种节约是把生产废弃物减少到最低限度和把一切进入生产中的原料和辅助材料的直接利用提到最高限度。马克思高度重视减少废弃物对人类社会生产的意义，他指出了减少废弃物的 3 个途径：一是机器质量的提高可减少辅助材料废料的产生。机器零件加工得越精确，抛光越好，机油、肥皂等就越节省，这是就辅助材料而言的。二是机器和工具质量越好，原料就越少地变为废料。在生产过程中究竟有多大一部分原料变为废料，这取决于所使用的机器和工具的质量。三是原料本身的质量。原料质量越高，废料越少。马克思说："最后，还要取决于原料本身的质量。而原料的质量又部分地取决于生产原料的采掘工业和农业的发展（即本来意义上的文明的进步），部分地取决于原料在进入制造厂以前所经历的过程的发达程度。"

由此可以看出，马克思虽然并没有使用循环经济的概念，但是在《资本论》中充分论述了人类社会生产，特别是社会化大生产，应以资源节约和废弃物循环利用为基本特征。应是一个生产过程的废弃物，再回到另一个生产过程，这样周而复始的自身消耗自身利用的过程。减少废弃物的产生和废弃物的再利用实质上就是循环经济所提倡的减量化、再使用和再循环的基本原则。因此，马克思和恩格斯对人与自然之间的物质变换及对废弃物再循环的论述是指导循环经济实践的重要理论基础。

3.1.2 西方学者对循环经济的阐释

1) 古典和新古典经济学对资源环境问题的认识

古典经济学以土地、劳动为研究对象。1776 年，亚当·斯密在《国富论》中提出对生产要素投入的研究，并将土地、劳动视为生产的基本要素。在威廉·配第的价值理论中，"劳动是财富之父，土地是财富之母"成为古典政治经济学劳动价值论的形象说法。李嘉图的"资源相对稀缺论"、约翰·穆勒的"静态经济论"及马尔萨斯的"资源绝对稀缺论"等无不对资源的研究给予足够的关注。李嘉图认为，土地、空气、水等都来自大自然的恩赐，是取之不尽、用之不竭的。只有肥力较高的自然资源的数量存在相对稀缺性。在他看来，具有较高肥力的资源（无论是土地资源还是矿产资源），在数量上不存在绝对稀缺性，只存在相对稀缺性，不过这种稀缺性对经济发展并不能构成不可逾越的制约。约翰·穆勒认为，虽然人类完全有能力征服自然，克服资源的相对稀缺性；但自然资源、人口和财富应保持在一个静止稳定的水平，而且这一水平要远离自然资源的极限水平，以防止出现食物缺乏和自然美的大量消失现象。在约翰·穆勒看来，如果仅仅为了使地球能养活更多的而不是更好、更幸福的人口，财富和人口的无限增长将消灭地球给予我们快乐的许多事务。为了子孙后代的利益，应早些满足于静止状态，而不要最后被逼得不得不满足于静止状态。同时，约翰·穆勒还认为，土地资源除了农业生产功能以外，还具有人类生活空间和自然审美的功能，大自然在培育人类情感方面的作用是不可或缺的。因此，他又被称为"第一位关注环保的经济学家"。从表面上看，马尔萨斯在《人口原理》一书中论述的是人口生产与生活资料生产之间的关系，但实质上他已经在论述人口生产、生活资料（自然资源、环境）生产及其相互之间的可持续发展问题，他竭力主张人口生产应该服从自然资源、环境的生产，只有二者和谐，社会才会进步和发展。

随着 19 世纪下半叶大机器的使用及生产规模的不断扩大，物质产品日益丰富，需求对市场的影响逐渐被经济学研究所关注，并形成了新古典经济学理论。与古典经济学的劳动价值论不同，新古典经济学认为，价值决定于交换，反映了产品的偏好和成本；价格与价值不再有差别，相对稀缺替代了以前的绝对稀缺；主张建立生产和消费的平衡关系，实现资源的优化配置。该学派认为，在完全竞争市场条件下，社会边际成本与私人边际成本相等，社会边际收益与私人边际收益相同，从而可以实现资源配置的帕累托最优。但是现实世界如果不能满足完全竞争市场条件，市场就会失灵，环境污染就是典型的"市场失灵"。当"市场失灵"时，新古典经济学主张依靠外部政府的干预加以解决，即政府通过税收与补贴等经济手段使边际税率（边际补贴）等于外部边际成本（边际外部收益），使外部性"内部化"。在此理论基础上，"庇古税"、排污收费制度等应运而生，成为治理污染的基本手段。例如，庇古提出的"修正税"建议，由政府对造成负外部性的生产者征税以限制其生产，同时对产生正外部性的生产者补贴以鼓励其扩大生产。通过"征税"和"补贴"，外部效应实现了内部化，实现了私人最优与社会最优的一致性。且不说该方法对环境污染来说仍是末端治理而非源头预防，就其理论研究的出发点而言，只是关注资源如何实现优化配置而并非关注资源环境本身。诺贝尔经济学奖得主索洛（Solow）的新古典经济增长理论，强调资金、劳动力和技术进步的作用。虽然已经考虑到资源的约束，但他认为，资源约束并不能构成经济增长的制约，因为自然资本和人造资本是具有完全替代弹性的。20 世纪 30 年代，霍特林（Hotelling）发表了《可枯竭资源经济学》，得出可枯竭资源连续开采的租金变化率与利率相等这一经典结论，他的研究虽然也是以自然资本与人造资本具有完全替代弹性为前提的，但是在当时并未引起足够的重视。直到 20 世纪 70 年代的石油危机以及罗马俱乐部增长极限理论的提出才改变这种局面，资源环境经济学的研究开始受到重视。

2）西方当代学者的循环经济思想

国内学者在循环经济理论研究中，除鲍尔丁的"宇宙飞船理论"外，几乎未涉及其他当代西方学者的循环经济思想。而当代西方学者对可持续发展的基本路径——循环经济的理解和阐释散见于诸多与可持续发展密切相关的经济学著作中。对他们循环经济思想的挖掘和论述，将充实和丰富循环经济的理论内容，并对循环经济实践发挥积极的指导作用。

（1）鲍尔丁的"宇宙飞船理论"。美国经济学家鲍尔丁是当代西方学者从可持续发展视角出发，将物质循环理念引入经济学的第一人。1966 年，鲍尔丁发表了著名论文——《即将到来的宇宙飞船经济学》，在文章中，他描述了被其称为"牛仔经济"（也有译作"牧童经济"）的人类与自然环境的关系状态——将自然环境视为一个无限的平面，并存在能够无限向外延伸的边界。经济系统与外界有着密切的联系和交换：从外界获取投入物并向外界输送残留废弃物等，外界供给或接受能量流和物质流的能力被认为不受限制。但鲍尔丁认为，这种经济存在着缺陷，人类需要改变观念，即承认地球是一个封闭系统，或者更准确地说，是只能接受外界的能量输入（如太阳能流），对外界进行能量输出（如通过辐射流）的封闭系统。但是就物质而言，地球是一个纯粹的封闭系统，物质不能够被创造或破坏，来自开采、生产和消费行为的残留物总是以这种或那种形式与我们一起存在。鲍尔丁把这一修正的观点称为"太空船经济"，在这里，地球被认为是一艘孤立的宇宙飞船，没有任何无限储备的东西。超出飞船本身的范围，既不存在飞船的居民可以获得的资源储备，又无法向外界处理不需要的残留物。飞船是一个封闭的物质系统，来自外界的能量输入仅限于那些可利用的、永恒的、有限的能量流，如太阳射线。在该飞船里，如果人类想无限生存下去，就必须在不断再生的生态圈里找到自己的位置。物质的使用仅限于在每个时段能够循环的物质，转过来又受到飞船接受的太阳能和其他永恒能量流数量的限制。在"太空船经济"中，衡量经济成功与否的标准不是产品和消费，而是自然资本的维持。

（2）布劳恩加特等的"聪明的产品体系"思想。德国汉堡市环境保护促进局的布劳恩加特和恩格尔弗里德博士提出了以"聪明的产品体系"为核心的循环经济思想。布劳恩加特和恩格尔弗里德把产品为三类：消耗品、服务产品和不可出售的产品。按照他们的观点，工业生产出的每种东西几乎都将最终被列入前两类中的一类。

第一，消耗品。这里的消耗品是指一般只使用和消耗一次然后就变成废弃物的产品。为了使一种产品成为合格的可消耗产品，它在废弃后必须能够进行生物降解，能够转化成另一种生物的食物，而不留下任何可能造成危害或累积的有毒残渣。从根本上来看，它必须有能力变回泥土，在它的分解过程中不含有任何有害的中间过程。布劳恩加特和恩格尔弗里德认为，大多数食物属于此类，而沾染了持久性杀虫剂的食品不属于此类。可分解产品的想法存在已经有一段时间了，他们以福特公司为例来说明问题。1941年福特设计出一种汽车原型，它的车身是用黄豆塑料制成的，由乙醇提供动力，车轮胎的材料是一种称为北美黄花的植物。福特坚信第二次世界大战后石油价格将上涨，他认为，不久汽车将被"种植"出来。

第二，服务产品。它主要是我们通常所说的耐用消费品，也包括非耐用品，如包装。布劳恩加特和恩格尔弗里德认为，人们想从这些产品中得到的不是产品本身的所有权，而是这项产品提供的服务：汽车提供给我们交通，冰箱提供给我们冰啤酒，电视提供给我们新闻或娱乐。在"聪明的产品体系"下，这些产品不出售，而是许可购买者使用这些产品，而所有权仍然由制造商保留着。当消费者购买了一台电视机或一辆车时，你所购买的仅是使用它的权利，这种许可权是可以自由转让的，但是该产品却是不能被扔掉或处置掉的，它必须由最后的使用者还回来，或者涉及比较大的装置时，由制造商或零售商运走。布劳恩加特和恩格尔弗里德还认为，目前大多数这种类型的产品根本未被再循环，相反却被降级循环，沦为废弃物、玻璃和塑料等。在一个"聪明的产品体系"中，服务产品的设计将便于全部拆卸，以利于再利用、再制造或回收利用。在"服务产品"概念下，由于制造商始终必须想象当产品退回时他们该如何对产品进行回收利用，因此制造商将从一个全新的角度去看待原料和生产方式，这要求有一种崭新的模仿自然的设计原则：废弃物等同于食物。制造商不再只是考虑产品走出厂门时的价值，同时必须考虑到产品返回工厂时的价值。这个计划的受益者是那些最能对原料和零部件的使用进行精心设计，以使它们能够最大效率地被重新配置、变化、再使用或回收利用的公司。

第三，不可出售的产品。所谓不可出售的产品是指有毒化学品、放射性物质、聚氯联苯、重金属等。对这些产品而言，不存在任何在环境内部的"循环"，因为它们不可能被并入任何连续的或循环性的过程中而不造成任何危害。一个"聪明的产品体系"将努力从设计上使消耗品中不含有不可出售的产品，最终将其排斥在所有服务产品之外。同时，不可出售的产品必须逐步退出，被其他产品替代，这意味着我们必须找出安全有效的储存方法。布劳恩加特和恩格尔弗里德建议将不可出售的产品储存在他们称为"停车场"的地方，这些地方归国家或其他公共行政管理机构所有，然后租给污染者。在"停车场"概念下，储存的费用将由毒素的制造商承担，他将永远为该项服务付费，除非企业或其他某个机构发明了一种安全的去除毒性的方法。这种做法使得制造商被捆绑在他自己所生产的废弃物上，随着储存费用的上升，严格实施"污染者付费"的原则能够激励企业发明替代目前所使用的这些化学品的其他方法，并寻找新技术以去除他们已经制造的产品的毒性。

布劳恩加特和恩格尔弗里德所建议的将制造商与其所生产的废弃物捆绑的做法即循环经济的"生产者责任延伸"的制度和理念，抓住了废弃物产生源头，责任应由制造商承担，这样可以重新设计基于循环经济的制度，为他们的企业生产过程提供新的降本增收动机。

（3）保罗·霍肯（Paul Hawken）的"商业生态学"理论。保罗·霍肯是美国著名的环境经济学家、教育家和企业家。保罗·霍肯关于循环经济的思想主要体现在以下几方面。

第一，循环经济是实现可持续发展的主要途径。保罗·霍肯的循环经济思想主要体现在他对商业活动生态化转向的研究，而所谓商业的生态学模式，是指任何废弃物对于别的生产方式都存在价值，因此一切都可以回收、重新利用和循环再生。不难看出，保罗·霍肯所说的商业的生态学模式也就是我们所说的循环经济模式。他认为，通向可持续发展有 3 条途径：服从"废弃物等于食物"的原则，在工业生产中完全彻底地消除废弃物，即循环经济的途径；从一个建立在碳的基础上的经济转变为一个以氢和阳光为基础的经济；建立起支持和加强恢复性行为的反馈体系和责任体系。这 3 条途径在他看来都围绕一个中心——大自然。循环经济模式——第一条途径，即最重要的途径——不仅当场节约了资源，还重新安排了人类与资源的关系——从线性关系变成循环的关系，这将极大地增强人类在减少环境恶化的同时享受繁荣生活的能力。

第二，线性经济存在严重的弊端。保罗·霍肯认为，我们现在所建立的仍是沿袭工业革命之初的强调不受任何约束的增长的"线性的"低信息质量的工业生态。虽然在 1990 年地球日之后，工业界为了改变形象，创造了关于环境废弃物的新神话，其中最重要的神话就是认为我们可以把我们所处的环境"打扫干净"。换句话说，我们可以承认过去的工业有点邋遢马虎，但是我们坚信将来可以做好。依靠精心地整理、技术和足够的陆地填埋场，我们可以停止向环境释放污染物。这一策略常常被称为"管尾"打扫（即我们现在所说的"生产过程末端治理"）。在保罗·霍肯看来，这个想法很吸引人，因为它模仿了我们在自己家里的行为，即把废弃物装袋，放在屋外，让市政部门拖走，让市政部门去操心，但这种类比是不恰当的。我们可以把我们的家庭废弃物从一个小的"人工"环境转移到一个较大的环境，但是这个较大的环境——自然界又该把堆积成山的废弃物向哪儿转移呢？

第三，"系统设计"在循环经济发展模式中居首要位置[4]。同艾瑞克·戴维森一样，保罗·霍肯也十分崇尚建筑设计师威廉·麦克多诺（William McDonough）所提出的重新设计产品的想法。他认为，一个循环的和恢复型的经济是摇篮到摇篮的全程的思考，因为每个产品或副产品甚至在被生产出来以前就已经想好了它随后的形态。设计者必须从一开始就把这一产品将来的用途和避免废弃物考虑在内。针对生产过程末端处理所带来的问题，保罗·霍肯认为，对我们目前的困境合乎逻辑的应对方法是设计或者说重新设计生产体系，使它们首先不会产生危险的和生物学上无用的废弃物。而这种生产系统应该是能够较完美地模仿自然界中的顶峰生态系统的系统。

第四，应建立与可持续发展相适应的健康商业[5]。按照保罗·霍肯的观点，目前的企业活动对可持续发展构成了巨大威胁，企业人士要么致力于把商业改造成为一项可恢复生态环境健康的事业，要么就将社会推向坟墓。因此，必须重新认识企业的性质、企业的经营、企业的活动对社会的影响。虽然自由市场资本主义制度在世界范围内取得了胜利，但是我们对企业的理解，即健康商业的必要条件是什么，该种商业在整个社会中应起到什么样的作用，却仍然停留在一个原始的水平上。保罗·霍肯认为，企业的最终目的不是也不应该只是赚钱。它也不该只是一个制造物品和出售物品的系统。企业的出路在于通过服务、富有创造性的发明和高尚的道德伦理来为人类造福。

（4）康芒纳的"控制等同于失控"思想。康芒纳是美国著名的环境科学家、作家和社会活动家，他对循环经济的认识主要体现在以下几方面。

第一，在对待污染物的问题上，预防胜于控制，因为控制的结果最终必然是失去控制。康芒纳认为，污染物对环境造成的影响可以用两类方法进行补救：一类是保留该活动但外加控制装置，将产生的污染物进行管理或销毁掉，使之不进入环境中；另一类是改变产生污染物的活动来消除污染物。例如，对待垃圾采取循环利用还是焚烧了事，两种选择反映了处理污染物的两种不同的战略分歧是依赖控制措施减轻污染物对环境的影响，还是从源头上阻止污染物的产生。而所谓的控制，在康芒纳看来只不过是在生态环境里变戏法，只是把污染物暂时藏到环境中的某个不惹人注意的地方而已，它们迟早会出来作怪的。

第二，经济及技术因素导致资源未能完全实现循环利用。康芒纳以美国为研究对象，剖析了废弃资源未能循环利用的经济和技术因素：从经济因素来看，市场竞争使同类产品的生产向大企业集中，而这些企业由于成本原因选择一次性包装，而放弃使用可重复利用的包装物。以啤酒生产为例，康芒纳认为在 1950 ~ 1970 年，美国啤酒瓶的数量增加了 6 倍多，大大增加了垃圾的产量。造成这一新的垃圾问题的原因是，啤酒生产厂家决定不再采用支付定金的方式来回收重复使用啤酒瓶的做法，转而使用无须支付定金的一次性啤酒罐。做出这样的决定是因为市场竞争使成千上万的地方啤酒生产厂家被淘汰出局，取而代之的是为数不多的几家大公司，啤酒业成为高度集中化的产业。这些大公司向全国的某一大片区域提供啤酒，把空啤酒瓶经长途运输返回啤酒生产厂家对大型啤酒生产厂家来说在成本上是不划算的，因此一次性包装代替了可多次循环使用的玻璃啤酒瓶。从技术因素来看，人类生活在两个世界中，一是与所有其他生物共同居住的自然世界，二是人类自己创造的世界，康芒纳称为"生物圈"和"技术圈"。生物圈存在着一个"大自然最了解自己"的法则，表明生物圈自身是和谐的，其成员之间以及每个成员与系统之间都是相协调的，这种和谐的结构是地球 50 亿年生物进化的结果。在生态系统中，生物所产生的每种有机物都毫无例外地存在一种能够降解它的酶，不能被酶降解的有机物则不是生物所产生的，这种安排对于生态系统的和谐具有根本性的意义。而与"生物圈"形成鲜明对照的是"技术圈"，其是由变化过程快且种类繁多的物品和材料构成的。例如，尼龙在技术圈里是有用的新产品；但是在生物圈里，由于没有受过进化的检验，却是有害的入侵者[6]。

第三，对当前发达国家治理污染所采取的"市场刺激"手段提出质疑。康芒纳认为，防止污染意味着生产过程的设计要符合环境保护的社会利益，而自由市场则是按照生产过程由私人支配的原则运行的，对市场力量做出反映时只考虑利润最大化。康芒纳对此不禁质疑："在选择生产技术方面，私人的、以利润最大化为目的的短期经济上的考虑应该具有多大限度的决定权？而出于环境质量等长期社会利益的考虑应该具有多大限度的决定权？"康芒纳认为，环境危机的根源和我们解决危机失败的原因最终都能归于资本主义的信条——选择生产技术时只根据个人利润最大化和在市场份额中得到的利益来决定，也就是说，问题的根源在于资本主义的"自由企业制度"。

第四，应采取多种措施促进资源的循环利用并从源头预防污染。这些措施包括：重新设计经济系统（工业生产系统、农业生产系统、公共交通系统等）；引导并鼓励公众积极参与、充分发挥环境民主的力量；政府采购应发挥积极作用。康芒纳还强调要注重意识形态问题，他认为在真正的社会主义经济下，生产和决策理应与意识形态相一致，由社会决定，这样就能考虑到环境因素，也就不会发生冲突。

（5）洛文斯的"自然资本理论"。洛文斯（Lovins）曾任美国能源部顾问，是美国落基山研究所所长和创始人，他在能源、可持续发展和全球战略领域的研究颇有建树。他认为，地球生态系统无偿地为人类提供服务，离开这些服务人类将难以生存，而采用可提高资源生产率的先进技术对我们经营商业的方式进行某些简单改变，就可以为今天的人类和后代带来惊人的利益。在洛文斯看来，在通往自然资本论的进程中，商业经营模式会发生以下四方面变化[7]。

第一，大大提高自然生产率，以减少对自然资源的使用。这一变化即循环经济所倡导的减量化原则。洛文斯认为，在减少从耗竭到污染的浪费性的和破坏性的资源流动过程中，存在着巨大的商机。有远见的公司通过先进技术成倍地提高自然资源的使用效率，可以节约自然资源，公司本身也可以获得巨大的经济效益。

第二，转向在生物学上受到鼓励的生产模式，即循环经济模式。自然资本论追求的不仅是减少废弃物，而且要从根本上改变废弃物观念本身。在封闭循环的生产系统中，按照自然的设计模式，每种产品最终要么作为一种像混合废弃物那样的养料无害地回到生态系统中去，要么变成一种用于另一种产品生产的原材料。

第三，向以解决问题为根本的商业模式转变，即循环经济所倡导的职能经济或服务经济模式。这种模式带来一种全新的价值观——从一种把商品的占有作为其富裕量度转变成一种通过对质量、实用性和功能的不断满足衡量富裕程度的经济模式。在传统的生产经济模式下，企业一贯只有多生产、多销售才能多获利；而消费者则以对商品的拥有量来衡量富裕的程度，其结果是多生产、多购买、多废弃。但在循环经济模式中，生产者和使用者只需在一个为满足其需求而组织起来的体系中支付服务费用即可。对服务的提供者来说，一方面可以将产品生产得更结实、更耐用而无须生产得更多；另一方面则会尽可能避免使用将来要增加处理费用的材料，特别是有害的材料。对消费者来说，通过租用产品既可以满足需求，又可以得到质优价廉的服务。因此，职能经济或服务经济模式不仅有利于服务提供者（即企业）和消费者利益的协调统一，还有利于资源的更充分和更有效地综合利用。

第四，对自然资本再投资。洛文斯认为，资本主义教科书的基础是将赚来的钱向生产资本进行慎重的投资。而已经大大提高了他们的资源生产率的资本家，将他们的生产环路封闭起来，变成一种以终局为基础的商业模式，而只保留了一项主要任务。他们必须对恢复、保持和扩大最重要的资本形式——他们自己的自然环境和生物资源基地投资。另外，不保护自然资本，不对自然资本进行再投资，会直接影响公司的收入，因为公众的环境责任观念会影响销售。实践表明，在实行有利于环境的变革方面领先的企业可能会获得异乎寻常的利益，而那些被认为不负责任的公司则可能会失去特许经营权、正统性和大量钱财。

（6）艾瑞克·戴维森对循环经济的认识。艾瑞克·戴维森（Eric A. Davidson）是《美国土壤科学学会期刊》副主编，他的循环经济思想主要体现在以下几方面。[8]

第一，垃圾是包括农业、工业和消费行为所产生的所有废弃物，这些东西被我们丢弃，可能会逐渐渗透、扩散并消失在环境里。

第二，在垃圾问题上存在着"科技动力学定律"。一是问题守恒说。问题永远不会消失，它们只是被取代，一个紧接着一个。解决一个问题的方法，则会衍生另一个新问题。二是科技挑战总是不断增加。当人口数量增加，但自然资源数量持续不变或是减少，则科技挑战的规模、个数和复杂度都会增加。由此可以看出，一方面，目前对垃圾处理普遍采用的"事后补救回收方式"并不能彻底解决问题，反而会衍生出其他新的问题；另一方面，科技虽然有助于解决全球性的垃圾问题，但要找出同时养活众多人口与清除垃圾的科技解决方案则日益艰难。

第三，产品应采用"内建式回收设计"以彻底解决垃圾问题。"内建式回收设计"即由制造商亲自设计生产可回收的产品。与布朗一样，艾瑞克·戴维森崇尚建筑设计师威廉·麦克多诺所提出的解决垃圾问题的方法，即重新设计产品。这种"内建式回收设计"的做法不仅可以节省填埋垃圾的空间，还可以降低污染物渗入河流与地下水的概率。

第四，政府应发挥积极的作用，创造经济诱因，如通过征税或抵税来抑制或奖励生产者和消费者的破坏或保护资源环境的行为。同时，人类应多投入一点"心力"来预防资源和环境的耗竭与污染，这远胜过将来耗费更长的时间、更多的资源来进行"治疗"。

（7）梅多斯（Meadows）等的循环经济思想。在《超越极限：正视全球性崩溃，展望可持续的未来》一书中，梅多斯等关于循环经济的论述主要包括以下几方面内容。

第一，即使是服务业所占份额越来越多的"后工业时代"，在很大程度上也是以工业、世界各地进口的原材料为基础的，最终产品寿终正寝后（即垃圾）仍将返回地球。在《超越极限：正视全球性崩溃，展望可持续的未来》中，梅多斯转引了洛文斯曾对服务部门的一件普通机器——一台打字机所描写的一段话，"我正使用的打字机很有可能含有牙买加或苏里南的铝，瑞典的铁，捷克的镁，加蓬的锰，罗得西亚的铬，俄罗斯的钒，秘鲁的锌，新喀里多尼亚的镍，智利的铜，马来西亚的锡，尼日利亚的铌，扎伊尔的钴，加拿大的钼，法国的砷，巴西的钽，南非的锑，墨西哥的银及微量的其他金属。陶瓷可能含挪威的钛；塑料是由中东的石油（由美国稀土催化剂提炼）和氯（由西班牙的汞提炼）生产的；铸造的沙来自澳大利亚海滩；机械工具用了中国的钨；而煤炭来自德国的鲁尔；最终产品消耗了大量的斯堪的纳维亚的云杉"。这个描述不仅指出了工业经济原材料复杂的运输路线，还强调了打字机的每个部件都来自地球。当打字机的使用寿命终结时，它最终极有可能回归地球。

第二，发达国家和发展中国家回收并重新利用原材料的出发点是不同的。贫穷的社会由于资源稀缺，总是回收并重新利用原材料。富有的社会由于归宿匮乏，正在重新学习如何回收利用原材料。

第三，预防污染的源头治理即使在工业化国家也并未大规模实施，并且末端治理模式存在诸多弊端。梅多斯认为，"防止污染的思想并没有遍及整个工业化世界。在欧洲，环境保护方面80%的投资是'末端处理'的清洁技术，只有20%用于改变生产制造方式"。结果是有些污染物基本保持稳定，不再增长；但是一些消除污染的努力只是使污染物从一种状态变成另一种状态。

第四，梅多斯等相信，经过努力，现代人类经济最终也会走向循环经济。这种努力[8]主要包括：对产品重新进行最终可以拆分和回收的设计；提高产品的寿命并从源头减少原材料的使用；在对付最危险的污染物和帮助世界摆脱环境制约方面，全人类需要认识并协同一致地及时行动。

（8）布朗的"生态经济"思想。美国地球政策研究所布朗在他所著的《生态经济》一书中阐述了他对循环经济的看法，具体如下。

第一，经济发展模式应效仿大自然进行必要的调整和重新设计。目前以化石燃料为基础、以汽车为中心的用后即弃型经济，是不适合于世界的模式，取而代之的应该是太阳/氢能源经济[9]。这种经济所生产的产品是在摇篮到摇篮的生命循环中运转，而不是在摇篮到坟墓的过程中运转。这种设计意味着要效仿大自然的环形流动模式，即闭路循环的模式，去取代现在那种直线形流动模式。

第二，反对过度消费，反对物品用过即弃。布朗认为，20世纪中叶出现了两种形成全球经济演变的观念，即有计划地将用品废弃和东西用完就扔。第二次世界大战后，这两种观念作为促进经济增长和就业的途径在美国都被采用了，似乎东西耗损得越快，扔得越快，经济发展得也就越快[10]。这种观念造成了发达国家过度的消费。布朗认为消费应适度，并尽可能避免使用一次性物品，代之以可循环利用的物品。

第三，在经济发展过程中，技术是一把"双刃剑"。新技术的发展有利于经济的非材料化，如目前发展中国家电话使用的增长大部分是依靠移动电话，而移动电话依靠广为分散的高塔或卫星输送信号。因此，这些国家就不需要像工业化国家过去那样，对巨量的铜线进行投资。但同时正是技术的发展，导致人类对自然资源的过度开采和环境的迅速恶化。

第四，布朗认为，政府应发挥更大的作用，如利用政府采购扩大再生材料的市场、取消对危害环境活动的补贴等。

综上所述，当代西方学者对循环经济的论述集中在以下几方面。

第一，自然资本已成为制约经济繁荣的重要因素。在漫长的历史时代里，人类曾受制于自然环境。直到18世纪，近代科学技术的发展使人类跨入工业文明时代，并以空前的规模和速度控制和利用自然。特别是第二次世界大战以来，资本主义市场经济的发展使西方发达国家实现了大量生产、大量消费的经济模式。许多人认为，人类终于摆脱了自然的束缚。但与此同时，保罗·霍肯、洛文斯、布朗等一批著名学者不断强调人类需要一场环境革命，并认为这场革命的理论基础是自然资本理论。在赫尔曼·戴利和洛文斯等看来，限制人类社会发展的，正是生命本身。我们的不断进步受到限制，并非因为捕鱼船数量不够，而是鱼类数量减少；不是因为水泵的功率小，而是因为地下蓄水层的耗竭。布朗不仅非常赞同这种观点，还更进一步指出，过去稀缺的是人造资本，自然资本非常丰富；但现在的情况却变了，自然资本越来越稀缺，而人造资本越来越雄厚。因此，必须停止经济发展对自然资本的无情掠夺，阻止地球生态系统走向衰落。

第二，循环经济是实现可持续发展的基本途径。当代西方学者的循环经济思想与他们的可持续发展理论密不可分，作为实现可持续发展的重要途径，循环经济思想见诸于这些学者的与可持续发展理论直接相关的著作中。鲍尔丁在其"宇宙飞船理论"中将地球视为一艘孤立的宇宙飞船，在飞船里，人类若想获得无限生存，必须在不断再生的生态圈中找到自己的位置。保罗·霍肯则认为，在工业生产中彻底消除废弃物的循环经济模式是通向可持续发展的3条道路之一。布朗和洛文斯等更加积极地倡导将目前建立在碳基础上的经济转变为以氢和阳光为基础的经济。可见，在他们看来，虽然有多条途径通向可持续发展，但循环经济是最基本的路径。

第三，在污染问题上"源头预防"至关重要。保罗·霍肯、康芒纳和梅多斯等十分重视对影响环境的污染物进行源头预防。他们认为"预防"胜于"控制"，因为"控制"的结果必然是"失控"。他们对传统的"生产过程末端治理"持强烈的反对态度，认为在自然界中，堆积成山的废弃物是无法转移的，把污染物暂时藏到环境中的某个不惹人注意的地方的变戏法行为，迟早是要露馅的，这些污染物总有一天要出来作怪。因此，源头预防和减量化胜过末端治理。

第四，循环经济必须效仿大自然进行"系统设计"。康芒纳、保罗·霍肯、戴维森和布朗等都积极倡导经济发展要效仿大自然的生态系统。在他们看来，大自然中一个物种的消耗成为另一个物种的食物，混乱和失衡虽然也会发生，但生态圈能够自我纠正和自我恢复。一个循环和恢复型的经济也应该在从摇篮到摇篮的生命循环中运转，而不是在从摇篮到坟墓中的过程中运转。每个产品或副产品在被生产出来以前就已经想好了它随后的形态，设计者必须从一开始就把这一产品将来的用途和避免废弃物考虑在内。这样，就不会产生危险的和生物学上无用的废弃物。

第五，政府应在循环经济发展中发挥重要作用。西方学者认为，循环经济发展需要同时发挥市场和政府两方面的重要作用，特别是政府的作用至关重要。政府不仅通过法律对保护生态环境起到强制作用，还可通过征税或减税等经济手段对生产者和消费者的破坏或保护资源环境的行为进行抑制或奖励。例如，保罗·霍肯提出政府一定要重新设计税收政策，用逐步递进的方式从当前对"好东西"征税转为对"坏东西"征税，从对工资征税转向对污染、环境恶化、消费不可再生能源征税。同时，政府还要积极引导并鼓励公众积极参与循环经济实践，通过教育提高公众的循环经济觉悟，使之成为公众的自觉行动。

3.1.3 两种可持续发展范式之争与循环经济的作用空间

1) 可持续发展理论产生的背景

可持续发展思想的提出源于人类对环境问题的逐步认识和关注。产业革命以来，人类赖以生存和发展的资源与环境受到日益严重的破坏，资源危机、环境危机等频频出现，促使人类对人与自然的关系进行反思。1962 年美国科学家蕾切尔·卡逊（Rachel Carson）的科普著作《寂静的春天》，描绘了一幅由农药污染所带来的可怕的景象，惊呼人类将会失去"明媚的春天"。他的著作引起了巨大的轰动，在世界范围内引发了人类关于发展观念的争论。1972 年，著名学者芭芭拉·沃德（Barbara Ward）和勒内·杜博斯（Rene Dubos）的著作《只有一个地球》将对人类生存与环境的认识推向了一个新的高度。同年，以丹尼斯·L·

梅多斯（Dennis L. Meadows）等为代表的罗马俱乐部成员发表了轰动世界的研究报告《增长的极限》。该报告对西方长期流行的高增长理论进行了深刻反思，从人口增长、粮食供应、自然资源、工业生产和污染五方面分析了经济增长的制约因素，提出了"增长的极限"这一极富挑战性的问题。该报告认为，由于人口增长引起粮食需求的增长，经济增长将引起不可再生自然资源耗竭速度的加快和环境污染加剧程度呈指数增长，人类社会迟早会出现"危机水平"。该报告首次提出了"持续增长"和"合理的持久的均衡发展"的概念，为可持续发展理论的提出和形成作出了有意义的贡献。1980年，联合国呼吁全世界研究自然的、社会的、生态的、经济的以及利用自然资源过程中的基本关系，确保全球持续发展。1987年，以挪威首相布伦特兰夫人为代表的世界环境与发展委员会向联合国提交了《我们共同的未来》报告，将可持续发展定义为"既满足当代人的需求，又不对后代人满足其自身需求的能力构成危害的发展"。1992年，联合国在里约热内卢召开了联合国环境和发展会议，并通过了《里约宣言》和《21世纪议程》，标志着可持续发展理论的形成并得到世界各国人民的支持。

2）自然资本与人造资本

当代西方学者将资本划分为自然资本和人造资本，而人造资本又包括物质资本和人力资本。自然资本是一种存量，这种存量可以给未来生产出商品与劳务的流量，如大洋中能为市场再生捕鱼流量的鱼、能再生出伐木流量的现存森林等。这种再生的捕鱼流量、再生的伐木流量等可以年复一年地增加，被称为"可持续流量"或"自然收入"，而能够生产出可持续流量的存量就是"自然资本"。自然资本就像一棵果树，其产生的自然收入一方面表现为每年所结出的丰硕果实，另一方面还表现在其调节气候、保持水土及美化环境、愉悦心灵等方面的功能。从理论上分析，自然资本和自然收入分别是自然资源的存量部分和流量部分，因此自然资源与自然资本基本上可以视为同一概念，只不过自然资源偏重于其物理学含义，而自然资本和自然收入却带有较强的评估含义[11]。

自然资源根据其能否再生分为可耗竭资源和可更新资源两大类。

（1）可耗竭资源。可耗竭资源即不可再生资源，是指在任何对人类有意义的时间范围内蕴藏量不再增加的资源，对其开发利用的过程也就是该资源耗竭的过程。依据可耗竭资源是否具有回收利用的特点，可将其进一步区分为可回收的可耗竭资源和不可回收的可耗竭资源。可回收的可耗竭资源是指当资源产品的根本用途失去后，其中大部分物质还能够被回收并循环利用。这类资源以金属等矿产资源为主，由于其回收循环利用程度不可能达到100%，因此这类资源最终会被完全耗竭。不可回收的可耗竭资源即只能使用一次的不可回收的可耗竭资源，如煤、石油、天然气等。

（2）可更新资源。可更新资源也称可再生资源，指那些能够以某一增长率保持或增加蕴藏量的自然资源。可更新资源也可以分为两类：一类是在合理利用下可以恢复、更新和再生产，反之其蕴藏量则不断下降，以致枯竭的可更新资源，如森林、农作物、动物等；另一类可更新资源如太阳能、风能等，当代人的经济活动基本上不会影响其蕴藏量和可持续性。

3）强与弱：两种可持续发展范式之争

对人类而言，自然资本是必需的。一般来说，承认一种资源是必需的，意味着下面几层意思[9]：①作为废弃物处理和再加工企业来说，资源是必需的。废弃物所造成的污染无所不在、所造成的损害范围不断扩大，因而对于污染处理企业来说，显然资源是必需的；②对于满足人们的精神需求来说，资源也是必需的。通过观察或生活在自然环境中发现，很多人需要平静、安宁、祥和以及美的享受；③在一定意义上，一些资源对于生态系统的维持来说是必需的，若没有这些资源，生态系统局部或全部将出现问题而难以维系；④一些资源对于生产特定的产品来说是必需的，例如原油是生产汽油、煤油、石蜡等所必需的原材料。

那么，自然资本与人造资本之间是否具有替代性？在这一问题上，主流经济学家和生态经济学家存在着重大的分歧，这种分歧主要表现在自然资本与人造资本究竟是替代关系还是互补关系。英国著名可持续发展研究专家埃里克·诺伊迈耶（Eric Neumayer）据此将可持续发展划分为"弱可持续发展"和"强可持续发展"两个范式[12]。弱可持续发展范式建立在新古典经济学基础上，其核心思想是：对子孙后代而言，最重要的是人造资本和自然资本的总量，而不是自然资本本身。当代人是否将不可再生资源用光或向大气中排放二氧化碳都没有关系，只要造出了足够的机器、道路及港口、机场等人造资本作为补偿就行。该范式的主要代表是诺贝尔奖获得者索洛和著名的资源经济学家哈特维克（Hartwick）。索洛在其经济增长理论和模型中已经考虑到资源的约束，但他认为资源约束并不能制约经济增长，因为自然资本和人造资本是具有完全替代弹性的，在自然资本数量下降时，完全可以用人造资本来替代，只要保证总的净投资大于或等于零，经济就可以保持持续性增长。用索洛的话来说：前几代人有权利使用水池中的资本（当然是最佳的使用），只要他们向水池补充（当然是最佳的进行）能再生的资本存量就行。人造资本与自然资本之间的替代是通过"哈特维克途径"实现的，即从不可再生资源中抽取霍特林租金（霍特林租金：资源开采者的净边际利润。1931年霍特林提出了关于可耗竭资源配置效率的必要条件，即可耗竭资源价格的上升速率应等于利息率，也被称为霍特林法则）。由于资源的市场价格与开采成本之差通常被定义为资源的租金，在开采成本为零的情况下，霍特林租金有时也被表述为租金的增长率等于利息率。按照霍特林法则，固定存量的矿产资源被开采利用后，这笔资产在市场上转化为资本资产用来投资后，在资本市场上按照市场利率增值；如果这笔资源在地下不开采，只要其市场价格的变化率与利息率相同，该资产的市场增值量与开发转化为资本以后的增值量就是一致的。因此，对于资源所有者来说，并不介意让资产在地下增值还是开采以后变为资本增值，只要资源的开发本身是有效的，即市场价格的变化率等于利息率，那么，资源存量本身的变化或者枯竭与否是无关紧要的。霍特林法则体现了新古典经济学在资源利用问题上的经济思想，他们重视的不是自然资源的稀缺与极限，而是资源利用方面的优化配置。索洛正是从这一途径中得出经济能够无限持续增长的结论。但问题是，哈特维克途径是以自然资本和人造资本的完全替代为基础的，该途径本身就存在缺陷，而索洛在此基础上得出的结论也难以令生态经济学家信服。弱可持续发展范式正体现了新古典经济学在资源利用问题上的这一经济思想。赫尔曼·戴利曾以"替船装货"为喻对此进行批评，他认为，"个体经济学可以用最佳的方法配置船上的货物，使船能够维持平衡，不至于倾斜。但不会去管船上到底可以装多少货物，即个体经济学或许可以将货物做最适当的配置，却也可能因为超载而导致沉船"[13]。

与"弱可持续发展范式"相对立的是"强可持续发展范式"。该范式强调，除了总的累计资本存量外，还应该为子孙后代保留自然资本本身，因为自然资本在消费品的生产中和作为效用的较直接的提供者是不可替代的。全球环境社会经济研究中心的戴维·皮尔斯（David W. Pearce）和国际生态经济学学会创始人之一、世界银行环境经济学家赫尔曼·戴利是该范式的重要代表。皮尔斯和特纳（Terner）认为，自然资本之所以不能由人造资本替代主要在于[14]：①对于耗竭自然资本的有害后果，我们在很大程度上是没有把握的和无知的；②自然资本的损失常常是不可逆转的；③有些形式的自然资本提供基本的生命支持功能；④个人极其讨厌自然资本的损失。一个更为强烈的意见是：任何环境恶化所造成的损失，对个人来说并不能通过增加消费机会加以补偿。据《自然》杂志发表的数据，整个地球的生态系统服务每年的价值高达 33 万亿美元。这一数字接近全球每年的 GDP[14]。而更为严峻的是，对于大部分的这些服务而言，还没有已知的替代物，而人类离开了这些服务便难以生存。赫尔曼·戴利将自然资本与人造资本之间的关系概括为"基本上是互补的，只有部分是替代性的"。其论据是：①从历史上看，人造资本一直就是自然资本的补充品。例如，渔民购买渔船（人造资本）的目的是获得更多的海洋鱼类等自然资本。如果人造资本与自然资本之间真的是替代关系，那么人类也就没有必要生产和积累人造资本，因为其替代品早已存在。②人造资本本身就是自然资本的一种物质转换，生产越多的人造资本，就需要越多的自然资本。③生产是一个利用能量将物质转化为产品和服务的过程，劳动力和机器设备等人造资本是转化过程的实施者，而自然资本则提供生产的物质对象。赫尔曼·戴利认为，人造资本解决的是生产的效率问题，而自然资本解决的是生产的物质对象问题。不能用效率原因代替物质原因——无论有多少锯子和木工，都不能用一半的原木来建造同样的木房。同样地，在同样时间里，将加工的原木做成木房越多，需要的锯子和木工就越多。很明显，人造资本和自然资本的基本关系就是互补性的而非替代性的。当然，我们可以用砖来代替原木，但是那只是一种资源代替另一种资源，而不是用资本来代替资源。在建造一幢砖房时，我们会面临一个类似的'不可能'，即用铲子和泥瓦匠来代替砖头。

4) 循环经济的作用空间

既然人造资本和自然资本主要是互补而不是替代的关系，那么我们就会产生这样的问题：现在乃至将来，自然资本和人造资本，谁是或谁将是限制性要素？赫尔曼·戴利指出："世界是从一个人造资本是限制性要素的时代进入一个自然资本是限制性要素的时代。捕鱼生产目前是受剩余鱼量的限制，而不是受渔船数量的限制；木材生产是受剩余森林面积的限制，而不是受锯木厂多少的限制；原油的生产是受石油储量的限制，而不是受采油能力的限制；农产品的生产经常是受供水量的限制，而不是受拖拉机、收割者或土地的限制。我们已经从一个相对充满自然资本而短缺人造资本（以及人）的世界来到一个相对充满人造资本（以及人）而短缺自然资本的世界了"[13]。

在自然资本成为经济增长的制约因素，而技术在目前又无法实现对自然资本的完全替代，或实现由可再生资源对不可再生资源替代的前提下，人类必须从传统的线性经济增长模式转向在生态学上受鼓励的循环经济模式，并向自然资本投资。

假设资本（包括人造资本和可再生资源）对不可再生资源的替代率为 r，则

$$0 \leqslant r \leqslant 1$$

$r=0$ 表示不可再生资源是不可替代的，无替代弹性，无论是人造资本还是可再生资源对其均不具有替代性。而 $r=1$ 则表示不可再生资源完全可以被可再生资源或人造资本代替，那么 $0<r<1$，就是循环经济的作用区间。

3.1.4 循环经济对新古典基础上的现代经济理论的反思

传统经济增长模式有其深刻的经济理论渊源，若不能对这些经济理论进行彻底的反思和批判，传统粗放的增长模式就难以从根本上得到有效的遏制和扭转，新的经济增长模式也难以真正确立和运行。循环经济作为世界各国探寻可持续发

展的一种新经济增长模式，对当前以新古典经济理论为基础的现代主流经济学提出了严峻的疑问和挑战。

19 世纪下半叶，随着生产力的发展，物质产品逐渐丰富，需求对市场的影响开始进入经济学家的研究视野，从而产生了新古典经济理论。新古典经济学主张建立生产和消费的平衡关系，保持供给和需求的平衡，使资源得到最优配置。实现资源优化配置成为自新古典经济学以来的现代主流经济学的研究对象。但是，在现代主流经济学中，很少提到资源环境对经济发展的限制，这是因为，在他们那里，自然资源和环境的稀缺性根本构不成问题，自然资源可以被其他东西替代。另外，在现代主流经济学看来，只有进入市场体系的资源才是真正的经济资源，才具有经济分析的意义，而那些市场（价格）难以计量的东西，如环境服务等，即使很重要，但由于无法通过价格机制进行配置，也就无法进行经济分析，也就理所当然地被排除在经济理论考察范围之外。

尽管在现代经济理论指导下，众多经济体的经济增长实践取得了显著的成效。但不容忽视的是，各个经济体的增长实践在不同程度上遭遇了经济增长与资源环境的矛盾且日益突出，制约了经济增长。而作为在新古典经济学基础上的现代经济理论提出了严峻的疑问与挑战。

1) 对经济学研究不问终极目的的质疑

现代教科书将经济学定义为研究稀缺性资源配置的学科。本节借用赫尔曼·戴利的目标——手段图谱并加以修改来说明自新古典经济学以来，经济学研究的内容更多的是中间目标和中间手段之间的关系。从该图谱上可以清晰地看到，经济学占据其中心位置并与两端的终极目标分离，这使得经济学家错误地认为在竞争性目的和稀缺性手段间的中间范围的复杂性、相对性和替代性代表了整个序列。经济学家的范式中缺少绝对的极限，因为绝对的东西仅仅出现在序列的两端，因而被排除在经济学家注意的焦点之外[13]。经济学所要研究的就是如何创造更多的中间手段以满足更多的中间目的。在以资源稀缺为前提的经济学研究中，资源的稀缺性可以通过价格、技术得以解决，中间手段和最终手段之间是技术关系，甚至在世界上没有自然资源也一样过得去。在现代主流经济学家看来，无限的中间手段加上无限的中间目标就可以实现永恒的增长。可见，经济学单纯地从单一的经济维度来研究经济学问题，是舍弃了资源环境对经济增长的基础性制约关系，将经济系统作为一个孤立的和封闭的系统，忽视了经济增长过程是经济要素与资源环境有机整合的过程。传统经济问题框架如图 3-1 所示。

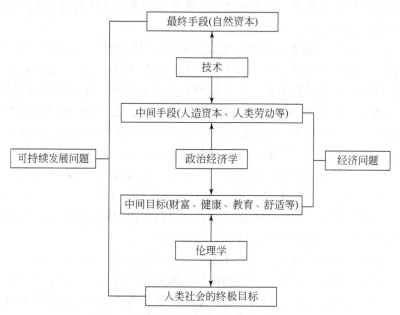

图 3-1　经济学只研究中间目标和中间手段

2）对经济学研究假设前提的反思

（1）对"理性经济人"假设的反思。"经济人"思想最早是由亚当·斯密在《国富论》中表述出来的。亚当·斯密第一次把个人谋求自身利益的动机和行为纳入经济学分析中，并对经济人行为如何促进整个社会丰裕的机制进行了经济学证明。尽管斯密没有明确提出"经济人"的概念，但对"自利"的"经济人"及其"追求自身利益的个人行为会导致整个社会丰裕"这一命题在经济学史上进行了最初的描述。依据亚当·斯密对"经济人"的描述及西尼尔为政治经济学给出的四大演绎公理中的第一公理。1844年约翰·斯图亚特·穆勒在《论政治经济学的若干未定问题》中，第一次系统论述了"经济人"的三大特征：第一，自利性。人的一切活动都是为了追求个人的最大利益。第二，完全理性。每个人都能够通过一定的成本-收益原则或趋利避害原则对其所面临的一切机会和实现目标的手段进行自由选择。第三，公共福利性。经济人的自利活动最终都会增进社会公共福利。随后，新古典经济学继承并发展了"理性经济人"假设。在《经济学原理》中，马歇尔指出：经济人不仅追求自身利益，而且还拥有完全信息，因而他可以实现最大化的选择。

新古典经济人范式将理性经济人假设概括为：个人通过自己的理性进行选择，在给定偏好和约束条件下，个人总是能够使效用达到最大化，市场总是能够达到瓦尔拉斯均衡，而此时资源配置就能够达到帕累托最优。按照新古典经济学的观点，经济学主要研究如何通过市场机制在全社会范围内对稀缺资源进行配置的问题，其研究对象决定了人在交易行为中的独立和平等地位，而资源稀缺性假设又要求资源配置效率的提高。因此，经济学要求作为经济主体的人必须是理性的、趋利避害的，只有这样，才能够形成市场经济活动的动力机制，才能够促进资源配置效率的提高，故经济学中人性假设的单纯性就并不难理解它为何不轻易吸纳人性发展中的一些其他人性特质。虽然当代学者对"理性经济人"假设进行不断修正，如西蒙的"有限理性"假设、威廉姆森的"机会主义行为"理论等，但是对人性假设的分析基本上未超出"经济人"是否"自私"、是否具有"完全理性"及其行为是否贯彻"最大化"原则的"经济人"范畴。

从循环经济与可持续发展视角看，对"经济人"的假设要跳出单纯的"经济圈"而置身于更为广阔的自然界大背景下，要更加关注人与自然、人与其他物种的和谐与共生性。从这一视角来看，经济人假设与可持续发展存在着矛盾，表现在以下几方面。

第一，经济人的有限理性会导致经济发展的不可持续性。就可持续发展而言，经济人的有限理性体现在：一方面，受自身认知能力的局限，人类对资源、环境的认识存在一个漫长的历史发展过程，在人类对资源、环境和可持续发展没有足够的科学认识之前，非理性行为难以避免；另一方面，处于不同经济发展阶段的人，即使已经认识到可持续发展的重要性和迫切性，但是受经济发展条件的约束，特别是急于摆脱贫穷的发展中国家，出于生存的需要，仍无法避免选择以资源和环境的巨大破坏为沉重代价的增长模式。

第二，经济人的自利及最大化行为假设与循环经济和可持续发展原则相悖。由于经济发展所需资源的稀缺性，自利的经济人为实现自身利益的最大化，凡事会权衡利弊，采取先下手为强的方式，无限量地使用稀缺性资源，只顾及眼前利益和局部利益，而不考虑长远利益与整体利益，不考虑自身行为对生态环境造成的影响以及对其他微观经济主体使用机会的减少。因此，追逐个体利益最大化的经济人不仅难以按照可持续发展所要求的公平原则去考虑资源的代际分配，就连代内公平也难以保证。

（2）对"资源稀缺性"假设的反思。按照《现代汉语词典》的解释，"稀"和"缺"均含有"少""不足"的意思，资源稀缺即相对于人们的需要，资源存在短缺或不足。对稀缺性资源的理解包含两个层面[15]：一是抽象层次上把握的人类社会经济活动的"元素性资源"，也就是人们通常所说的自然资源，它又划分为可再生资源与不可再生资源。二是作为生产过程中投入或产出的"应用性资源"。它是可以直接运用于生产和生活的各种资源，如土地、劳动、资本等。因此，稀缺性资源在不同场合使用的含义不尽相同。例如，在家庭、企业等微观层面论及稀缺性资源时，一般是指作为生产过程中产出或投入品的商品、劳动、资本等应用性资源。而在探讨可持续发展议题时所涉及的稀缺性资源，则通常是元素性资源，它显然没有商品、劳动、资本等应用性资源那样宽泛，差别主要在于前者不含劳动这一主观资源。

像经济人假设一样，稀缺性假设在经济学中得到了普遍的认同。但是，仍有人对此持不同意见。日本人类学家栗木慎一郎认为，人类作为一种生物，从维持其生存和延续种族的意义上说，是没有必要提高生产率的。人类从太阳和地球那里可以得到满足个体生存以及种族维持的足够甚至可以说过剩的能量。人类生产活动的特征是：有意识地生产超出生存所需程度的生产品。人类是自然界中的"超出者"，是一种过剩的存在状态[16]。另外，亚当·斯密、凡勃伦也都强调虚荣心的满足而非稀缺性存在，即为了满足虚荣心而拼命追求财富，特别是那些没有实用价值且价格昂贵的奢侈品，结果造成为生产这些产品的手段不足。由此看来，需要重新了解稀缺性。对人类的生存和繁衍来说，物质资料的稀缺性很可能是不存在的。但当人们的愿望或目标已不仅是生存和物种保持，而是要寻求一种相对的优越感来满足其生理需求以上的需要（马斯洛五项需要的后四项：安全的需要、归属和爱的需要、尊重的需要和自我实现的需要）时，物品的"稀缺性"就被制造出来了，所谓"经济"问题即稀缺性资源的有效配置便产生了[17]。

在资源稀缺经济学的诸多范式中，萨缪尔森范式通常被认为是最成熟的范式。在萨缪尔森看来，没有经济资源的稀缺性，就没有经济学存在的必要性。因为人类面临的是所有经济问题，在深层次上都是因为经济资源是稀缺的。从他为经济学所下的定义中可以清晰地看到：经济学是研究人和社会进行选择，来使用可以有其他用途的稀缺性资源以便生产各种商品，并在现在或将来把商品分配给社会的各个成员或集团以供消费之用[18]。纵观资源稀缺经济学理论，所涉及的都是元素性资源的稀缺，但并未涉及元素性资源稀缺强度的增大。换句话说，他们仍是在元素性资源稀缺强度不变的前提下研究经济问题的。

循环经济是与可持续发展相适应的经济模式，在可持续发展这一范畴中，很大程度上已经暗含着元素性资源稀缺强度可能增大的假设。也就是说，如果人类在经济发展过程中，不会导致经济资源稀缺强度增大，或即使经济资源稀缺强度不断增大，但现实中技术进步完全能够将其对经济发展的制约化解，那么可持续发展、循环经济将会是不成问题的问题。但由于目前部分不可再生资源是各个国家和地区经济发展中至关重要的战略性资源，同时其稀缺强度呈不断增大乃至趋于枯竭的态势。如果人类不采取积极有效的措施，部分不可再生资源稀缺强度增大乃至枯竭将制约社会经济的发展。例如，没有人会不认同目前石油等元素性资源稀缺强度增大并趋于枯竭。因此，循环经济（或可持续发展）将资源枯竭假设（或元素性资源稀缺强度加大假设）作为基本逻辑起点，在此基础上构筑其基本理论框架。

3）对新古典经济学以来市场定价原则的质疑与挑战

按照西方主流经济学的观点，凡是在经济体系内进行的有效交易，市场总是能够为商品与劳务确定适当的价格。但对于自然资本而言，能够进入市场体系的只有其流量部分，而其存量部分难以进入市场，无法进行精确地定价与交易。例如，森林的存量每年可以提供新的树木，树木可进入市场交易体系，供求决定其交易价格。而森林本身及其对调节气候、保持水土及美化环境、愉悦心灵等方面的贡献则难以通过市场进行定价。因为自然资源与环境的市场尚未发育或根本不存在。在经济学家的世界里，假设全球的森林因乱砍滥伐而所剩无几，那么剩余树木的价格将因市场上木材供不应求而暴涨，仅存的这些树木价值将极其高，仅此而已。但对于循环经济与可持续发展经济学而言，所关注的并非已丧失了生态价值的剩余树木，而是一个地区或全球整体森林资源的价值。不仅如此，目前，即使进入市场的资源与环境的价格也处于失真状态，严重偏离其真实价格，是资源无偿占有、无偿使用、加速耗竭、环境恶化的主要原因。同时，由于资源与环境市场的垄断与不完全竞争，资源环境利用效率极度低下。

对于市场上的其他产品，市场定价原则也存在问题。市场是一个以价格为基础的系统，所以自然会青睐那些开价最低的商人，但最低的价格却经常意味着未被承认的成本最高。正如保罗·霍肯指出的那样，市场善于定价却不能认识成本。今天，我们的自由市场对自然界和人类社会都造成了危害，原因就在于这个市场没能反映出产品和服务的真实成本。而这个真实成本应该是将对资源环境的污染破坏剔除之后的真实价格。可以想象，化工产品定价中若将其对资源环境的破坏费用加进去，那么全球的大型化工企业无一例外都会破产倒闭。前美国联邦准备理事会主席阿瑟·伯恩斯（Arthur Burns）曾说，我期待有一天，能将"环境损耗"这个项目加进去。当我们这么做时，我们将会发现国民经济生产总值的数字一直在骗人[19]。因此，我们必须设计这样一种市场，通过使环境破坏行为变得十分昂贵来消除环境破坏行为，通过使环境恢复行为变得我们负担得起来奖励环境恢复行为。

4）对产权理论的挑战

以科斯为代表的新制度学派强调产权的重要性，认为解决经济外部性问题的关键在于产权的界定和保护。所谓产权是经济当事人对其财产（物品或资源）的法定权利，这一权利是排他的、可转让的和永久的。科斯定理表明：在产权明确、交易成本为零或很低的前提下，通过市场交易可以消除外部性。换句话说，科斯认为，只要产权已明确界定并受到法律的有效保护，交易的任何一方拥有产权就能带来同样的资源最优配置结果。这可以通过双方的谈判来实现，即使外部效应涉及多方，不把公共资源的产权赋予某一个人，生产也可以自动地纠正外部效应。

按照科斯的产权理论，经济的外部性可以通过课征税金或罚款使其支付额外的成本，以促使厂商减少产量，进而减少所产生的污染。撇开其他因素，仅仅从循环经济视角来看，这种治理手段仍属于末端治理方法，与循环经济所倡导的源头控制、避免污染大相径庭。因为科斯产权理论的实质是污染的权利，无论产权如何界定都给社会现实地造成污染或损害。循环经济作为一种新的经济形态，要求避免污染的产生，同时排除给予任何人污染环境的权利。另外，现实中绝大部分资源与环境问题的产生，在于没有所有者或所有者只拥有有限的"拥有权"。或者说，绝大部分资源与环境是一种共有的且代际共有、国际共有的公共物品。资源、环境的代际产权、国际产权分配特性在一定程度上是与科斯定理相悖的。

（1）自然资源与环境公共产权具有代际分配特性。众所周知，产权理论中的产权通常是针对当代有行为能力的人所属的一种制度设计，它排除了未成年人及后代人应得的权利要求，其隐含的前提是：即使赋予他们一定的产权，他们没有行为能力，也不会充分有效地行使属于自己的权利。这样，当代有行为能力的人就拥有了对自然资源完全的所有权，包括占有、使用、处置等一切权利，造成当代人对自然资源与环境的过度开发利用，危及其他人包括子孙后代的生存利益。为此，必须正确认识自然资源产权的代际公平性，建立自然资源的代际产权，从而为发展循环经济，实现可持续发展奠定制度基础。

（2）自然资源与环境公共产权还具有国际分配特性。自然资源与环境公共产权的国际分配特性和自然资源及环境是不可分割的整体，并具有超越单个民族国家的正负效应的公共产品属性密切相关。戴维森曾幽默地说："空气并不需要护照才能穿越国界，而污染也无法在海关被拦捡出来。"[7]自然资源与环境产权的分割具有国际性，表现在自然资源产权中的所有权具有一定的国际融合性，即在现实中为某个国家所有，其占有权和使用权属于该国家，同时在功能发挥上又具有一定的国际性，属于国际社会。只有这种产权结构，才会使自然资源与环境的使用符合可持续性发展的需要。

3.2 循环经济的其他相关学科基础

3.2.1 循环经济的生态学理论基础

自从 1866 年德国的赫克尔（E. Hdeckel）在《自然创造史》一书中提出

"生态学"一词后，英国的坦斯莱（A. G. Tansley）于 1936 年首次正式使用"生态系统"这一概念。目前，国内外学者将生态系统普遍理解为"人与其他生物及其所处有机与无机环境所构成的系统"。生态系统中有三种不同角色的生命体：生产者、消费者和分解者。生产者主要是指绿色植物及部分进行光合作用的菌类，也称为自养性生物，它们能够吸收太阳能并利用无机营养元素如氧、碳、氢等合成有机物质，同时能够把吸收的部分太阳能以化学能的形式储存于有机体中；消费者主要是指直接或间接利用生产者所制造的有机物作为食物或能源的生物群，它们不能直接利用太阳能和无机态的营养元素，食草动物、食肉动物、寄生生物等均为生态系统中的消费者；分解者通常以动植物残体或它们的排泄物作为自己的食物和能量来源，通过分解者的新陈代谢作用，有机物最后分解为无机物并还原为植物可以利用的营养物[20]。

消费者和分解者都不能直接利用太阳能或其他无机营养元素，所以又被称为异养生物。生态系统中的生产者、消费者和分解者之间形成一种食物链的关系。由于一种消费者往往并不只是吃一种食物，而同种食物也可以被不同的消费者吃。因此，各种食物链之间又相互交错构成更复杂的网状结构，即食物网链。在生态系统中通过食物链进行能量流动、物质流动和信息传递，实现了资源在系统内部的循环利用。自然生态系统框架如图 3-2 所示。

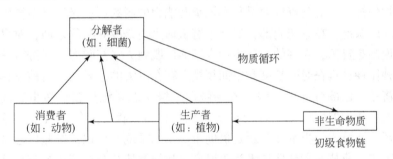

图 3-2　自然生态系统[21]

以水生生态系统为例，其循环运动模式为：①从能量流动来看，水生生态系统的生产者将太阳辐射中的一部分截获，经过光合作用使其中一部分太阳能转化为化学能储存在有机物中，这部分能量被称为食物潜能，它是水中一切生命活动的源泉。被水生生态系统获取的太阳能在系统内的流动符合热力学定律：能量既不会创造又不会消失，但可以从一种形式（如光能）转变为另一种形式（如热能），而总量保持不变。任何过程的能量利用效率都无法达到 100%，总有一些能量转变为热能而消失。水生生态系统中能量流动是单向的，要保持系统的运转，就必须不停地从太阳那里获得能量。水生生态系统中各生物之间的能量传递是通过食物链进行的，能量流动的载体是食物。在能量沿食物链传递的过程中，大部分能量被各种生物消耗，一小部分能量被用以合成新的原生质并作为潜能储存下来。②从物质循环来看，水循环可分为小循环和大循环。由海洋表面蒸发的水气又以降水形式落入海洋；或者由大陆表面蒸发的水气仍以降水形式落回陆地表面，这种发生在局部范围内的水循环过程被称为小循环。大循环则是由海洋表面蒸发的水气随气流到达大陆上空，形成降水落回地面，再通过径流返回海洋的过程。这种发生在海陆之间的循环过程被称为大循环。③从信息流来看，淡水生态系统内存在着各种信息传递系统，如营养信息、物理信息、化学信息等。对水生生物来说，最为重要的是基因信息，每种生物都拥有自己的基因图谱。系统依靠这些信息，实现系统自我调节，从而保持系统的稳定和发展。

笔者十分赞同我国著名的循环经济研究专家冯之浚将人类的经济活动与自然界的"三级"生态系统进行的比较分析。他认为，生态系统在地球生命的进化过程中，由低到高呈现出 3 种不同的形态。地球生命的最初阶段是一级生态系统，该系统内部不过是一些相互不发生关系的线性物质流的叠加，其运行方式就是开采资源和抛弃废弃物。在随后的进化过程中，由于资源的有限性，有机物之间越来越相互依赖，形成复杂的相互作用的网络系统，即二级生态系统。二级生态系统内部不同子系统（种群）之间的物质循环变得极为重要，资源的进入量与废弃物的排出量受到资源数量与环境承受能力的制约。三级生态系统则进化为完全循环的系统，在系统内部，对一个有机体来说是废弃物的东西，对另一个有机体来说却是资源，众多的循环借助太阳能以既独立又互联的方式进行着物质交换，这种循环过程在时间长度和空间规模上存在巨大的差异性。目前发达国家的社会经济系统已部分地由一级生态系统向二级生态系统过渡，初步实现了半循环，而大多数发展中国家的社会经济系统在相当大程度上仍然属于一级生态系统。循环经济模式的根本任务就是借助于对生态系统的认识，按照生态系统的规律，以现代工业技术和环保技术为手段，寻找能够使社会经济系统与自然生态系统正常运行相适应的新途径，实现物质的闭环流动和能量的梯次利用，最终建立起理想的社会经济生态系统和运行模式，促进现代社会经济系统向三级生态系统的转化。生态工业理论、生态农业理论等都是在此基础上建立起来的指导不同领域经济活动的学说。

与自然生态系统一样，社会经济系统也应按照物质生产者、消费者、分解者（再生产者）的形式存在。但由于目前社会经济系统与外界存在着大量的物质和能量交换，系统分解者的功能与系统生产者、消费者不相匹配，普遍是一种缺乏分解者的运行模式。传统经济运行模式和循环经济运行模式见图 3-3 和图 3-4。

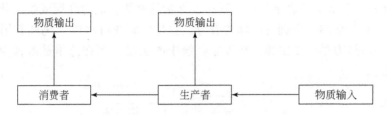

图 3-3　传统经济运行中普遍存在的模式

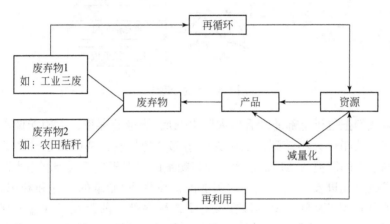

图 3-4　循环经济运行模式

3.2.2　循环经济的熵定律基础

熵是系统混乱程度的度量，熵定律也被称为热力学定律。该定律通常包括两个具体定律：①热力学第一定律，也称为能量/物质守恒定律，是指能量/物质可以由一种形式转换为另一种形式，但其总量不变。能量/物质不会无缘无故地产生，也不会无缘无故地消失。②热力学第二定律：能量/物质在由一种形式转换为另一种形式的过程中，有些能量/物质会变为不具潜能的热能形式。

Ayes 和 Kneese 根据热力学第一定律的物质/能量守恒的观点，批评了一般经济学所阐述的生产模型中厂商与家庭的封闭循环是不完全的，应该进一步包括来自自然界的低熵能量，以及生产过程所产生的高熵废弃物。

著名经济学家杰奥尔杰斯库-勒根（Georgescu-Reogen）在《熵定律与经济过程》一书中，以"熵的沙漏"原理阐述了熵和经济学的关系（图3-5）：①沙漏是一个孤立系统，外部的沙进不来，里面的沙也不出不去。②沙漏中的沙既不会增加又不会减少，是一个恒量（热力学第一定律）。③上方的沙不断往下漏，在下部堆积。下部的沙因下降已经耗尽了做功的潜能，成为高熵或难以获得的物质/能量。而上部的沙仍拥有下降的潜力，它是低熵或可获得（仍然有用）的物质/能量，即热力学第二定律：在孤立系统中的熵增（熵在这里被解释为已被耗尽的物质）。

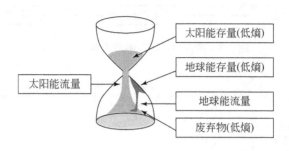

图 3-5　熵的沙漏[13]

如果我们把位于上部的沙看作太阳中低熵/能量的存量，太阳能像水流一般到达地球，其能量大小受到沙漏中央细小部分的控制，其限制了沙往下漏的速率，限制了太阳能流入地球的速率。瓶口粗细的程度相当于人类利用太阳能的程度，技术越是先进发达，对来自太阳能的低熵物质/能量的储存和利用越充分。假设在地质时代里某些下落的沙在没有下落到底部之前黏在了沙漏下部的内表面，就形成了低熵/能量的一种地球资源。通过在沙漏表面钻孔，就可对其进行利用，使黏在上面的沙落到沙漏底部。与太阳能总是以固定的流动速率达到地球不同，这是一种能够由人类自己选择对其利用速度的资源存量。

赫尔曼·戴利认为，新古典经济学中，只存在从厂商到家庭，再从家庭回到厂商的孤立的循环流动，没有入口，也没有出口，这就像一个动物只有血液循环系统而没有消化系统一样，是不可想象的一个"永动机"[13]。而杰奥尔杰斯库–勒根使用"熵流"，即"始于资源和终于废弃物的单向流动"这一概念将经济系统与外部环境联系起来。经济系统的增长依赖于生态系统作为其低熵原料的供应者和高熵废弃物的接收者，因此经济子系统的增长必然会受到其生态母系统既定规模的限制。而现代工业经济正是依靠相对稀缺的低熵自然资源的大量投入，集中在被认为是越多越好的抽象的交换价值的积累上，这将会导致工业经济在某个临界点上不顾熵流的限制而扩张。如果任何事物都可以循环利用，那么资源的有限性就不会显得那么突出，但熵的存在阻止了完全的循环；如果自然资源和环境承受能力是无限的，那么熵对增长的限制性会大打折扣，但遗憾的是，两者都是有限的。

对于大沙漏，人类正依靠科学技术不断拓宽瓶口，以期在更大程度上利用太阳能等外部资源；至于小沙漏，传统的观点要么对其置之不理，要么认为它是单向流动、不可倒置的。而实际上，将小沙漏翻转，通过改变高熵废弃物的存在形式（热力学第一定律），将高熵废弃物转换成低熵资源，即依靠科学技术使其资源化，实现资源的循环利用。虽然对废弃物的利用无法达到100%（热力学第二定律），但仍将大大缓解熵流对经济系统的制约。

3.2.3 循环经济的认识论基础

正确处理人与自然的关系，实现经济发展与资源环境的协调，是循环经济所要实现的一个根本性目标。人与自然的关系即"人"与"天"的关系，从来就是人类安身立命的基本命题。自人类产生以来，随着时间的推移，人与自然的关系主要经历了以下三个阶段。

（1）人合于天——人类对自然的顶礼膜拜阶段。在人类社会的早期阶段，生产力水平极其低下，在人与自然关系中自然占上风，人是自然的一部分，在与自然的物质交换方面与其他动物基本一致，直接取自自然，又直接还给自然。人类对自然怀有恐惧、敬畏和崇拜的心理，将自然视为与人对立的、异己的力量，这以原始宗教和原始神话为代表折射出人对自然的态度。正如马克思所说："自然界起初是作为一种完全异己的、有无限威力的和不可制服的力量与人们对立的，人们同它的关系完全像动物同它的关系一样，人们就像牲畜一样服从它的权力，因而这是对自然界的一种纯粹动物式的意识（自然宗教）。[22]"

（2）天合于人——人类对自然的征服改造阶段。随着生产力的发展，人口逐渐增多，人们砍伐森林、烧毁草原、开凿运河、改造农田，对自然的改造和控制能力逐步提高。特别是始于18世纪的工业革命，为人类社会的发展开辟了一个新的纪元。马克思、恩格斯在《共产党宣言》中指出："资产阶级在它的不到一百年的阶级统治中所创造的生产力，比过去一切世代创造的全部生产力还要多，还要大。自然力的征服，机器的采用，化学在工业和农业中的应用，轮船的行驶，铁路的通行，电报的使用，整个大陆的开垦，河川的通航，仿佛用法术从地下呼唤出来的大量人口，过去哪一个世纪料想到在社会劳动里蕴藏有这样的生产力呢？"以笛卡尔、培根为代表的一些西方哲学家提出"驾驭自然、做自然的主人"的机械论思想开始出现并在思想界占统治地位，"人类中心主义"思想应运而生。"人类中心主义"注重对"人"的认识和尊重，强调"人"在自然环境中的作用，自然而然地将人与自然对立起来并将自然视为人类的奴仆。人类从自然中获取资源，又将废弃物不加任何处理地向自然界排放，把自然界当作人类社会的"原料场"和"垃圾场"，将自然界视为无尽的源和无底的汇，是一种"资源—产品—废弃物排放"的单向线性开放式经济发展模式。

对自然无穷的改造和征服使得人与自然的关系日益紧张，并最终遭致自然的强烈的报复。环境污染、生态失调、资源枯竭等问题日益严重，威胁着人类的生存，发达国家率先采取了"生产过程末端治理"模式，对已经造成的污染采取治理措施，即"先污染、后治理"。但对生产过程的末端进行治理，不仅成本高、技术难度大，而且治理的方式是将污染物从一种形式转化为另一种形式，难以遏制生态的恶化。

（3）天人合一——人类与自然和谐共生阶段。在经历了比利时马斯烟雾事件、美国洛杉矶光化学烟雾事件、伦敦烟雾事件及日本水俣病事件等震惊人类的环境灾害之后，人类不得不重新审视与自然界的关系。人们开始认识到，经济发展不仅要遵循经济规律，还必须遵循生态规律，以生态承载能力为前提，形成可持续的发展模式。近年来，随着可持续发展理念日益广泛地传播，与其相适应的循环经济发展模式被广泛接受并在一些发达国家中取得了良好的实践效果。循环经济主张人与自然是密不可分的利益共同体，人不再是自然的征服者和改造者，而只是自然的享用者、维护者和管理者。循环经济倡导"环境友好方式"，遵循"减量化、再利用、再循环"原则，是一个"资源—产品—再生资源"的闭环反馈式过程，将经济系统和谐纳入自然生态系统的物质循环过程中，使经济活动生态化，最终实现"最佳生产、最适消费、最少废弃"。

3.2.4 循环经济的系统论和控制论基础

系统一词来源于古希腊语，其含义是"由部分组成的整体"。作为科学研究对象的"系统"概念，自 20 世纪 20 年代被提出后，科学家从不同角度出发来界定其内涵。现代意义的"系统"是指由若干元素按一定关系组合的具有特定功能的有机整体。从系统论的观点来看，任何事务都可以看作一定的系统，而任何事物都以这样或那样的方式包含在某个系统之内。系统是普遍存在的，按照不同的原则和条件可以划分为不同的类型，如按人工干预的情况可划分为自然系统、人工系统、自然与人工复合系统。虽然各种系统各不相同，但概括起来一般应具有如下几大特征。

（1）集合性。系统至少由两个以上的子系统组成，如自然资源可分为土地、淡水、森林、草原、矿产、能源、海洋、气候、物种和旅游十大子系统。

（2）整体性。系统是由若干要素组成的具有一定新功能的有机整体，各个作为系统子单元的要素一旦组成系统整体，就具有独立要素所不具有的性质和功能，形成了新的系统的质的规定性，从而表现出整体的性质和功能不等于各个要素的性质与功能的简单相加，如十大自然资源子系统互为依托构成生态大系统。

（3）层次性。由于组成系统的诸要素的差异包括结合方式上的差异，系统组织在地位与作用、结构与功能上表现出等级秩序性，形成具有质的差异的系统等级。例如，生态系统包括国家生态系统和区域生态系统。

（4）关联性（开放性）。子系统与子系统之间、子系统与系统间、系统与外部环境间都按一定关系相互影响、相互作用。

（5）目的性。系统在与环境的相互作用中，在一定范围内，其发展变化不受或少受条件变化或途径的影响，坚持表现出某种趋向预先确定的状态的特征。

（6）突变性。系统通过失稳从一种状态进入另一种状态是一种突变过程，是系统质变的一种基本形式，突变方式多种多样。同时，系统还存在着分叉，从而有了质变的多样性，使系统的发展丰富多彩。

（7）稳定性。在外力作用下，开放系统具有一定的自我稳定能力，在一定范围内可以实现自我调节，以保持和恢复原来的有序状态及原有的结构与功能。

（8）相似性。系统具有同构和同态的性质，体现在系统的结构和功能、存在方式和演化过程具有共同性，这是一种有差异的共同性，是系统统一性的一种表现。

（9）自组织性。开放系统在系统内外两方面因素的复杂非线性相互作用下，内部要素的某些偏离系统稳定状态的涨落可能得以放大，从而在系统中产生更大范围的、更强烈的长程相关性，自发组织起来，使系统从无序到有序，从低级有序到高级有序发展。

从系统论的角度来看，循环经济系统具有明显的整体性和层次性。循环经济实践中无论是企业内部的小循环、企业群落层次的中循环，还是一个地区或国家的宏观大循环都十分强调"整体-系统"设计的重要性。这一点在第 2 章循环经济理念部分和后面的循环经济实践模式中均有详细论述。

控制论是研究各类系统的调节和控制规律的科学，其基本概念是信息、反馈和控制。循环经济模式就是在接受生态系统所发出的人类改变该系统的信息反馈后，对经济发展模式进行的调整，以期在生态系统能够承受的范围内实现经济与资源、环境的协调发展，即可持续发展。

控制论由美国数学家维纳（N. Wiener）创立。1948 年，维纳出版了他的专著《控制论：或关于动物和机器中控制和通信的科学》，标志着控制论作为一门新学科的诞生。控制论被认为是 20 世纪继相对论和量子力学后现代科学所取得的重大成就，为现代科学提供了新的思路和方法。其基本内容是：各类系统的有目的的运动都可以抽象为一个信息变换的过程（图 3-6）。

在这一过程中，系统的感受机构接受系统内部状态和外部环境的各种信息，并输入系统的控制机构。控制机构对这些信息进行存储和加工处理，经过分析作

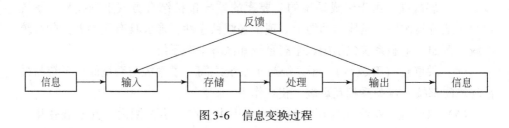

图 3-6 信息变换过程

出判断和决策，并向系统的执行机构发出控制指令。执行机构根据指令进行相应的控制和调节。执行情况变换为信息，反馈到控制机构，控制机构再根据当时输入的各种信息和执行情况反馈信息并做出决策。按照反作用于输入信息的方式，反馈又分为正反馈和负反馈。正反馈增大受控量实际值与所需期望值之间的偏差，负反馈则减少这种偏差。因此，控制系统一般采用负反馈方式来控制和调节系统。一个系统或组织之所以能够保持自身的稳定性，就是由于它具有这样的控制与调节方法。

控制论的主要方法有信息方法、黑箱方法、反馈方法和功能模拟法等。信息方法是把研究对象看作一个系统，通过分析信息流程来研究系统的功能。黑箱方法是用于研究如同黑箱一样不能观察到内部结构的系统，根据输入和输出来判断其内部结构和状态（图 3-7）。后来又有"灰箱"方法，即研究半未知、半透明的系统的方法。反馈方法是运用上述的反馈控制原理来分析和处理问题。功能模拟法是着眼于系统的功能与行为，设法建立与对象系统有相似或近似功能的模型，再利用模型来研究对象系统。

图 3-7 黑箱方法

控制论在经济领域的应用形成经济控制论这一分支理论。经济控制论是将经济系统视为一个具有信息反馈调节机制的控制系统，通过对其进行定量分析和处理，寻求最优控制途径，从而为经济决策服务。

循环经济最重要的理念即"整体-系统"的设计理念，也可理解为全过程控制。在这一前提下，对不同产品的生命周期进行分析，根据不同产品在生命周期的不同阶段对环境的不同影响实施有针对性的控制。根据产品生命周期分析（life cycle analysis），产品寿命可分为 3 个阶段：生产、使用与废弃。根据不同产品在不同阶段的环境负荷不同，将产品划分为 I 型、U 型和 W 型 3 种类型（图 3-8）。

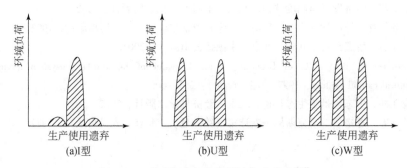

图 3-8　不同类型产品的环境负荷分布[21]

　　I 型产品（如汽车、电视、大型耗能设备等）的环境负荷集中在产品的使用阶段；U 型产品（如包装材料和建筑材料）的环境负荷主要分布在生产和废弃阶段，使用阶段的环境负荷并不大；W 型产品的环境负荷在 3 个阶段都很高，需要随时关照的日用品大多属于此类。

参 考 文 献

［1］马克思．资本论（第一卷）．北京：人民出版社，1975.

［2］马克思．资本论（第三卷）．北京：人民出版社，1975.

［3］马克思，恩格斯．马克思恩格斯选集（第三卷）．北京：人民出版社，1972.

［4］保罗·霍肯．商业生态学．夏善晨，译．上海：上海译文出版社，2001.

［5］巴里·康芒纳．与地球和平共处．王喜六，译．上海：上海译文出版社，2001.

［6］艾默里·洛文斯．自然资本论导读．王乃粒，译．世界科学，2000（8-10）：35-38.

［7］艾瑞克·戴维森．生态经济大未来．齐立文，译．汕头：汕头大学出版社，2003.

［8］梅多斯等．超越极限：正视全球性崩溃，展望可持续的未来．上海：上海译文出版社，2001.

［9］莱斯特·R. 布朗．生态经济．林自新，戢守志，译．北京：东方出版社，2002.

［10］车卉淳．资源耗竭原因的经济学分析．现代经济探讨，2002.

［11］罗杰·珀曼，马越，詹姆斯·麦吉利夫雷，等．自然资源与环境经济学．侯元兆，等，译．北京：中国经济出版社，2002.

［12］埃里克·诺伊迈耶．强与弱：两种对立的可持续性范式．曾义金，樊洪海，译．上海：上海译文出版社，2001.

［13］赫尔曼·戴利．超越增长：可持续发展的经济学．王宾通，译．上海：上海译文出版社，2001.

［14］中国 21 世纪议程管理中心可持续发展战略研究组．发展的基础：中国可持续发展的资源生态基础评价．北京：社会科学文献出版社，2004.

［15］孙剑平．经济学：从浪漫到科学．北京：经济科学出版社，2002.

［16］栗木慎一郎．穿裤子的猴子：人类新论．晨华，公克，译．北京：工人出版社，1988.

[17] 张宇燕．经济发展与制度选择．北京：中国人民大学出版社，1992．

[18] 萨缪尔森．经济学（上）．高鸿业，等，译．北京：中国发展出版社，1992．

[19] 严茂超．生态经济学新论．北京：中国致公出版社，2001．

[20] Costanza R，d'Arge R，de Groot R，et al. The value of the world's ecosystem services and natural capital. Nature，1997，387（6630）：253-260.

[21] 陶在朴．生态包袱与生态足迹．北京：经济科学出版社，2003．

[22] 马克思，恩格斯．马克斯恩格斯选集（第一卷）．北京：人民出版社，1972．

4 循环经济支撑体系

随着我国循环经济实践的不断深入，资源减量化、再利用和资源化已经成为判定循环经济成效的三个基本标准。然而，要达到上述标准，没有先进的环境友好技术的支持是非常困难的。在一定程度上，可以说循环经济是以先进技术为先导的经济。为此，应循环经济发展的要求，首先要建立起与之相应的技术支撑体系[1]。

4.1 经济学的视角下循环经济技术支撑体系基本框架的界定

关于循环经济技术支撑体系的研究，有的学者是从清洁生产的角度给循环经济的技术支撑体系下定义的。例如，解振华[2]认为循环经济技术支撑体系主要包括替代技术、减量技术、再利用技术、资源化技术、系统化技术五部分。另外，有的学者从具体支撑技术来合成循环经济的技术支撑体系。例如，冯之浚认为循环经济支撑技术主要包括低物耗能耗煤基液体燃料生产技术、煤化工产品多联产及高附加值利用技术、生物质能转换技术、集约化养殖畜禽粪便的资源化利用技术、熔融还原冶铁新工艺与钢铁–煤化工产业共生技术、绿色化学技术、以化学矿物加工为核心的生态工业系统、水泥生产新工艺、废旧机电装备再制造技术、电子垃圾资源化技术等十余类技术[3]。从表面上看，上述学者对循环经济技术支撑体系的界定存在一定的差异，但实际上他们有着共性的一面，即他们都是从微观层面上对循环经济所需要的具体技术进行归纳和整理。然而，循环经济不是一个静态物体等待着上述具体技术的直接推动，实际上循环经济不断发展变化，需要不断进行技术创新、扩散、传播来推动循环经济高级化发展。为此，笔者认为循环经济技术支撑体系不只是对微观技术的归纳或筛选，更重要的是基于国家宏观层面上的能够支撑或能抵抗起资源、环境和经济增长等多种压力的与循环经济发展相适应的技术进步系统。其不仅包括环境友好型技术的选择，建设循环经济技术平台，加快环境友好型技术的不断创新、扩散与传播，增加技术供给，而且还包括通过各种制度安排推动和保障环境友好型技术不断进步。最终在技术支撑体系下优先解决目前我国经济增长方式转变和产业结构调整两大难题，实现经济、社会和生态环境的协调发展[4-10]。

另外，本书关于循环经济技术支撑体系是基于经济学视角下的理论界定。具体来说，主要体现在以下几个层面：一是成本最小化和资源禀赋比较优势理论是循环经济技术选择的立论基础。也就是说，只有选择成本低、环境效益高、资源具有明显比较优势的技术才能快速地推进循环经济发展。二是由于环境友好型技术具有强外部效应，企业如果采用投入产出效益比较分析，很可能不愿意研发和推广此类技术，最终会影响循环经济发展的进程。因此，为了保障技术供给，加快环境友好型技术研发、推广与传播，推动循环经济发展，国家迫切需要建立循环经济技术平台。三是基于循环经济技术的经济外部性、技术创新不确定性及循环经济技术成本劣势，造成循环经济技术进步存在严重的市场失灵现象，因此加强制度建设成为循环经济技术支撑体系的重要一环。

4.2 循环经济技术支撑体系的特点

1）循环经济技术支撑体系具有现代特征

循环经济是人类社会对大量生产、消费和废弃的传统经济发展深刻反省的结果。尤其是工业革命以来，世界各国在物质财富不断增长的同时，消耗了大量的资源，排放了大量的污染物，造成了严重的资源和环境危机。虽然造成上述问题的因素很多，但是落后技术和装备水平应是其主要原因之一。因此，发展循环经济，就需要积极发展能够大大提高生产效率和资源利用效率的现代化技术，广泛采用现代信息技术、生物技术、新材料技术等，这使得所构建循环经济技术支撑体系带上"现代"烙印。

2）循环经济技术支撑体系具有持续性特征

实现经济、资源、环境协调发展，促进生态、经济、社会可持续发展是我国循环经济发展的目标。然而，粗放式的经济增长方式已经造成了耕地减少、土壤沙化、大气污染、水污染等资源环境问题。因此，人们迫切需要依靠先进技术支撑，改变粗放的经济增长方式，实现经济社会的可持续发展，这也就使得我们要构建的循环经济技术支撑体系必须要体现经济可持续发展的要求。

3）循环经济技术支撑体系具有资源环境友好型特征

资源环境友好性是循环经济技术支撑的基本要求之一。具体说来，循环经济技术支撑的资源环境友好性主要体现在以下几点：一是生产者在减少成本的经济效益驱动下，通常会积极推广以减少污染为目标的先进适用技术，减少资源消耗；二是生产者通过清洁生产技术减少废弃物的排放；三是对生产过程和消费产生的废弃物进行再资源化循环利用；四是对没有经济再利用价值的废弃物进行无害化处理。最终人们依托各种清洁生产技术、资源综合利用技术和资源化技术等，对资源进行减量化、资源化、再利用，彻底减少其对环境的危害。这些内容将使得我们要建立的循环经济技术支撑体系具有明确的资源环境友好性倾向。

4）循环经济技术支撑体系具有全程性

循环经济的技术支撑要贯穿经济活动的全过程。它不仅不断创造出新的产品，还对产品生产、消费后的废弃物及产品生产过程中的副产品进行综合利用和处理。因此，可以说，循环经济技术支撑体系涵盖了产品和服务的研发、生产、消费、废弃后处理等环节，具有全程性特点。

5）循环经济技术支撑体系具有综合特性

循环经济的技术支撑体系不仅涉及相关技术的选择与集成，而且更重要的是强调如何通过各种相关制度创新，促进与循环经济发展相适应的环境友好型技术的不断进步，并将这些技术应用到我国经济增长方式转变和产业结构调整中，实现我国经济发展模式的根本转变。因此，从这一视角看，我们所要构建的循环经济技术支撑体系是以经济学理论为指导的，是技术选择、技术供给、技术进步和相关制度保障相匹配的综合体。

4.3　循环经济技术支撑体系的原则

1）与中国实际相结合原则

虽然循环经济是经济、资源、生态环境协调发展的经济发展模式，但由于各国经济发展阶段、资源环境状况的不同，当前世界各国循环经济发展模式存在较大的差异。目前，发达国家由于经济增长所带来的环境问题已经得到明显改善，因此其循环经济发展更多地在资源利用方面做文章。例如，德国的循环经济主要强调废弃物资源的综合利用。日本循环经济则更加注重新能源和可再生资源（如太阳能、氢能等）的开发和利用。与之相比，我国发展循环经济的目标就没有那么单一。我国发展循环经济不仅要保持经济快速增长，还要缓解资源、能源紧张以及不断恶化的生态环境问题。因此，本书循环经济技术支撑体系的构建不是建立在西方发达国家基础上的，而是建立在我国整体技术发展水平相对落后，资源禀赋不足、环境危害不断累积的基础上的，是有中国特色的循环经济技术支撑体系。为此，在循环经济技术支撑体系构建中我们将根据循环经济发展要求，优先发展能够推进产业技术升级和结构调整，促进可持续发展的共性技术、关键性技术和配套技术；资源开发技术，节能降耗、能源替代、环境治理等方面的技术；公益性技术以及涉及为保障国民经济运行急需解决的技术等。另外，我们还将积极发展信息技术、纳米技术、新能源等新兴技术，为循环经济提供更为强劲的技术基础，建立其全新的技术体系。

2）多层次支撑原则

当前，我国循环经济实践主要从微观、中观、宏观三个层面开展。所谓微观层面是指以单个企业为单位实现清洁生产，使所有的资源能源得到有效的利用，并尽可能少地产生与排放废弃物，实现污染物排放的最小化。所谓中观层面是指包括若干企业，甚至包括农业区、居民区等主体的一个区域系统。通过对区域内相关经济主体之间物质流和能量流的生态化设计，形成区域内原料、中间产品、废弃物到产品等在相关主体之间的物质循环，达到资源、能源等最有效地利用。所谓宏观层面是指废弃物能够得到合理处置，废弃资源能够得到回收利用的循环型社会。因此，循环经济技术支撑体系的构建也必须要适应循环经济实践的分层现象，有针对性地进行技术分层。具体来说，在微观层次上，要求企业积极推广清洁生产技术。在中观层面上要求围绕主导性资源，一方面延长生产链条；另一方面扩大经济主体之间的横向技术联系，实现资源充分利用。在宏观层面上，要求整个社会技术体系实现网络化，使各种废弃资源实现跨产业或行业循环利用，实现整个社会的清洁化。

3）动态性原则

循环经济技术支撑体系建立的目的是依据我国国情，通过一系列技术性手段，不断促进循环经济技术进步，实现我国经济、社会和资源环境的可持续发展。显然，随着客观经济条件的变化，该体系也将不断调整，呈现出动态性演进特征。例如，随着我国主导型矿产资源的日益短缺，相应的支撑技术体系也要由大规模生产消费的强物质依赖性技术转向弱物质依赖性新技术。

4.4　循环经济技术支撑体系的构成

在本书中，循环经济技术支撑体系包括以下几个部分。

1）循环经济技术支撑体系中技术选择

当前在我国循环经济实践中，经济效益已不是唯一关注的对象，还包括环境、生态效益等评价。因此，在循环经济实现目标多样化的指导下，传统的技术选择理论已不能与循环经济发展的需要相匹配。然而，如何选择实现经济、社会与生态效益的"三赢"技术成为构建技术支撑体系优先需要回答的问题。为此，本书结合我国经济发展的实际情况，提出几条主要的技术选择路线，主要包括：一是以信息、生物技术为载体的共性技术选择；二是依据资源禀赋进行的相关技术选择；三是以环境修复和改善为目标的环保技术选择；四是以提高资源利用率为目标的相关技术选择。为了促进循环经济技术选择顺利进行，本书还提出加快信息、生物等新技术研发与推广；促进煤炭清洁技术和新能源技术的推广与应用；加快以提高资源利用率为目标的清洁生产技术、资源综合利用技术、产业链接技术等相关技术的推广与应用；促进以环境修复和改善为目标的环保技术推广与应用等具体措施。

2）循环经济技术支撑体系中的技术平台建设

要推进循环经济的发展就要改变单纯强调生产而有害于环境的技术，选择并推广环境友好型技术。然而，这些技术具有一定的外部效应，企业或产业基于投入产出收益比较分析，通常不愿意研发和推广此类技术，这严重影响了我国循环经济发展。因此，为了增加环境友好型技术供给，加快其研发、推广与应用，推动循环经济发展，我国迫切需要建立循环经济的技术平台。为此，本书构建循环经济发展的技术平台。具体内容包括循环经济技术平台的特点、建设原则、目标体系、模式和主要动力系统以及促进循环经济技术平台建设的对策与措施。

3）加强相关制度建设，顺利推进我国循环经济技术不断进步

循环经济技术也需要制度规范，没有制度保障的技术是不能顺利推进循环经济发展的。只有先进技术选择和技术创新，而没有良好的制度安排，再先进的技术也只能束之高阁。为此，进行相应的制度安排，激励和保护技术创新、传播与扩散，成为推进我国循环经济发展的重要屏障。其具体安排路径包括：首先，依靠产权制度和政府规制，实现外部效应内部化；其次，加大资金支持和政府采购力度，减少技术创新的不确定性；最后，实现生态环境成本内部化，消除非环境友好性技术的比较优势等。最终在上述主要路径的指导下，建立循环经济技术进步的正式制度框架体系，包括技术产权激励制度、技术创新的政府干预、技术政策支持、环境政策规范等内容。另外，要加强非正式制度建设，如树立新的自然观，加快落实科学发展观；培育新的科技伦理观；积极引导生成生态友好性风俗习惯等内容。

4.5 循环经济技术支撑体系的动力

从循环经济实践来看，循环经济对技术流程和硬件设施等具有较大的依赖性。因此，要推进我国循环经济发展，就需要加快循环经济技术研发和相关公共基础设施建设。然而，这些循环经济技术活动或项目建设周期长、投资效益尤其是短期投资收益很低，使得创新主体从事循环经济技术活动动力明显不经济，并最终导致循环经济技术支撑乏力。因此，从经济学的视角，最大限度地提高创新主体的经济效益成为确保循环经济技术支撑活力的关键。为此，本书认为循环经济技术支撑的动力包括内部驱动力和外部驱动力。其中，内部驱动力是指市场拉动力，包括个人绿色消费和政府采购等；外部驱动力是指政策激励、公众参与和监督等。

1）市场需求拉动

对循环经济技术的市场需求可以大致分为个人消费需求和政府消费需求等两部分。在个人消费需求方面，随着经济的发展和社会进步，人们追求生活质量的提高和生态环境的改善已经逐渐成为一种自发和自觉的行动。尤其是，人们普遍要求产品绿色、优质、安全，这将对生产企业构成巨大的压力。另外，旺盛的绿色市场需求也可以为企业提供获取丰厚回报的机会，从而诱发企业技术创新的内在动力，积极研发、推广和应用新技术，降低成本，提高产品质量，占领市场，获得竞争优势。在政府消费需求方面，政府部门的购买能够形成强大的市场需求，对企业和科研院所的技术创新起到极大的需求拉动作用，从而诱发企业或者科研院所适应市场需求，推出新产品，成为科学研究转化为生产力的有效动力。

2）经济利益驱动

在市场经济条件下，企业发展循环经济的主要目标是根据成本收益核算，追求利润最大化。只有当循环经济确实能够为企业带来效益时，企业才会有足够的动力去研发和推广适应循环经济发展需要的各种新技术和项目，积极发展循环经济。然而，在技术选择方面，那些低消耗、少污染、高投入的技术和项目有时并不是企业最有利的选择。为此，这就需要政府积极介入，并支持循环经济技术进步。例如，政府通过奖励政策、税收优惠政策、政府优先采购以及原料、废弃物的税收和收费政策等确保循环经济企业获得较高的经济收益，最终促进企业形成研发、推广循环经济技术的动力。

3）法规政策等推进

由于循环经济技术具有明显的"外部性""准公共性""风险不确定性"等特征，因而单纯依靠市场价格杠杆机制难免会产生市场失灵现象。为此，推进循环经济建设还需要充分发挥政府制度设计者和政策监督者的角色。其中，制度安排是激励技术进步的最重要手段。具体来说，包括：一是为循环经济技术体系建立法律制度保障，如循环经济技术创新的激励性法规、循环经济技术创新的市场规范性法规、循环经济技术创新的知识产权法规等，并通过法规的实施，为循环经济技术进步提供动力或压力。二是为循环经济的技术支撑制定激励性政策，如对进行清洁生产的企业提供税收方面的减免；为循环经济试点单位提供技术创新补贴等倾斜性政策。通过这类激励性政策形成循环经济技术进步的又一拉动力。三是政府通过财政政策直接为循环经济技术创新进行投资。融资困难是影响企业循环经济技术创新的最大障碍，因此，政府应该通过金融创新，推出各种金融创新政策和产品，降低企业融资的成本，提高企业融资的效率，为循环经济的技术创新提供资金支持。四是积极扶持技术中介服务组织，同时运用各种媒体手段，引导公众积极参与循环经济建设，为循环经济技术进步奠定良好的社会基础。

以上几点关于循环经济技术支撑体系运作的动力机制不是彼此孤立、独自发挥作用的；相反，它们之间是相互依存、相互作用，共同推动循环经济技术进步，实现循环经济技术对资源环境等各种压力的强力支撑。

4.6 循环经济技术支撑水平的评价

所谓循环经济技术支撑水平的评价实际上就是人们参照一定理论或标准，对技术在循环经济中的作用或价值的评判。其功能是人们通过制定一些相关评价指标，评估技术对循环经济发展的贡献程度，并通过指标的变动趋势给政府、企业和社会公众提供了解和认识循环经济发展状况的有效信息。因此，对循环经济技术支撑水平进行评价是循环经济研究中一个必不可少的环节。由于循环经济是可持续发展战略的可行选择，是能够实现经济效益、社会效益和环境效益等"三赢"的经济发展模式，因此我们尝试着从经济、社会和环境3个层面，结合一些主导性指标，对循环经济技术支撑水平进行评价。

1）技术支撑水平的经济评价

在循环经济发展过程中，技术支撑的最直接后果就是引起经济领域的重大变化。为此，我们结合我国循环经济推进的实际情况，提出循环经济技术支撑水平的经济评价指标，具体如图4-1所示。

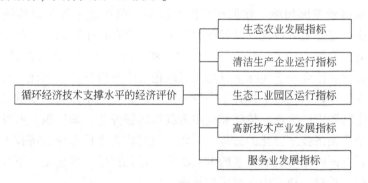

图4-1　循环经济技术支撑水平的经济评价指标

（1）生态农业发展指标。用现代技术创造以农副产品、废弃物为主要原料的人工生态循环系统，实现农业的循环经济。因此，对农业循环经济发展状况的评价实际上就是评价循环经济技术对农业的支撑效果。选用的指标包括：生态农业面积、单位面积化肥和有机肥的比例、农业垃圾无害化处理率、单位耕作面积农药使用量、农业净 GDP 增长率、生态农业占传统农业产值的比例、绿色加工产业占农业产值的比例。

（2）清洁生产企业运行指标。清洁生产企业运行所遵循的基本操作要求是"减量化""资源化""再利用"。因此，对清洁生产企业技术支撑水平的评价实际上就是上述三原则的实现程度。选用的指标包括：万元产值物耗、万元产值能耗、万元产值物料损耗、废弃物综合利用率、污染物达标排放率。

（3）生态工业园区运行指标。生态工业园区是依据循环经济原理而设计的一种新型的工业组织形态。它通过模拟自然生态系统，建立园区内部物质和能量流动的"食物链"，形成高效的互利共生网络，最大限度地提高资源利用效率，实现资源和能源消耗以及废弃物产生量的最小化。生态工业园区实际上是在园区内清洁生产企业之间进行各种副产物和废弃物的交换、能量和废水的梯级利用、基础设施的共享及完善的信息交换的有机体。选用的指标包括：清洁生产企业的各项指标（如前所述）、园区副产品和废弃物的资源化率、基础设施的共享度、信息系统建设的完善度、环保投资占园区产值的比例、能源和资源梯级利用度。

（4）高新技术产业发展指标。循环经济是依靠先进技术推动的经济发展模式。因此，可以说高新技术产业发展是循环经济的技术基础，是我国循环经济技术支撑水平的表征。具体来说，主要通过以下几个指标体现出来：高新技术产业研发经费占销售额的比例、高新技术研发人员占职工总数的比例、高新技术产业增加值占国内生产总值的比例、高新技术产业对经济增长的贡献率、高新技术商品化率、高新技术成果利用率、高新技术产业增加值年增长率。

（5）服务业发展指标。在循环经济系统中，服务业主要包括传统服务业和知识服务业。传统服务业在一定程度和范围内主要存在于产品消费环节，易产生大量废弃物，如包装袋、包装容器、餐饮业和医疗行业的一次性产品等。目前，在这一领域发展循环经济实际上就是发展绿色、生态服务业。因此，在评价循环经济技术支撑效果时，将上述行业中废弃物或垃圾处理率作为重要的指标。知识服务业是指以知识的生产、传播和应用为载体的服务业。知识服务业发展水平将直接影响循环经济技术转化的进程。因此，我们认为评价循环经济技术支撑效果的一个重要方面就是知识服务业的发展状况，量化指标主要包括以下几点：科学研究与试验、教育、技术中介组织增长率。

2）技术支撑水平的环境评价

在循环经济发展过程中，技术支撑的第二个重点就是实现环境修复或改善。因此，环境状况变动成为判定循环经济技术支撑是否有效的关键性指标。具体来说，能够体现环境状况变动的指标如图 4-2 所示。

图 4-2　循环经济技术支撑水平的环境评价指标

在循环经济发展中，大气环境质量指标主要包括废气排放下降率、空气污染指数、大气环境功能区达标率等。水环境质量指标主要包括废水排放下降率、水环境功能区达标率、饮用水达标率。生态环境质量指标主要包括森林覆盖率、植被覆盖率、生物多样性指标、生态保护区面积、水土保持比率等。通过上述指标的变动就能够清晰地反映出循环经济技术支撑生态环境压力的档次和水平。

3）技术支撑水平的社会评价

在循环经济发展过程中，技术支撑的第三个重点就是实现社会和谐。因此，社会和谐程度的变动情况成为判定循环经济技术支撑是否有效的关键性指标。目前人们对社会关注的重点主要是就业、平等、福利和安全四方面。因此，这四方面内某些与循环经济相关的指标的变动就能够在一定程度上说明循环经济技术支撑是否有效。这些社会类发展指标包括循环经济所带来的就业增长率、技术进步所带来的大专以上受教育人口比例增长率、教育文化卫生体育增加值比例、社会保障覆盖率、政府管理能力等指标。

参 考 文 献

[1] 沈金生. 中国循环经济技术支撑体系论：基于经济学的视角. 成都：四川大学，2007.

[2] 解振华. 领导干部循环经济知识读本. 北京：中国环境科学出版社，2005.

[3] 冯之浚. 循环经济导论. 北京：人民出版社，2004.

[4] Ghisellini P, Cialani C, Ulgiati S. A review on circular economy：The expected transition to a balanced interplay of environmental and economic systems. Journal of Cleaner Production, 2016, 114：11-32.

[5] Jawahir I S, Bradley R. Technological elements of circular economy and the principles of 6R-based closed-loop material flow in sustainable manufacturing. Procedia CIRP, 2016, 40：103-108.

[6] Kalmykova Y, Sadagopan M, Rosado L. Circular economy：From review of theories and practices to development of implementation tools. Resources, Conservation and Recycling, 2018, 135：190-201.

[7] Blomsma F, Brennan G. The emergence of circular economy：A new framing around prolonging resource productivity. Journal of Industrial Ecology, 2017, 21（3）：603-614.

［8］ Lacy P, Rutqvist J. Waste to wealth: The circular economy advantage. Production Planning & Control, 2015, 28: 349.

［9］ Geng Y, Sarkis J, Bleischwitz R. How to globalize the circular economy. Nature, 2019, 565 (7738): 153-155.

［10］ Pagoropoulos A, Pigosso D C, McAloone T C. The emergent role of digital technologies in the Circular Economy: A review. Procedia CIRP, 2017, 64: 19-24.

| 5 | 技术平台：中国循环经济支撑的基石

循环经济作为实现我国经济、社会、生态环境协调发展的可行选择，已受到社会各界的普遍关注和重视。推进循环经济的发展需要改变单纯强调生产的技术，选择并推广环境友好型技术。然而，基于这些技术的强外部效应，企业或产业如果采用投入产出收益比较分析，很可能不愿意研发和推广此类技术，最终会影响循环经济建设的进程。因此，为了保障技术供给，加快环境友好型技术的研发、推广与应用，推动循环经济发展，国家迫切需要建立循环经济技术平台。

5.1 循环经济技术平台的理论诠释

目前，从笔者所掌握的文献资料来看，关于循环经济技术平台的理论成果在学术界还几乎是一项空白。但是关于平台的理论研究，却不是一个新生事物。亨利福特在其所著的《现代人》（*Modern Man*）中就曾经详细描述了组成汽车的各子系统及公司内外出现的技术时，第一次提到了平台的概念。但是，该平台更多强调的是产品平台，他认为平台是一组产品共享的设计与零部件集合。另外，国内学者也从不同的角度对技术平台进行理论诠释一是从企业发展的视角，有些学者提出技术平台是为了实现一组产品所共享的设计技术、工艺技术及生产制造技术等，并认为技术平台是构建产品平台的基础，产品平台是连接技术平台和具体产品的桥梁。同时，还提出技术平台由不同的梯级技术所构成的，其中，处于最上层的是为实现某组产品所必需的核心技术，处于最底层的是支撑核心技术以使其能够转换为最终产品的基础技术，介于两者之间的中间技术是连接基础技术和核心技术的桥梁。进而得出，一个良好的技术平台应是 3 个层次的平台梯级的平衡整合[1]。这一观点对深化技术平台研究有一定的理论价值。但是，其立论的基础是经济发展的微观主体——企业，因而对我国循环经济整体发展指导价值有限。二是从区域或国家经济发展的视角，有学者认为公共技术平台是指由政府、行业协会、企业、高等学校、科研院所以及其他社会团体独资或者合资兴办的，以行业内企业或相关企业为服务对象，通过提供研究开发、技术推广、设备共用、产品检测、信息服务、技术服务管理咨询、人员培训等多方面服务，为工业发展提供技术支持的服务机构[2]。技术平台应具有不同的作用对象、应用范围和领域。笔者比较赞成此观点。为此，在借鉴上述观点的基础上，我们提出所谓循环经济的技术平台主要是为了提高我国循环经济整体技术水平，由政府、行业协会、企业、高等院校、科研院所及其他技术中介机构组成的，以企业、产业和区域等循环经济发展载体为服务对象，通过增加环境友好性技术的供给，为循环经济发展服务的技术支持系统。其主要内容可以细分为以下三部分：一是政府、企业、科研院所、高等院校等单位相互合作，以共建的方式，建立一定规模和实力的技术研究与发展平台。二是以产业为重点，围绕资源、能源消耗与环境保护性等相关内容，建立技术服务机构。三是建立环境友好技术的信息共享、产权交易、企业孵化等方面的资源优化配置平台。

5.2　循环经济的技术平台建设

在推进循环经济建设的过程中，我国存在着技术创新能力薄弱和企业技术供给乏力等问题。因此，构建基于循环经济发展的技术平台，解决技术创新能力薄弱问题和增加企业技术供给成为比较合理选择。

5.2.1　循环经济技术平台的特点

1）开放性

在循环经济发展过程中，经济发展与资源系统和生态环境系统，是相互开放的。然而，目前，在这个开放的系统中，资源、环境状况却随着我国经济的快速发展而不断恶化。虽然造成这些问题的原因有很多，但是从技术的视角来看，技术的相对封闭性是重要原因。理由如下：一是仅局限于经济过程中的技术研发活动主要以单个企业或产业的产品生产和消费为重心，缺少对生态环境绩效的思考和评价，普遍轻视推广与应用技术所带来的生态环境代价。二是技术研发主要是在单个企业或产业内部展开，缺乏企业或产业之间的协同效应，容易造成基础设施重复建设及各种资源的严重浪费。三是产、学、研之间的有效性联系较少。有关调查资料显示，虽然74%的企业有过产、学、研合作的经历，但调查对象认为上述技术来源渠道重要的只占16.2%，大大低于企业自己研发（69.6%）和用户体验（71.5%）[3]。显然，技术合作的效果是非常有限的。要改变上述情况，建设具有开放性的技术平台就成为一种合理选择。所谓循环经济技术平台的开放性主要是指技术平台的各类实体，依靠各种信息网络，扩大技术服务流量，实现多企业或多产业之间技术资源共享。循环经济技术平台的开放性主要体现在三方面：一是在技术研发过程中，技术平台的各类主体通过综合评估未来技术的资源、环境、经济等各种效应，研发各类环境友好的新技术。二是技术研发主要是基于企业或产业之间的关联性，发挥协同效应，而不再是企业或产业内部的"单打独斗"。例如，在循环经济背景下，上下游企业或相关产业就可以围绕资源或废弃资源，联合研发资源综合利用和再生利用等技术，这不仅减少人力、物力、财力的投入，而且提高我国整体资源利用水平。三是加强产、学、研之间的联系。循环经济技术平台作为一个大系统，其发展体现了多学科的交叉渗透、多部门和多产业的支持，同时为产、学、研的一体化提供了载体，使高等学校、科研院所、企业研发等有相对独立的范围和领域，即高等学校、科研院所以基础研究为主，企业以产品、工艺研究为主，转变为三者的紧密结合，共同促进，不断提高一体化程度。

2）准公共性

从理论上来说，循环经济通过采用低消耗、低排放、经济效益和生态效益良好的环境友好性技术，既增加社会财富，又节约资源，保护环境，同时为不发达地区和后代留下了更多的资源和发展空间。然而，对于单个企业来说，研发环境友好性技术，不仅增加了企业成本，而且在生产过程中所实现的部分生态效益、社会效益并不能完全归其所有，使得企业对环境友好性技术研发与使用缺乏积极性，这直接导致环境友好性技术供给不足，并严重影响到我国循环经济的发展。然而，如何解决技术供给不足问题。显然，除了企业技术创新之外，我们只能依靠扩大政府以及社会性科研机构来为此开辟新的技术供给源泉。循环经济的技术平台建设也就提上了日程。可见，循环经济的技术平台从其依托的主体来看，具有一定的公共属性。其所提供的环境友好性技术成果理所当然也具有一定的公共品属性，即非排他性和非竞争性。另外，其所提供的技术产品在企业或产业间还具有一定的通用性，能够为企业或产业的后续技术开发、推广与应用提供支持。由此可见，循环经济技术平台具有一定的准公共性，具体来说，在循环经济实践中，主要体现在以下几方面：一是在生产领域，循环经济的技术平台所提供的技术主要是清洁生产技术和产业之间围绕特定资源的循环利用技术，对企业、产业发展普遍适用，不具有排他性。例如，在循环经济进程中，积极推广的清洁能源和原料、新的技术工艺和设备、清洁设计等就不具备排他性。二是在资源回收方面，循环经济技术平台主要提供资源再生利用技术，通过初级资源化和再资源化，实现资源再生利用，缓解我国目前的能源资源短缺状况。例如，目前我国利用现代生物技术培育高产油料作物生产生物柴油，以及利用绿藻大规模开展生物制氢，都可获得可再生的绿色能源[4]。

总之，循环经济技术平台提供了关系到国家经济整体和长远利益的技术基础，必将有力地促进循环经济的发展。

3）主体多元化

循环经济作为可持续发展道路可行性选择，其内在的技术动力也体现了可持续发展的价值导向，即经济效益、环境效益和生态价值的统一。而企业作为循环经济发展的主要载体是循环经济背景下追求利润最大化的"理性人"，其内在的技术动力因子与可持续发展的价值导向不可避免地会产生矛盾。为此，突破循环经济企业技术创新的局限，建立与可持续发展的价值导向一致的循环经济技术支撑平台，就必然要求充分尊重，甚至联合具有相关经济、社会利益的社会群体。于是，循环经济技术主体将呈现出多元化趋势。所谓循环经济技术平台的主体多元化主要是指为了实现经济效益、生态效益与环境效益等多重价值目标，循环经济的技术主体将由政府、企业、科研机构、社会中介服务机构等联合组成，并相互配合、相互促进、相互保障，共同形成一个有机整体。同时，其多元化主体各自的主要功能，具体体现在以下四点：①政府是发展循环经济所需要的经济、社会、法律环境的规则制定者和维护者。②企业是循环经济实践的主要载体，也是循环经济技术创新的主体。③科研机构是循环经济的基础性技术研究的主体。④社会中介服务机构如公共信息平台、技术交易、咨询服务机构等是循环经济技术创新成果转化的社会载体。

5.2.2 循环经济技术平台建立的原则

1）坚持协调发展原则

参照系统论的观点，协调是指系统内部诸要素之间以及各子系统之间的相互适应、有机配合与彼此促进。在循环经济技术平台建设中，协调发展是指技术创新在循环经济发展过程中，一方面，创新主体之间要紧密配合，避免各自为政、单打独斗的现象。例如，企业只管生产、工艺技术的革新与改造，高等学校只重视基础研究，其他科研机构则偏重应用研究等状况；另一方面，技术创新活动要坚持经济效益、社会效益和生态效益的统一。具体来说，经济效益在循环经济中表现为投入资源消耗的最小化和产品价值的最大化。社会效益表现为技术创新有利于社会的和谐稳定，同时能够提高人的幸福指数。生态效益表现为技术创新活动不仅不会污染环境，还有助于环境的修复和改善，实现自然生态平衡。三者的协调统一将有效地缓解经济与社会之间、人与自然之间的矛盾，实现经济发展、社会进步、生态环境良性发展。

2）政府主导性原则

基于前面的分析，循环经济的技术平台所提供的技术属于一种准公共产品，兼有公共物品和私人物品的双重属性。这种双重属性就决定了在目前我国市场经济发展还不完善的情况下，循环经济的技术供给存在市场失灵的现象，需要政府来弥补市场机制的缺陷。另外，循环经济技术本身所具有的经济外部性也需要政府通过各种制度性安排加以解决。由此可见，政府应在循环经济技术创新过程中发挥主导性作用。例如，制定循环经济的技术发展必要的政策、法规、战略、规划等；提供循环经济的基础研究与共性研究，以及金融支持、信息网络平台等外部性较大的基础设施；跨部门、地区共性技术的协调、服务等有利于技术创新的各类活动[5]。另外，政府要积极扶持循环型企业技术中心、大型技术交易等方面的建设。

3）多层次技术结构原则

循环经济是一个庞大的系统，其发展只有由小到大，层层推进才可以实现。从目前循环经济的实践来看，其实现模式主要围绕资源、环境与经济效益等多重目标，在企业、园区和区域、城市等几个层次展开。从技术的角度看，这些实践模式的层次性结构安排对循环经济的技术平台建设至关重要。究其原因在于：一方面，循环经济实践模式的层次性使得循环经济技术平台的建设更具有针对性和目的性；另一方面，循环经济技术平台的建设必须依赖于不同层次的循环经济实践载体的支持。一般说来，在循环经济发展中，其具体的层次主要包括：一是企业层面的清洁生产。清洁生产坚持以"减量化、再利用、资源化"为基本操作原则，从整个生产流程出发，最大限度地提高资源利用率，实现污染的源头预防，现已成为国家循环经济的微观缩影。二是产业、园区等在企业清洁生产的基础上，突出企业或产业之间中间产品和废弃物的梯次利用，从更大的范围提高资源利用率和减少环境污染。三是从区域或城市等层面，将所有人类生产、生活等过程中的废弃物、垃圾等依靠回收系统实现资源的再利用和无害化处理。在这里需要解释的一点是：在循环经济平台建设中清洁生产是重点，没有清洁生产活动的展开，其他领域循环经济实践缺乏根基。

5.2.3 技术平台目标体系

循环经济技术平台的终极目标是指在循环经济背景下，为了最大限度地挖掘和整合现有各类科技资源，并通过政策、制度与机制的联合作用，加快和增加技术供给，以期推动经济发展，缓解资源短缺及修复与改善已经遭到破坏的生态环境。具体来说，主要包括以下几方面。

1）提高自主创新能力

基于前面相关章节的分析，我们得出了技术创新能力较弱是目前我国推进循环经济发展的现实国情，而且与发达国家的差距悬殊。国内外公认我国和发达国家之间科技水平的差距为 15 ~ 20 年。在全球 R&D 投入中，美国、欧盟、日本等发达国家（地区）占 86%，我国仅为 1.7%。我国已授权的发明专利只相当于日本和美国的 1/30、韩国的 1/4[6]。另外，世界科技发展的实践也告诉我们真正的关键性技术、核心技术是买不来的，必须依靠自主创新。所谓自主创新能力是指对国家、产业与企业等不同层次上的现有科技资源进行优化整合，依靠本国的力量，独立开发新技术，进行技术创新活动。其主要内容包括：一是加强原始创新，努力获取科学发现和技术发明；二是集成创新，使多种相关技术有机融合，形成具有市场竞争力的新产品和产业；三是在引进国外先进技术的基础上，消化吸收再创新[7]。目前，结合我国循环经济发展的实际，我们认为自主创新的主要领域有以下四点：一是研究如何实现清洁能源的替代，实现能源从传统的化石能源转向生物质能、太阳能、风能、潮汐能等可再生利用的能源。二是研究如何进行产品和工艺的创新或革新，争取不断减少生产过程中的原材料投入量，不断增加产品产出量，不断降低生态环境危害程度。三是研究如何减少废弃物的排放以及对废弃物资源的再生利用。四是研究如何实现有毒、有害废弃物的无害化处理等。反过来，也可以认为，只有这些具体的循环经济技术通过自主创新取得整体性的突破，循环经济才会真正发展起来。

2）为广大中小企业提供循环经济技术供给

目前，循环经济已经成为我国实现可持续发展的重要选择。而作为经济发展主体的广大中小企业理所当然成为我国实践循环经济的基础力量。但是，中小企业普遍存在规模小、资金不足、技术创新能力薄弱等特点，这已经成为推进循环经济发展的主要障碍，特别是整体技术水平的落后成为中小企业循环经济发展的瓶颈。究其原因在于：一是循环经济所需要的技术的准公共性，造成技术创新收益存在严重"外溢"现象，严重削弱了企业技术创新的积极性，造成企业尤其是广大中小企业技术进步缓慢。二是在循环经济背景下，广大中小企业不具备大企业所拥有的科技资源，研发与推广先进适用技术存在较大的难度。因此，建立具有准共性的、可共享的、向同行开放的循环经济技术平台，为中小企业提供的技术支撑是循环经济发展的直接目标之一。

3）加速科技成果转化，推动循环经济发展

发展循环经济，提高资源利用率，治理污染，肯定需要相应的技术。然而，目前在循环经济发展中的确也存在有技术而没有被采用的现象。例如，现在秸秆处理、利用技术有很多，甚至还有不少的科学家因这方面的技术出了名，当了院士，但是农民却不采用此项技术[8]。造成这种先进的科技成果转化滞后的原因是多方面的，但是从技术视角来看，其主要原因包括三方面：一是高等学校、科研机构普遍存在"重成果，轻实践""重科研，轻效益""重成果，轻推广"等不合理的现象。二是科研成果缺乏市场导向。目前，许多科研成果是在对市场需求动向不甚明确的情况下，从事科学研究，尽管付出了大量的人力、物力、财力等宝贵资源，但是其科研成果与市场需求相悖，而被"束之高阁"。三是技术转换成本过高，严重束缚了符合循环经济发展需要的技术推广。例如，企业在发展循环经济中原有的技术、设备甚至厂房等某些资产具有"存量刚性"，易产生大量的"沉没成本"，这给企业发展循环经济带来相当大的困难，企业面临着严重的"退出障碍"。

另外，符合循环经济发展需要的科技成果的转换通常伴随着关键设备的技术创新或改造，易造成生产或工艺流程的中断，并在某一时期损失部分经济效益，甚至如果再造失败，将血本无归。因此，改变科研机构的传统观念，实现科研成果的市场导向，发展产、学、研结合的科技发展模式，加快技术成果转化，推进我国循环经济发展，成为循环经济技术平台建设的重要归宿。

4）以经济发展、生态环境良好为导向，紧盯环境友好型技术发展最前沿

循环经济实际上就是要求提高资源高效利用，改善生态环境，实现人类社会的可持续发展。因此，从技术方面来看，发展循环经济的技术不是一般的生产、消费性技术，而是综合考虑经济、生态、环境三方面效用的技术。由于这些技术具有良好的经济效益、社会效益，这些技术所消耗的资金、保密程度不是一般技术所能比拟的。例如，1985 年美国基于本国经济发展与环境的迫切需要，率先提出洁净煤技术，并于 1986 年 3 月制定出洁净煤开发研究和示范的综合计划，即所谓的《洁净煤技术示范计划》。此计划是美国政府继"星球大战计划"之后规模最大的技术创新开发技术，共有 60 个项目。到 1995 年末，该示范计划投入的总费用已经超过 72 亿美元[9]。随后，欧盟和日本等发达国家分别制定了"兆卡计划"和"新阳光计划"，专门从事此类技术的研发。由此可见，有助于实现资源、生态环境与经济发展的先进技术，一方面资金消耗巨大，单个企业或科研机构支付不起，另一方面体现了经济发展与生态环境保护的"双赢"，代表了符合循环经济需求的技术发展方向，符合国家的整体利益。为此，只有建立政府主导的循环经济的技术平台才能很好地帮助企业解决这一难题。具体来说，其主要包括两方面：一是在技术平台建设中政府不仅要加大资金的投入，还要出台各种扶持性政策。二是加快研发合理利用资源、保护环境的技术，紧盯国外先进技术的发展方向，提高我国循环经济的整体水平。

5.2.4 技术平台的模式及主要动力系统

1）循环经济的技术平台模式

结合上面的分析，本书认为循环经济的技术平台主要是由政府、行业协会、企业、高等学校、科研院所及其他技术中介机构组成的，以企业、产业和区域等循环经济发展载体为服务对象，以增加环境友好型技术的供给，实现技术成果顺利转化，提高自主创新能力等为直接目标的技术支持系统。循环经济技术平台的运作过程主要体现为技术研发、技术服务和资源优化配置等不同环节之间的协调发展，如图 5-1 所示。其中，技术研发部分主要是依靠政府、企业、科研院所、高等学校等相互合作，为循环经济发展提供能够反映市场需求导向的先进技术，满足不同产业或企业循环经济发展的技术需求。中间区域部分是为技术平台服务的技术机构，它为循环经济技术成果转化服务。最外层部分是为实现技术平台中的技术成果的产业化、市场化而进行的资源优化配置。

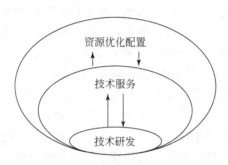

图 5-1　循环经济的技术平台

显然，在循环经济的技术平台中，技术研发处于最核心的地位。由此，围绕循环经济技术研发成果的不同属性，我们将循环经济的技术平台分为 3 种类型：一是循环经济的共性技术平台。如前文所提出的信息、生物、新材料、新能源等技术，这些技术依托现代科学知识的发明、发现，其发展适应现代社会发展的需求，同时在经济方面能够对大多数行业和产业发展起到巨大的推动作用。二是面向大多数企业发展的专用性环境友好型技术平台。这类技术平台以多数企业的共性需求为导向，尤其是广大中小企业的需求，依靠政府与大学院校联合研究，并强化技术成果在企业之间的低成本共享，实现技术向产业的迅速转化和利用。三是面向全社会的公益性技术平台。这类平台主要是针对过去经济发展过程中产生的各种废弃资源、环境破坏、生态灾难等进行技术研发，实现人类和谐发展。

2）构建循环经济技术平台的主要动力系统

建立循环经济的技术平台，大多数人认为首先是企业的事情，其实虽然企业在循环经济技术创新中非常重要，但是从循环经济技术的准公共性来看，政府、科研机构、社会公众也同样发挥了重要作用，共同建立循环经济的技术平台。具体来说，其动力系统主要包括以下几部分。

（1）政府积极扶持。由上面的分类可知，循环经济的技术平台在某种层面上是作为满足社会和谐、循环发展（如环境监测与保护、能源节约利用、城市垃圾回收、生态化建设等）的社会公益性平台而提出的。事实上，这类技术平台的部分科技成果不仅具有经济效益，而且更重要的是具有明显的社会效益。因此，其发展需要政府的大力投入与扶持。具体来看，政府支持循环经济技术平台建设的手段主要有以下几种：一是政府增加基础研究的资金投入。理由如下：此类技术成果具有明显的正溢出效应，企业缺乏资金投入的动力。另外，由于技术平台所提供的科研成果具有准公共产品属性，理所当然需要政府加大研究投入。然而，与部分国家相比较，事实上我国基础研究的投入又明显不足。如表 5-1 所示，我国基础研究投入经费在科研经费中所占比例太低。例如，在 2000 年我国基础研究经费所占比例仅为 5.2%，远远低于美国、日本、法国、澳大利亚甚至韩国和俄罗斯等国家。这直接影响了我国共性技术供给，降低了我国应用研究的发展速度和相关产业发展的国际竞争力。由此，我们可以认为，政府增加资金投入，加强基础研究是推进循环经济技术平台建设，提高我国整体技术水平的重要手段。二是加大政府绿色采购力度。不断增强的绿色市场需求是循环经济技术平台建设的重要推动动力之一。其主要由个人绿色消费需求市场和政府绿色采购市场两大部分构成。目前，我国由于经济水平还较为落后，人均收入较低，绿色产品价格较高等情况，扩大个人绿色消费需求的确受到一定的限制。而政府采购具有规模大、市场带动作用强等明显优势，完全可以成为引导绿色消费，并成为扩大绿色市场需求的中坚力量。相关资料显示，2003 年我国实施《中华人民共和国政府采购法》后，当年政府采购额达到 1659.4 亿元，占同期 GDP 的 6.7%，与 2002 年相比，增长了 64.4%。有些地方政府如福建等省（自治区、直辖市），政府采购规模占当年财政支出的 39.6%。因此，赵英民[10]认为只要政府将环境准则纳入采购模式中，增加绿色产品的购买力度，就会对绿色市场产生积极影响。企业为了赢得政府这个市场上最大的客户，就要增强产品的绿色度，节约资源能源，减少污染物排放，提高产品质量和降低对环境和人体的负面影响程度，不断地进行环境友好型技术创新。可见，政府绿色采购扩大了绿色市场需求，培育了循环经济市场，刺激循环经济技术的研发和应用，从而进一步扩大绿色消费规模，实现技术创新和绿色消费市场的良性循环，即技术创新保障政府绿色采购实现，反过来，政府绿色采购促进技术的创新与发展。三是积极出台支持性政策。循环经济技术平台主要是针对循环经济背景下我国自主创新能力低、环境友好性技术供给乏力等现实问题而提出的，是为了推进我国循环经济发展而设立的技术支持系统。其所提供的科技成果属于准公共品，价值无法通过市场完全实现，即存在"市场失灵"现象。因此，为了解决这种问题，就需要政府通过各种政策性扶持，推动循环经济的技术平台建立。例如，加快出台循环经济的技术政策，对资源循环利用和废弃物再生利用的研发、推广与应用等项目提供金融支持和税收优惠或减免。相关资料显示，发达国家为加快循环经济技术创新，普遍实行直接财政补贴政策，例如，日本、法国等国家对环境技术开发项目补贴研发费用的50%；丹麦对公共行业或社会公益性项目提供高达100%的经费补贴。同样，在金融支持方面，发达国家普遍采用低息贷款或优惠中长期贷款。例如，日本对清洁生产技术研发、设备投资和工艺改进项目10年以上中长期的信贷利率仅为1.45%[11]，远低于其他经济发展项目的信贷利率水平。

表5-1　部分国家研究与发展经费投入结构情况　　　　（单位:%）

国家（年份）	基础研究	应用研究	实验发展
中国（2000）	5.2	17	77.8
美国（2000）	18.1	20.8	61.1
俄罗斯（1998）	16.1	16.9	67.0
法国（1999）	24.4	27.5	48.1
澳大利亚（1998）	26.6	32.6	40.8
意大利（1998）	22.2	43.7	34.1
韩国（1999）	13.6	25.9	60.5
日本（1999）	12.3	21.6	66.1

（2）依托企业，发展循环经济技术平台。企业不仅能够产生适应市场需求的科研成果，而且更重要的是能够将科研成果转化为生产力，开拓市场和实现产业化。依托不同规模企业的科技资源，满足企业尤其是广大中小企业发展循环经济所面临的技术需求，是建立我国循环经济技术平台的重要动力源。具体来说，主要体现在以下两方面：一是企业之间或产业间的共同需求是循环经济的技术平台建设能否成功的关键动力之一。究其原因在于：在循环经济背景下，每个企业都会产生废弃物，其需要环境友好型技术来处理。二是从科技资源来看，在我国企业已经成为技术创新的主体。从R&D经费投入、支出情况来看，自2000年起，在我国科技活动经费筹集总量中，企业投入经费所占比例已达55.2%，超过政府、金融结构贷款的25.3%和8.4%。从R&D经费支出来看，企业经费支出所占比例已经达到60%，分别高于科研机构和高等学校的28.8%和8.6%。由此可见，企业R&D经费在投入和支出等方面均超过半数，已经成为技术创新首要的资金来源渠道和应用领域。从科技人才总量看，2002年我国科技活动人员中企业、研究与发展机构、高等学校所占比例分别为42.4%、13.0%和11.9%。企业技术人员、科学家和工程师的比例分别为37.4%、12.4%和17.3%。显然，企业已经成为我国技术进步的首要人才库。从R&D活动所取得的专利和科研成

果来看，在 1999～2002 年，企业申请专利和授权专利的数量都明显超过科研单位和高等学校。例如，在专利申请数量方面，企业所占比例达到 64.7%，而科研单位和高等学校所占比例分别为 15.1% 和 19.9%；在授权专利方面，企业所占比例为 46.5%，而科研单位和高等学校所占比例分别为 22.2%、28.9%。显然，企业已经成为我国技术创新成果的首要来源地。由上面的分析可知，在目前发展循环经济的大背景下，企业已经成为技术创新的主体，也理所当然成为循环经济技术平台的主要建设者，没有企业的积极参与，循环经济技术突破是非常困难的。

（3）公共性科研机构的积极参与。公共性科研机构主要是指企业研究所之外的科研院所和高等学校，其中心任务是研究基础性技术、前瞻性技术及关键性技术。此类技术通常具有公共性和非营利性等特征，这些特征又充分验证了公共性科研机构的社会职能。目前，我国许多具有公共产品属性的重大科研成果出自政府所属的科研单位和高等学校的实验室。2000～2004 年中国重大科技成果统计如表 5-2 所示。

表 5-2　2000～2004 年中国重大科技成果统计

单位	2000 年	2001 年	2002 年	2003 年	2004 年
高等院校	6 508	6 156	5 640	6 546	6 857
企业	10 586	9 371	8 821	10 084	10 286
科研院所	7 859	6 244	5 543	6 794	6 869
其他	7 905	6 677	6 693	7 062	7 708

资料来源：2000～2004 年《中国科技统计年鉴》

在 2000～2004 年，科研院所和高等学校是全国重大科技成果的主要来源地。例如，2000～2004 年两大机构所产生的重大科技成果量占当年全国科技成果总量的 43.7%、43.6%、41.9%、43.8%、43.3%，而企业产生的科技成果量所占比例为 32.3%、32.9%、33.0%、33.1%、32.4%。虽然科研院所和高等学校的科技成果量的比例或贡献率稳中有降，总体来看企业科技成果量在不断增长，但是科研院所和高等学校的科技成果总量还是明显超过企业。显然，在重大基础性和公益性技术供给上，科研院所和高等学校还是处于非常重要的地位，尤其在目前我国循环经济共性技术和关键性技术缺乏的背景下，其地位更加突出。为此，依靠积极参与的公共性研究机构，加快共性技术和关键性技术等的研究与发展，就成为成功推进循环经济平台建设的重要动力。

5.3 促进循环经济技术平台建设的对策与措施

由上面的分析可知，加快循环经济技术平台的建设，一方面取决于政府的投入、科研机构的内部机制等因素；另一方面取决于企业科技资源的整合。具体来说，主要包括以下几点。

1）有重点、多层次的资金支持

目前，我国支持清洁能源、生态环境保护与改善等方面的技术研发投入还比较有限。以环境科技投入为例，2003 年和 2004 年此项经费投入分别仅为 3.028 69 亿元和 3.1742 亿元，其各自所占当年研究与试验发展经费支出的比例分别仅为 0.2% 和 0.1696%。同时，如此较少的经费投入要在全国范围内众多的项目中进行"撒胡椒面"式分配，这大大降低了我国重大的、关键性环境友好性技术研发的资金保障能力。因此，循环经济的技术投入要坚持点、面结合的策略。所谓"点"就是突出重点，对环境产业和信息、生物、清洁能源等技术研发予以优先重点支持，由政府直接资助。所谓"面"就是对发展循环经济具有一定专用属性的技术进行研发，以税收减免等政策鼓励企业单独或与研究单位合作承担循环经济关键性技术研究。

2）企业有效整合科技资源

目前，企业科技资源的配置效率在一定程度上决定了循环经济的发展水平。一些具有研发机构的企业在循环经济发展中处于先导地位。例如，国内的四川五粮液集团依靠自己的科研机构，自主研发乳酸生产新工艺，将有机物浓度高达 1.2 万 mg/L 底锅水生产乳酸，形成新的产品链，并取得了良好的经济效益。在国外，典型的循环经济企业——美国杜邦化学公司就通过整合基础科研成果实现氟化学技术的突破，同时围绕该技术迅速推出一系列氟化学产品，如 SUVA、Krytox、Teflon、ViTon、Nafion 等，并随着商品应用范围的不断开拓，形成新市场如汽车、建筑、家具、服饰、包装、电子、印刷、宇航等[12]。国内外企业发展循环经济的成功经验说明，企业科技资源的有效整合是循环经济实践顺利展开的关键。目前，循环经济科技资源整合的方式主要有两种：一是企业内部自主创新，主要是依靠自身较强的技术积累、技术创新能力、资源整合和运作能力，自主开发与实验、产品试制、中试、产品及市场推广。如前面所提到的五粮液集团和美国的杜邦化学公司都属于此类。二是通过先进技术的引进和消化，实现企业科技资源的外部整合。目前，我国大多数企业内部的科技资源力量是比较薄弱的，不具备单独承担研发循环经济技术的能力。因此，有选择、有步骤地引进一些先进适用技术，解决循环经济实践中最迫切的问题，成为广大中小企业推进自身技术进步的重心。同时，在先进技术引进、消化的基础上，实现技术的二次创新成为循环经济企业实现技术跨越的有效途径。

因此，我国企业循环经济技术资源的整合应依据企业科技资源实力做出科学选择，即对于有技术、资金实力的大企业，相关部门积极引导其通过优化配置内部科技资源，走自主创新道路；对于技术、资金实力等均薄弱的广大中小企业，相关部门应倡导其进行科技资源的外部整合，采用和推广先进、成熟、适用技术，走消化后的二次创新之路。

3）产、学、研一体化

循环经济的技术创新不仅需要多个学科的交叉渗透，还需要高等学校、科研院所和企业的合作与集成。究其原因在于：高等学校、科研院所和企业在技术创新方面各有所长，但又都不完备，一方面，高等学校、科研院所和企业各自拥有大量的科技资源，并且高等学校在基础理论研究方面领先，而科研院所在应用研究方面见长，企业在产品开发和市场化方面具有明显的优势；另一方面，高等学校和科研院所的研究成果主要是为了评奖，因而在市场需求方面重视程度明显不够。同样，企业的研究主要依赖市场需求，获得经济效益，缺乏较为长远的战略眼光。为此，通过开展产、学、研结合，弥补各自的缺点，实现了企业、高等学校、科研院所在科技成果产业化各个环节上的多元化和优势互补。目前，在我国政府积极倡导发展循环经济的背景下，产、学、研一体化的主要任务是积极推动产、学、研合作，构建循环经济技术平台，以期提升我国自主创新能力及攻克循环经济建设中的重大技术难题。具体来说，产、学、研一体化在循环经济建设中的任务主要体现在以下两点：一是围绕节能、降耗和资源充分利用，进行生产流程的再造。例如，四川沱牌舍得集团有限公司通过与北京大学、清华大学、中国科学院等16所高等学校和科研院所积极合作，采用现代生物工程技术改造传统的酿酒生产流程，实现产业升级。同时，该公司还通过对酿酒相关微生物繁殖及代谢物研究，依据其生理特点和生活特性，在窖泥和曲药生产中加以充分利用，生产出优质人工窖泥和高质量大曲药，大大缩短了窖泥老熟时间，减少了曲药用量，提高了酒质，增加了产出，降低了成本。另外，该公司还发明了《生物活性有机肥》《一种浓香型酒的研究及其应用》等专利技术，对酿酒副产物进行综合利用，不仅实现了变废为宝，而且还使整个酿酒生产过程实现无废水、废渣污染，保护了生态环境，实现了社会效益、经济效益和环境效益的共赢。二是通过技术预见循环经济发展的趋势和市场需求，密切跟踪前沿技术，进行超前研究，加强新技术储备，以及加快具有高技术含量项目的研发、孵化和转化，全面开拓市场。技术预见已经成为循环经济技术平台建设中验证产、学、研是否有效结合的重要手段。其不仅使得政府、产业界、科研院所和高等学校甚至是社会公众对循环经济所需要技术的发展趋势有一个比较清晰的认识，而且选择出可以产生良好经济效益、环境效益和社会效益的新技术和发展的重点领域[13]。目前，在循环经济的背景下，通过技术预见要达到的目标有：一是积极开展生物技术、信息技术、生态修复与改善技术等新工艺和新技术的开发研究，为推动我国循环经济发展提供先进技术。二是积极研究以废弃物资源化技术为核心的资源综合利用技术体系，变废为宝，最大限度地实现资源的永续利用。三是加强清洁能源、新材料等技术的研究，为实现传统经济发展过程中化石能源及有毒有害材料的替代奠定基础。

4) 技术中介服务机构营造支持环境

目前，关于技术中介服务机构还没有较为一致的定义。例如，经济合作与发展组织（OECD）国家指出，技术中介服务机构主要是指从事技术转让的机构。国内学者柳御林等提出，技术中介服务机构是为实现科技成果向市场转化而成立的，主要包括工程服务中心、生产力促进中心、科技创业服务中心、技术市场、高新技术园区等。另外，国内学者汤世国提出，技术中介服务机构主要包括3个层面的内容：一是为科技成果的转化提供工程化服务；二是为技术创新中的各种问题提供信息和咨询服务；三是为技术创新提供场所和设备等硬件服务[14]。本书认为，汤世国的定义更加符合我国循环经济技术平台建设的初衷，循环经济的技术中介服务机构就是实现上述3个层面任务的集合体。其主要原因如下：首先，推动循环经济发展的技术是对传统的大规模生产消费技术的扬弃。因此，在技术研发与推广过程中必然伴随着大量的设备更新与改造等工程化服务。其次，在循环经济技术平台的建设中，共同的市场需求和技术信息资源、成果的共享是其最突出的两大表征，而要实现技术需求与供给相吻合，就需要技术中介服务机构提供咨询和信息等服务。最后，循环经济技术的不确定性及高风险性使广大的中小企业普遍缺少采用新技术发展循环经济的积极性。因此，提供优惠场地和设备成为技术中介服务机构推进企业循环经济建设的重要举措。

目前，在我国积极倡导发展循环经济的背景下，全国的技术中介服务机构已经初具规模，并显示了巨大的发展潜力。科技部统计，2000年全国仅从事技术贸易或技术经营的技术中介服务机构达到47 083家。其中，全民所有制技术中介服务机构11 223家，集体技术中介服务机构14 750家，私营技术中介服务机构6855家，个体技术中介服务机构4643家，有限责任公司4989家，股份有限公司1432家，港澳台投资公司48家，外商企业140家，其他技术中介服务机构3003家。从业人员1 039 375人，其中，科技人员占606 400人[15]。因此，充分利用已有的技术中介服务机构，推进我国循环经济技术成果的转化，有助于实现国家整体技术水平的提高。具体来说，在我国循环经济技术平台的建设中，技术中介服务机构的主要任务包括以下几点：一是提供技术信息服务，建立清洁生产及再生资源利用等相关技术供求信息网络，使不同产业和企业间的物质交换链和生态链保持灵活性和有效性。二是反映广大企业在循环经济发展中的共性和关键性需求，引导技术发展的方向，不断增强科技的有效供给和需求。三是加快科技成果与各种经济资源的整合，促进技术成果转化。

参 考 文 献

[1] 徐雨森、张宗臣. 基于技术平台理论的技术整合模式及其在企业并购中的应用研究. 科研管理，2002（3）：64-68.

[2] 马琨，吴丽鹃. 深圳搭建公共技术平台打造"公共蓄水池". 深圳特区科技，2005（8）：6-9.

[3] 吴贵生，王毅，杨德林. 北京区域技术创新体系的缺陷与对策. 中国科技论坛，2003（2）：36-40.

[4] 冯之浚，郭强，张伟. 循环经济干部读本：以北京区域技术创新体系为例. 北京：中共党史出版社，2005.

[5] 吴贵生，王瑛，王毅. 政府在区域技术创新体系建设中的作用. 中国科技论坛，2002（1）：30-35.

[6] 高梁，邢亚文. 只有自主创新才是立国之本：论"比较优势"和"全球化"不可能解决我国经济发展的技术源泉问题. 经济管理文摘，2005（24）：10-14，141.

[7] 陈至立. 加强自主创新，促进可持续发展. 中国软科学，2005（9）：1-6.

[8] 黄少安. 循环经济需要技术和制度双重保障. 学术月刊，2006（1）：68-71.

[9] 朱书全，戚家伟，崔广文，等. 我国洁净煤技术及其发展意义. 选煤技术，2003（6）：28-31.

[10] 赵英民. 建立政府绿色采购制度，促进循环经济发展. 环境保护，2005（8）：61-63.

[11] 董敏，贺晓波. 发展循环经济的经济手段：国际借鉴和政策选择. 生态经济，2006（5）：84-86.

[12] 徐炽焕. 技术平台的管理模式：杜邦公司的实用案例介绍. 化工管理，1999（10）：38-39.

[13] 曲用心. 用技术预见整合循环经济与可持续发展. 改革与战略，2005（8）：4-6.

[14] 陈恒. 创新体系中技术中介服务机构发展研究. 工业技术经济，2003（3）：15-16.

[15] 童泽望，王培根. 技术中介服务体系创新研究. 经济纵横，2005（9）：109-110.

6 循环经济中资源价格形成机制

6.1 资源价格形成问题的循环经济意义

6.1.1 循环经济与资源价格的关系

价格既具有信息功能，又具有配置功能。它为经济主体进行经济决策提供决策信息，并引导资源和要素向效率更高的方向流动。资源价格的形成既是循环经济运行的市场基础，又是调节循环经济系统运行的重要方式。可以说，研究资源价格形成机制对循环经济理论的发展具有重要的理论意义。

资源的耗竭问题根本上是一个价格问题。当一个经济体能够承受资源的高价格时，资源耗竭的速率会下降；当经济体对资源价格变动的适应能力很脆弱时，资源耗竭的速率倾向于更快。我国经济增长正处于工业化的上升时期，产业结构出现明显的重型化倾向，也就意味着对资源的需求还会加剧，但是这又受制于资源和环境容量。如何协调好工业化进程与资源适度消耗的关系，是一个非常重要的课题。其中的关键就是建立一个科学合理的资源价格形成机制，真实地反映经济增长与资源需求之间互动关系。布郎（Brown）曾援引埃索公司总裁达尔（Oystein Dahle）的话说："社会主义因不允许价格表示经济的真相而崩溃，资本主义可能因不允许价格表示生态而崩溃。[1,2]"这句话虽有过激之处和价值偏见，但精练地指出传统工业化对资源价格的漠视。

鲁仕宝和裴亮[3]认为，为有效配置资源而开具的各种传统经济学处方都有严重的局限性，特别是对传统公共所有并可自由利用的资源赋予价格的任何措施都不得不面对如下 3 个问题：①实际计算有意义的价格度量绝不是一个轻松的任务；②更为重要的是，用"支付意愿"作为分配资源流的标准，就会产生至关重要的公平问题；③对于以前免费或花费不多的资源，现行价格的引入不可避免地要遭到各既得利益集团的反对，正是这些利益集团以前把资源退化及耗竭的社会成本转嫁给别人而受益。如果采用价格机制，可能会不利于穷人；但是如果不采用价格机制，则肯定有利于富人。

资源价格是资源价值的货币化表现，是资源市场供求作用的结果。关于资源价格的形成，不仅涉及资源价值核算、资源稀缺性表征的显示，还要考虑到资源环境的变动产生的后果。由于资源环境具有公共品性质和外部性问题，资源价格的决定不单是一个在市场机制中体现供求关系的信号，还与资源环境的产权界定、外部成本内部化等问题紧密相关。

资源价格形成理论是循环经济研究的重要理论基石。如果说资源经济学是研究自然资源如何在经济中进行合理配置（包括横向和纵向的），实行资源可持续利用的问题，那么循环经济理论就是研究资源如何节约使用、循环再生和无害化处理的问题。前者侧重于原始资源在宏观上和代际的开发利用和优化配置，后者则侧重于微观层面和系统性地对资源进行减量、循环和再生。

如果资源价格形成理论能较好地解决资源价格偏离资源真实价值的问题，那么也能使经济活动中副产品的价值通过市场得到真实反映。如果某种矿产资源的价格没有被扭曲，它的机会成本就会被生产者正确估价，在要素的选择上，生产者就会在该资源和可替代的某种废旧资源之间做出选择。如果这种价格信号不明确，为减少信息成本，生产者多数会选择前者；如果价格远远低于其价值，理性生产者会只会选择前者。因此，一个合理的资源价格形成机制是循环经济运行的前提和条件。正如刘世锦所言，当前我国所谓的"资源约束"只是表象，它背后的真实问题是"价格失效"，价格所带动的增产、节约和创新功能没有充分发挥出来[4]。

6.1.2 基于循环经济的资源价格形成机制：影响因素及其相互关系

资源价格形成机制是指影响资源价格的决定性因素，以及这些因素之间的相互关系和作用过程。价格是价值的货币表现，价格由使用价值和交换价值组成。资源价格的决定性因素主要包括五方面：使用价值、生产成本、交换价值、环境成本和产权特征[5-10]。

1）影响因素

影响因素包括价值构成和决定性因素。一般地说，使用价值是基础性的，是商品的物理属性，是一切经济活动和交易关系的物质基础。资源的使用价值也就是资源的经济功能所体现出的价值。

生产费用是原始资源从自然系统进入经济系统的必要投入。它包括勘探和开采技术的研发投入、勘探和开采活动的固定资产和流动资产的投入、资源加工的生产费用和人工费用、运输费用及其他相关的物流费用。资源的生产费用是人类劳动在初始资源中的凝结，是资源的人工化。

交换价值是资源价值的市场相对价格，它由资源的稀缺程度、市场供求关系变动、替代性资源的替代弹性和交易成本决定。这里的稀缺程度不是主流经济学中所说的相对稀缺，而是指绝对稀缺，就是指资源的已探明储量、可开采量，即在一定技术条件下资源的长期生产能力和供给量。资源的绝对稀缺最终需要通过资源未来价值的贴现率来体现，贴现率高，现值就低；反之，贴现率低，现值就高。现值高，资源消耗的速度就会减缓，节约动机就强烈。

资源的相对稀缺是由市场供求关系决定的。它是一种短期现象。相对稀缺与绝对稀缺几乎没有关系，它主要取决于供求双方的策略行为、市场结构等因素。资源的替代弹性在一定程度上反映资源的机会成本，替代程度与技术进步紧密相关。交易成本也是资源交换价值的重要决定因素。均衡的市场价格出现在边际生产成本和边际交易成本相等时。相对价格的发现需要支付一定的信息成本、谈判成本、签约成本和执行成本。因此，资源价格的交换价值部分受制于一定的制度安排。

环境成本是可持续发展逻辑下资源价格的重要组成部分。它不仅包含资源使用产生的环境问题，还涉及这种环境影响对其他消费者的效用损失和其他生产者的产量损失。而这种影响的长期效应也将随着人类对生态需求的提升而日益显著，并因技术进步被量化评估。

资源价格实质上是产权的价格。产权特征也是资源价格形成的决定性因素。资源价格会因不同的产权安排而形成不同的价格，产权明晰、归属明确、保护得力、流转顺畅的资源价格能够较好地反映其价值，反之，资源的价值会下降；具有增值潜力的资源会得到更多的专用性投资，因而变得更有价值。

2) 各个影响要素之间的相互关系

从上述分析可以看出，真实的资源价格要得到正确反映，需依赖完善的市场机制和可持续的发展模式。在资源价格构成中，使用价值、交换价值和环境成本为主要成分。不同的资源，它们分别所占比例又是不同的，而且随着社会发展、经济增长和技术进步，相对重要性是不断变化的。其中，使用价值是基础，具有相对稳定性；交换价值作为资源的社会属性，反映经济主体交易关系的本质，具有阶段性和短期性特征；环境成本是经济增长中的一种约束性因素，从可持续发展来看，均衡的经济增长路径应该是边际环境成本等于边际增长收益，因此环境成本具有向上倾斜的趋势。在价值构成的四者之间，环境成本增加了资源利用的机会成本，会从相反的方向影响资源的使用价值和交换价值；生产费用作为人工价值，可以提高资源的使用价值和交换价值。

从时间上看，资源价格的变化，在短期需求方面的因素是主要的，在长期供给方面的因素也是主要的。需求方的作用更多地体现在交换价值上，供给方的作用较多地体现在使用价值上。

至于在价格的形成过程和数量构成中是使用价值占主导地位还是交换价值占主导地位取决于不同的价值理论解释、制度框架和主导的经济活动方式。因此，价格问题是制度安排的结果，也是技术经济阶段的经济现象。需要指出的是，不同产权安排，对资源价格的影响是至关重要的，同样的资源会因一种产权制度身价百倍，也会因另一种产权制度分文不值。

6.2 资源价值论

资源价值是资源环境经济学的基础性问题。Roger Perman 等把效率（efficiency）、最优（optimality）和可持续性（sustainability）作为贯穿资源环境经济学研究的 3 个主题，体现出把主流经济学与可持续发展理论进行融合的意图和努力。因此，在他们看来，资源环境经济学的实质就是关于经济如何避免自然资源和环境利用及配置的无效率。要实现这一理论使命，首先不可回避的问题就是对资源价值的判断。

循环经济潜在的收益包括两方面：一是废弃物转化为商品后产生的经济效益；二是节约的废弃和排污成本。但目前普遍存在原材料价格障碍和循环过程成本障碍，使这两方面的效益难以显现。首先是价格障碍：一是初次资源和再生资源的价格形成机制不同；二是在国际分工中存在对原材料和能源提供国明显的价格不利因素；三是以大规模、集约化为特征的现代生产体系使得多数原材料的开采和加工成本日益降低，再利用和再生利用原材料的成本常常比购买新原材料的价格更高，由此构成了推进循环经济的价格障碍。其次是成本障碍。目前我国的环境容量尚没有作为严格监管的有限资源，企业和消费者支付的废弃和排污费远低于污染损害补偿费用，甚至明显低于污染治理费用，这就使循环型生产环节的成本很难收回。

6.2.1 自然资源的经济价值[11]

1）资源价值界定

经济学中的资源价值一般指资源的经济价值，它可以定义为资源提供的所有服务的价值的贴现。经济价值是新古典福利经济学的范畴。对资源的经济价值进行核算的理论依据是资源服务及其变化对人类福利所产生的影响。因为有关资源的所有成本收益的变化（不管是市场的还是非市场的），最终都会以福利的增减表现出来。因此，"经济价值"和"福利变化"在一定程度上是同义语。

有些资源的价值可以直接通过市场机制反映出来。但是大多数资源所提供的服务会产生外部性和公共品，这时市场就无法起作用。资源的服务也就不能依赖市场力量达到效用最大化，也不能通过市场来揭示真实社会价值的价格。市场机制不能正确地给资源服务定价，更不能有效地对资源进行配置。因此，需要建立新的价值评估方法，为资源管理公共政策提供依据。而公共政策要在资源管理中发挥作用，需要资源方面的真实信息。

2）价值论基础

关于价值决定的基础理论有 4 种：劳动价值论、边际生产力价值论（或效用价值论）、供求价值论（也称均衡价格论或稀缺价值论）和生产成本价值论。主流经济学的资源价值论是均衡价格论。传统的资源定价法是通过市场调节形成的价格，即供求决定价格（$P=MC$），其理论依据是稀缺性理论，但是这种方法不能反映资源生产和消费的外部性成本，包括代内外部性和代际外部性。劳动价值论的缺陷在于不能反映资源的稀缺程度和市场供求变化。边际生产力价值论是一种效用决定论，过于强调需求的作用，没有考虑到供给的约束。

循环经济模式下资源价值论不能简单地以某种价值论为基础，它所追求的目标是可持续发展，在利益主体方面，不仅指当代人中的不同利益主体，还包括后代人。这样，资源价格除了补偿当代人内部社会成本和私人成本的差额，还要能反映对后代人造成的外部性成本。因此，理论上循环经济中资源价值可分为 3 个层次[12]：一是以劳动价值论为基础，按照投入在资源或环境上的物化劳动和活劳动的价值确定资源的基础价格。同时，结合稀缺性理论，利用市场机制调节资源价格，使其成为既由劳动价值决定又反映供求关系的市场价格。这点在操作上与市场价格等于边际私人成本的方法是一致的。二是按社会成本给资源定价。要使环境成本纳入私人生产决策中，资源价格在反映可持续性上就比仅按边际成本定价要进步得多。三是引入循环经济模式下的可持续发展目标后，对资源的定价还要考虑对后代人产生的外部性，对于非再生资源，其价值的估计应建立在资源的延续使用和替代发展上，即一方面进行技术创新，研究资源的减量使用和回收利用技术，以延长现有资源的使用寿命，这可以反映在研发成本中；另一方面对因现代人开采利用资源而产生的对后代人资源使用的影响进行补偿，用于更新被消耗的资源，或用于开发替代资源。这两种投入都可以通过征收资源税来筹集，这部分税收就称为可持续价值，是为保持资源基础的完整迟早要投入的人类的一般劳动，这应该是资源价值的组成部分。综合资源价值的经济性和非经济性特征，资源环境价值由使用价值、存在价值、选择价值和准选择价值构成。这 4 种价值的含义分别是：①使用价值指个体实际或计划使用的服务；②存在价值指认识到服务存在或将继续存在的价值；③选择价值指为保证服务将来能被利用而愿意支付的价值；④准选择价值指避免现在进行不可逆转的开发活动而愿意支付的价值。有的学者把资源环境价值分为使用价值和非使用价值，或直接使用价值和间接使用价值。由于信息的不完全性，非使用价值涉及风险和不确定性。

由此可见，现行的国民收入核算体系存在很多缺陷：一是对自然资源的损耗缺乏补偿；二是对环境舒适性服务的降低缺乏调整；三是把由破坏环境换来的收益算作收入的一部分。同时，由于上述价值构成中不仅包含非市场价值，还包含非经济价值。因此有学者认为，资源价值核算主要考虑经济价值，这种经济价值不是指资源的功能价值，而是指资源和资源产品功能的服务价值[13]。这样，就便于进行市场化评价和货币化核算。用货币衡量生态系统提供的产品和服务基于如下理由：①成本-收益的比较通过货币来体现，货币作为价值度量工具是节省交易成本的结果。②货币能够较直接反映社会支付意愿。③在货币化的基础上可以进行传统经济学意义上的成本收益比较。

6.2.2 基于资源最优耗竭理论的资源资产价值

根据资源最优耗竭理论，自然资源的优化利用需满足两个条件：一是欲使资源存量收益净现值最大，则资源价格等于资源边际成本加上影子价格（即资源租金）；二是资源租金与利率增长速率相同。该理论说明，资源产品生产效率最大化的条件是：资源产品价格等于环境成本加上生产成本和时间成本。如何对资源性资产进行价值核算？首先要搞清资源的价值构成。资源价值包括三部分：天然价值、人工价值和稀缺价值。资源的天然价值主要取决于资源的丰饶度、质量及其区位；资源的人工价值主要来自人的劳动和加工成本；资源的稀缺价值完全由资源市场的供求状况决定。

霍特林法则指出，在开采成本不变时，资源租金增长率等于利息率。根据简单霍特林法则建立资源最优利用模型并求出资源最优价格。当不考虑环境价值和开采成本时，资源资本价值的增长率必须等于贴现率。此时，所有者才会对把资源保存在地下或开采出来，这两种选择没有偏好。通过建立资源产品需求函数，得出社会最优开发利用模型，在一定的约束条件下，可以求出资源最优利用条件下资源的价格。

6.2.3 自然资源稀缺性及其价格表征

经济学是研究如何对稀缺性资源进行最佳配置和利用的科学。稀缺性与所有权的实现是自然资源形成资产的必要条件，也是自然资源具有价格的充要条件。国内外文献中关于资源稀缺性的研究主要是对自然资源的动态配置效率（最优消耗）、资源价格路径、对霍特林法则的讨论以及对自然资源资产产权的评估研究。其中，国外对最优消耗、资源价格路径、霍特林法则研究的相关文献较多；国内对资源价值、产权评估研究的相关文献较多。对于自然资源可持续利用的研究，研究的重点是资源代际配置问题。该方面研究成果与文献往往并不以研究资源稀缺性的名称出现，而是以资源代际财产转移、资源代际公平、资源代际补偿或是从代际角度考察资源消耗的机会成本等形式出现。

1）资源稀缺性的含义

有必要澄清稀缺性的含义。传统经济学关于资源价值反映资源稀缺性的论断还有一个经常被忽视的假设，就是以交易成本为零为条件。在交易成本为零时，市场机制自动实现最优均衡。价格与价值完全一致，资源价值也就包含了资源稀缺性的所有信息。在交易成本为零的世界里，自然就不存在外部性问题。不同群体之间的利益配置以及代际的利益配置会在价格信号的指挥下自动达到均衡。

现实世界远不是一个交易成本为零的世界。市场失灵现象很多，在环境、资源和生态领域尤为突出。产权与制度安排问题的解决是市场机制有效发挥对资源基础性配置功能的前提。在健全的市场机制下，资源的稀缺性能够得到正确的反映，进而体现资源利用的效率。

资源稀缺与资源短缺有很大的区别，资源稀缺是指经济社会中资源的一般内在性质，是指一般的、所有的资源而言。资源短缺是资源的一种个别性状，是相对于其他资源而言的一种市场上相对供不应求的现象，反映某种资源在市场上供应的程度和供求状况。两者之间存在联系但变化不总是一致的。资源稀缺是永久的而资源短缺是暂时的。资源稀缺是动态的，具有相对性，有绝对稀缺和相对稀缺之分。绝对稀缺是指在一定的经济条件和技术条件下按照经济活动的资源消耗速度某种资源的存量无法满足需要且难以替代。很多不可再生资源为工业所必需的资源具有绝对稀缺性。例如，几种重要的矿产资源在我国还未完成工业化就已经表现出绝对稀缺特征。从中国矿业联合会获悉，近年来我国矿产资源紧缺矛盾日益突出，石油、煤炭、铜、铁、锰、铬储量持续下降，缺口及短缺程度进一步加大，我国 45 种主要矿产的现有储量能保证 2010 年需求的只有 24 种，能保证 2020 年需求的只有 6 种。相对稀缺则是指短期经济波动表现出对某种资源的过度需求。绝对稀缺是整体性、总量的稀缺，也是长期的、根本性稀缺；而相对稀缺是局部的、结构性的，不具有决定性。

稀缺性与价值之间的关系需要澄清。在哲学意义上，前者是本质，是具有客观性的物质存在；后者是表象，是虚拟的符号形式。稀缺性是对在满足人类的需要时资源数量的有限性与人类欲望的无限性之间差距的一种客观存在进行描述。价值则反映人类在满足自身需要时所索取的资源在需要满足方面的重要程度。作为货币表现时资源价值转化为资源价格，反映出交易意愿。传统经济学认为，资源自身价值越高，就表示其稀缺程度越高，资源稀缺信息完全反映在该指标里。这种观点容易引起误解，是资源稀缺性决定资源的价值，还是资源的价值决定资源稀缺性？

2）资源稀缺性表征

（1）霍特林法则及其缺陷。

霍特林法则认为，当不考虑环境价值和开采成本时，资源资本价值的增长率必须等于贴现率。此时，所有者才会对把资源保存在地下和开采出来这两种选择没有偏好。它成为后来资源经济学价值决定论的主要依据。霍特林法则具有严格的假设条件，如完全竞争条件、矿产资源的开采成本不变、不考虑环境价值等。这些条件在今天都是不容忽视的因素。因此，这个法则过于简单地处理资源价值问题，无法反映资源的稀缺程度对资源价格的影响。而且，霍特林法则以及 HVP（hotelling valuation principle）所表达的资源稀缺的信息并不与实际吻合。例如，交易成本、垄断等现象对价格机制的影响，会扭曲稀缺性的信号。霍特林的资源稀缺性租金受到产权问题、成本构成问题、未来不确定性的三重约束，也使其实践意义大打折扣。边际开采成本则因为其建立的基础是现有的开采成本而缺乏前瞻性。

（2）资源稀缺性表征指标。

传统经济学中资源的稀缺性表征指标有资源价格、租赁价格、使用者成本、边际开采成本、边际发现成本等。其中，资源产品的相对价格反映资源相对于劳动力和资本而言的稀缺状况；在资源开发费用或开发成本方面，资源产品的单位成本随生产规模的增加而增长，即所谓的李嘉图效应，因为较好开采的已被开采，开发品位较低的资源的成本随之上升，能反映资源的稀缺程度。另外，也有技术和规模经济的问题存在。租金是资源产品现价与边际开采费用之差，也称原位资源价格、矿区使用费或使用者成本，租金实际上是存量资源的影子价格，所以该指标可以成为度量资源稀缺性的较适当指标。边际开采成本难以观察，常用资源的勘探成本衡量资源的稀缺程度。

资源价值、资源价格和边际生产成本的变动都会反映资源的稀缺程度。传统经济学认为资源自身价值越高，就表示其稀缺程度越高，资源稀缺信息完全反映在该指标里。实际情况并非如此，因为资源自身价值的计算结果取决于资源的价格与资源的边际生产成本。当资源价格与边际生产成本的变化规律与变动原因还不明确，或是受到干扰而不真实时，资源自身的价值便不可能真正反映资源的稀缺程度。因此，芮建伟和韩奎[14]认为应同时研究这三者的变动及其原因，并指出这三者都可能反映资源的稀缺程度，它们之间的互动关系、各自的影响因素及其所隐含的经济含义值得进一步研究。无论是考察资源的价格，还是考察资源自身的价值，讨论得最多的是资源的品质、资源的自然赋存条件对资源价值的影响。实际资源勘探活动可使得资源存量增加以及突破生产能力的约束，另外，矿业投资的不可逆性及技术进步对资源稀缺性指标值的变化也有着重要的影响。

（3）资源稀缺性度量。

资源稀缺性度量在表征资源的稀缺性时，对于指标有以下几个最基本的要求[15]：一是前瞻性。不是指准确、具体地描述稀缺额度，而是指能较好地描述资源稀缺的发展状况。二是可比性。能够在不同种类资源中表现出稀缺状况的轻重缓急。三是可操作性。能够从权威易得的统计资料中获得数据源，并在此基础上计算出需要的结果。

市场失灵现象如外部性、垄断、信息不对称和交易成本等问题以及由此产生的产权扭曲直接影响资源拥有者对保持资源与未来收益的预期，从而影响资源稀缺性度量。研究资源的最优开采和利用，是在市场经济框架内处理的，但是要超越简单霍特林法则。对于市场机制与国家干预，无论哪种手段都需要交易成本——了解信息、进行谈判、订立和执行合同法规的成本。一般说来，市场机制解决环境问题的交易成本过高。在某些条件下，市场机制根本无法发挥作用，这就需要国家干预。国家干预包括行政的、法律的和经济的手段。只有污染者在经济上为自己行为负责的前提下，才能用经济手段。

3）资源稀缺的价格传导机制

经济学的一个基本任务就是在资源约束的条件下实现其优化配置。在有效的市场机制中，资源约束的强弱将表现为价格的高低，也就是说价格变动真实地反映资源的稀缺程度。现实生活中出现的怪现象，一方面是资源供给紧张，另一方面是浪费严重的情况，是因为资源的价格扭曲，资源靠市场来配置不能起作用，当事人利益与资源节约缺少相关性。价格起作用，一是刺激供给，在开放条件下，既包括国内供给，又包括国际供给；二是促进节约，少花钱、多办事；三是鼓励技术创新，发展各种替代品。当然，也有价格"失灵"的地方，需要政府管制加以补充，例如在能耗、环保等方面实施强制性规定，但价格起作用还是基础性的。资源的稀缺性靠价格反映出来，是通过价格传导机制体现的。Judish Rees 的资源稀缺的市场响应模型（图6-1）可以给我们很好的解释。

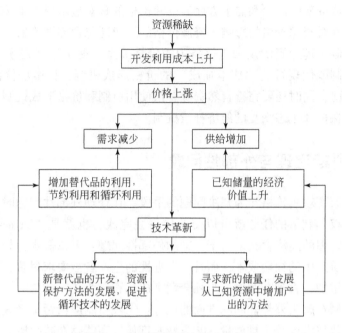

图 6-1 资源稀缺的市场响应模型

6.3 外部成本内部化与资源定价

6.3.1 资源价格形成的基础

自然资源的价值核算只是给资源价格形成提供了一个基础。价值仅仅是一个理论上的概念，资源价格是其价值的货币化形态，是通过市场交易反映出来的。在资源价值得到正确核算后，资源价格能否真实地反映其价值，就需要严格的产权界定和完善的市场机制。

那么，资源价格如何体现经济增长的真实需求和资源的稀缺程度呢？交易是市场经济的本质特征。在市场经济条件下，凡有价值的资源，都会通过交易而寻求其最大价值，只有交易，才能使资源从低效率的用途流向高效率的用途，更重要的是，只有通过交易，资源才能形成价格；而只有在价格信号的引导下，资源才有可能实现合理的配置和有效使用。因此，交易及其价格的形成是市场机制优化资源配置的基本过程。

简单霍特林法则下资源最优利用和资源最优价格不能反映资源稀缺性问题，

稀缺性理论从资源的供给和需求方面为资源价格的真实显示提供了基础，但是未考虑环境成本对资源价格的影响，资源价格的形成还包含环境价值。要研究资源价格形成机制，理顺资源及加工链条中的价格关系，逐步用"需求为导向"的价格形成机制取代现行的"成本加成"的价格形成机制，让市场价格充分反映资源稀缺状况；同时还要完善自然资源有偿使用机制和价格形成机制，建立环境生态、环境保护和生态恢复的经济补偿机制。

6.3.2 科斯定理与外部性问题[11]

经济学家喜欢用价格作为解决问题的手段。在处理外部性问题时，只要清晰地界定了产权，剩下的任务就可以交给价格去完成，也就是"let market work"，这就是科斯定理的经济含义。对于污染的外部性问题，可以假定：如果能够确定单位废弃物所产生的社会成本，而且一个理性的生产者被要求付费，那么废弃物排放将不再增加，直到减污成本与社会危害成本相等为止。

价格机制在解决外部性问题方面的优势：①收费制度给污染者施加压力，促使其改善排放技术或减少排放量；②收费制度使厂商能够在减少废弃物排放方面自由地选择成本最小的方法；③收费制度使厂商比较废弃物治理和降低排放的不同成本，并在排放数量上具有灵活性；④可以使污染控制成本全部由生产者承担；⑤它是代价最小的一种控制方式，因为它只需要较少的信号，并且是自我执行。

运用定价制度解决环境问题，需要考虑三个因素：①定价成本，因为信息的不对称和技术上的难度会使定价成本偏高；②企业对收费的实际反应方式，这实际上是委托代理关系中的激励问题，作为代理人的企业对委托人的环境要求会采取很多手段；③企业的反应给产品价格、实际收入、地方发展及就业等带来的后果。这一点就涉及利益上的变化，由此产生的阻力是难以估计的。

我们来分析以下作为代理方的企业如何应对作为委托方的政府在环境管制方面的政策，即企业的反应。①对收费系统缺乏了解的企业反应。由于大部分排污收费包含不同的组成部分，系统越复杂，污染者越难以清楚地理解收费的含义。②对收费系统太了解的企业的反应。他们会把废弃物处理工程保持在远低于其处理能力的情况下运行。③一部分企业对污染处理方法和费用，以及对能改变产品、程序或投入而减少排放物浓度和体积的潜力所掌握的信息很不完备。④由企业内部责任分散造成的信息限制。⑤由资金市场的不完备产生的治污融资的困难。由此可见，在短期内，仅仅依靠价格还不能提供足够的刺激来减少污染物，因此，环境质量也难以改善。

对资源和环境的使用征税是减少供给的措施，要维持经济活动的持续进行，还须对资源和环境的价值进行补偿和恢复。根据哈特维克准则（也称特别储蓄准则），指将从有效率的非再生资源开采活动中获取的租金全部用于资本再生产。对所有化石燃料进行差别征税所得的收入使用去向：补偿所有执行和加强排放特许以及产品质量标准的费用；资助减污技术的科学研究以及污染早造成的环境损害；资助大气污染基金，为因此遭受损失的个人或厂家提供补偿；为一部分面临高额减污费用的厂家提供津贴或对那些因得不到排污特许而受限制的厂家给予补偿。

6.3.3　外部性内部化的资源定价

由于资源类型千差万别、资源的未来预期收益的不确定性、不同利益集对资源价值的认知迥异，以及价值构成的度量工具和手段随着科技进步而变化，关于资源的价格估算方法还没有形成统一的认识。资源定价方式的多样性体现出循环经济理论基础的不稳定和不成熟。

戴维·皮尔斯等认为，纠正资源价格需要做两方面工作：一是要能反映资源的全部经济价值（包括开采成本和环境成本）；二是要考虑可耗竭资源的"使用者成本"。[15]其中，"使用者成本"通过对未来消费者必用资源的重置成本的估算来衡量。有时被称为替代技术成本。边际使用者成本（MUC）的计算公式为

$$MUC = (P_b - C)/(1+r)^T$$

式中，P_b 为重置技术的价格；C 为开采成本；r 为贴现率；T 为重置技术发生的时间。

因此，自然资源的定价原则就是：资源价格应反映资源的开采成本，与开采、获取、使用相关的环境成本，以及由于今天使用单位资源而放弃的未来收益。如果从自然资源定价所要求的完备性、可持续性、区位性和动态性原则出发，综合影子价格法和机会成本法的优点，目前一般采用以自然资源利用的边际社会成本法对自然资源进行定价。均衡的资源价格应该是资源的边际收益和边际成本相等时的价格。边际社会成本（MSC），是整个社会从事某种活动时因消耗自然资源所付出的总的机会成本。它表明人类使用自然资源所应付出的代价，可用此表示自然资源的价格。边际社会成本应等于边际生产成本（MPC）和边际外部成本（MEC）之和。其中，边际生产成本是收获自然资源所必须支付的生产成本，如原材料、动力、工资、设备等。边际外部成本主要由两部分构成：边际环境成本（MEC′）和边际使用者成本。这两部分的定量是人为规定的。边际环境成本指自然资源的利用对生态环境的影响，边际使用者成本是指现在使用自然

资源而不是留给后代使用所产生的成本，它反映了自然资源的稀缺性对资源价格的影响。自然资源的价格也可用公式表示为 MSC＝MPC＋MEC′＋MUC。中国环境与发展国际合作委员会提出的关于自然资源边际机会成本定价结构比较有代表性，其价格公式为 P＝MOC＝MPC＋MUC＋MEC。其中，P 是自然资源价格，MOC 是资源边际机会成本，MPC 是边际生产成本，MUC 是边际使用者成本，MEC 是边际外部成本。两种定价方式本质上是一致的，只是在对外部成本的理解上有细微差别。

在政策操作上，价格主管部门要调整资源型产品与最终产品的比价关系，完善自然资源价格形成机制；在流通领域，行业主管部门（行业协会）建立生产者责任延伸制度和消费者回收付费制度，明确生产商、销售商和消费者对废弃物回收、处理和再利用的义务。通过利用这些政策手段，初步消除推进循环经济的价格障碍。环境保护部门可以通过提高排污标准和制定消费环节的废弃物收费标准，加强环境监管，提高生产环节的废弃成本、排污成本和消费环节的废弃成本，初步消除循环型生产环节的成本障碍。这里以海地的薪柴价格案例来分析资源价格构成中的外部成本，见表 6-1。

表 6-1　海地 1985 年每吨薪柴的真实使用者价格[16]　（单位：古德）

边际机会成本		城市工业	农村工业	农村家庭
市场价格		129	37.3	18.5
外部性	肥料	20	20	20
	土壤侵蚀	45	45	45
	淤积	10	10	10
使用者成本		50	66.2	69.5

根据 Hosier 和 Bernstein 的研究资料，在海地薪柴被送到市场上去出售，但是其市场价格并没有反映薪柴砍伐的真实成本。至少有 3 种外部成本与薪柴利用有关。第一，树木对土壤营养成分的贡献。在海地，每吨干柴可以产生 760kg 干树叶，这相当于 17kg 氮肥。氮肥的市场价格为每吨 150～250 古德。若把它转化成吨油当量，则同肥力贡献相关的薪柴价值为每吨 20 古德。由于砍伐薪柴，这一部分的价值丧失，表现为下面所估算的肥料的外部性。第二，树木可以减少土壤侵蚀。在海地，土壤侵蚀大约相当于农场收入减少 2%。如果把农场上的树木都作为薪柴（以质量计），其土壤侵蚀的外部性为每吨 45 古德。第三，土壤侵蚀与水库淤积有关。水库的淤积减少了具有直接市场价格的发电量。在这种情况下，大约每吨 10 古德的薪柴要计入淤积外部性。除了外部成本外，如果某种资源是可耗竭而不是可再生的，则还存在着使用者成本。

一个用于估算边际使用者成本的公式是：

$$MUC = (P_b - C)/(1+r)^T$$

式中，P_b 为替代技术（如煤油）的价格；C 为薪柴砍伐成本；r 为贴现率；T 为薪柴耗竭的时间。这个公式就是每吨薪柴值 10～290 古德的基础。

如果只考虑边际外部成本，边际机会成本同边际采伐成本的比率是 1.6：5.0，但如果再考虑边际使用者成本（对于这一成本是有争议的），上述比例会更高。所有估算都会受不确定性的影响，但是该分析说明了价值评估程序的其他作用。

6.3.4 环境成本与资源最优价格[11]

Perman 等认为，社会最优总价格可以反映资源环境成本，应包括资源净价格（即资源所有权收益）、资源开采成本和污染的损害成本（包括流量的效用损害、流量的产出损害和存量损害）[15]。由于在竞争性市场中，损害成本无法内部化，价格一般不包括污染损害成本，因此需要进行制度的重新安排，逐步使损害成本内部化，这就需要通过实施污染税把外部成本引入企业成本函数。

先定义良好的市场经济，不存在市场失灵，所有成本和收益都完整而准确地计入市场价格。资源的市场总价格将沿着 WQ_R 曲线上升而变化。这个社会最优总价格通过最优污染税来实现。

资源的价格不仅仅体现为其自身的价值，从社会成本的角度考虑，它还应包括资源使用造成的环境损害。我们可以通过建立一个污染模型来确定资源的净价格。把污染损害引入生产函数和效用函数，得到存在污染物变量的生产函数和效用函数。定义 C 为消费，E 为环境压力指数，可以得到效用函数：

$$U = U(C, E) \tag{6-1}$$

式中，可以假定 $U_C > 0$，$U_E < 0$。

E 与资源使用率 R 和污染物存量 A 有关，因此，可以得到环境影响函数：

$$E = E(R, A) \tag{6-2}$$

所以 $E_R > 0$，$E_A > 0$。把式（6-2）代入式（6-1），可得

$$U = U[C, E(R, A)] \tag{6-3}$$

定义 K 为资本，A 为污染水平，Q 为产量。由此可建立生产函数：

$$Q = Q[R, K, E(R, A)] \tag{6-4}$$

其中，U 和 Q 都包含 A，M 为污染总量。A 的变化路径为

$$\underline{A} = M(R) - \alpha A \tag{6-5}$$

假定污染物在时间上衰减比率不变，为常数 α。而污染水平 A 与资源使用量

R 相关，对式（6-5）求积分，可得污染总量函数：$A_t = \int_0^t [M(R_t) - \alpha A_t] dt$

因此，对于非完全持久性污染物来说，任意时间 t 的污染物存量等于过去所有污染排放量减去衰减量之和。

设污染存量治理费用为

$$F = F(v) \tag{6-6}$$

把式（6-6）代入式（6-5），得污染存量函数：

$$\underline{A} = M(R) - \alpha A - F(v) \tag{6-7}$$

污染存量随 R 增加而增加，随 α 和 F 减少而减少。

建立社会总福利函数：

$$W = \int_0^\yen U[C_t, E(R_t, A_t)] e^{-\rho t}$$

$$\underline{S}_t = -R_t$$

$$\underline{A} = M(R) - \alpha A - F(v)$$

$$K_t = Q[K_t, R_t, E(R, A)] - C_t - G(R_t) - V_t$$

式中，S_t 为 t 时期的资源存量，其影子价格为 ρ；A_t 为 t 时期的污染存量，其影子价格为 λ；K_t 表示 t 时期的资本存量，其影子价格为 ω；Q、C、G、V 分别为产值、消费总量、资源开采成本和污染的资本损耗。

通过对控制变量 C_t、R_t、V_t（$t = 0$，…，∞）的选择，可以求出社会福利的最大值。我们可以利用当期值的 Hamilton 函数得出模型的最优解。符合静态效率条件的资源净价格为

$$P = U_E E_R + WQ_R + WQ_E E_R - WG_R + \lambda M_R \tag{6-8}$$

式（6-8）就是环境资源的影子净价格，它表示资源净价格等于环境资源的边际净产出价值（边际产出价值 WQ_R 减去开采成本 WG_R）减去三项损害成本（包括流量的效用损害 $U_E E_R$、流量的产出损害 $WQ_E E_R$ 和存量损害 λM_R）。

要实现污染损害成本内部化，须对资源开采征税，税率为边际污染损害值，即

$$U_E E_R + WQ_E E_R + \lambda M_R$$

由式（6-8）可得出资源总价格：

$$WQ_R = P_t + WG_R - U_E E_R - WQ_E E_R - \lambda M_R$$

即资源总价格＝净价格＋开采成本＋流量损害效用值＋流量损害产出值和存量损害值（图6-2）。

污染税由流量损害效用值、流量损害产出值和存量损害值构成，最优税率由边际社会成本和边际私人成本的差额决定（图6-3）。

边际社会成本：$MSC = P + WG_R - U_E E_R - WQ_E E_R - \lambda M_R$；

边际私人成本：$MPC = P + WG_R$；

边际收益：$MB = WQ_R$。

所以最优污染税为$-U_E E_R - WQ_R E_R - \lambda M_R$。

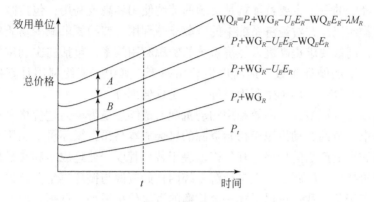

图 6-2　最优污染税

$A = $最优存量污染税；$B = $最优流量污染税

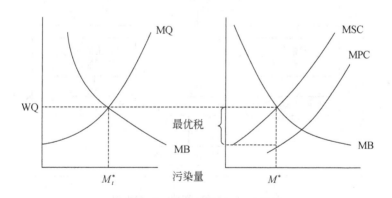

图 6-3　最优污染税率的决定

6.4　循环经济中资源价格均衡的经济分析

循环经济追求的是生态效率和经济效率的统一，有效的资源价格机制是实现两个效率的基础。适应循环经济需要的资源价格形成机制要能够反映资源价值、稀缺程度、市场供求、生产成本和环境成本。前面已经对这几方面分别进行了深入讨论，本节试图将这几个变量纳入一个统一的资源价格模型，并结合中国的资源价格改革进行具体分析。

6.4.1 循环经济中资源均衡价格模型

循环经济的一个主要特征就是资源的节约使用和高效利用，包括减少进入经济系统的物质流，并对经济系统中的资源充分利用。节约要求减少物质资源进入经济系统，高效要求提高进入经济系统的资源利用效率，包括初次利用的持久性和集约性、增加循环次数、提高再生利用率等。其中，节约利用是基础，是前提，是主体部分；循环再生利用是补充，是延伸部分。

如何增强资源节约、高效利用的动机呢？最终还是需要通过价格和成本进行引导和约束。节约的动机源于初始资源的机会成本高昂，循环再生利用的动机起于副产品和废旧产品的价格，其价格取决于替代程度、处理成本和交易成本。因此，资源价格形成问题实际上是经济系统内初始资源与循环再生资源的竞争和替代问题。基于此，我们可以描述一个均衡的资源价格模型，见图6-4。

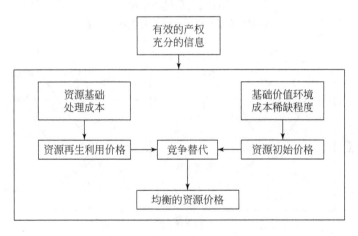

图6-4 资源的均衡价格形成机制

完善的市场机制（具有可持续发展价值观、有效的产权安排和信息充分），资源价格真实地反映其基础价值、稀缺程度、市场供求和环境成本。在资源价格构成中，资源的基础价值主要是指资源使用价值和生产成本，稀缺程度可由贴现率调节（一个社会的可持续发展价值观决定资源的贴现率），市场供求则以交易成本体现。对于企业而言，资源价格作为成本而存在，企业所能获得的资源价格一般由三部分构成：生产成本、交易成本和环境成本。这里的生产成本是广义的生产成本，对于初始资源，主要指资源的使用价值和开采成本，对于再生资源，主要指废弃物的使用价值和处理成本。交易成本是指发现相对价格所支付的信息成本、谈判成本、签约成本和执行成本，广义的交易成本还包括物流成本。废弃物的使用价值是指对初始资源基础价值的折扣。因为经过一个生产流程，资源价值发生了部分转移，这种转移相当于人造资本的折旧，折扣率取决于资源利用技术和生产管理能力。

根据上述对资源价格构成及其影响因素的分析可以得出资源初始价格和再生利用价格。设资源初始价格为 P_1，再生价格为 P_2。

因此，可以得出如下命题。

（1）初始资源的价格 $P_1 = PC_1 + TC_1 + EC_1$

（2）废弃物再生的价格 $P_2 = PC_2 + TC_2 + EC_2$

（3）从可持续发展来看，均衡的经济增长路径，应该是边际环境成本等于边际增长收益，均衡的资源价格为 $P^* = P_1^* = P_2^*$。均衡条件为 $MR_1 = MR_2$，即当两种可替代资源的边际收益相等时，二者之间无差异。

如何实现资源价格的均衡，还需要深入探讨两种资源的价格构成之间的关系。因此，又可以得出如下几个命题。

（1）由于初始资源的使用价值大于废弃物的使用价值，而初始资源的开采成本与再生资源的处理成本之间的关系不确定，因此 PC_1 和 PC_2 的关系难以确定。当初始资源的开采成本大于再生资源的处理成本时，有 $PC_1 > PC_2$。

（2）由于初始资源在交易制度、交易技术、质量识别等方面已经成熟，交易成本较低；再生资源在信息不对称、质量不确定性等方面存在劣势，相关交易制度和交易技术不够成熟，交易成本较高。因此可以得出 $TC_1 < TC_2$。

（3）由于对初始资源征收资源税或环境税，并对企业实行强制性环境管理制度，而政府对再生资源的生产和使用给予一定的扶持，因此初始资源利用的环境成本大于再生资源的环境成本，即 $EC_1 > EC_2$。

在资源价格构成中，对于企业来说，环境成本是不可控制的，而生产成本和交易成本是可以改变的。企业可以通过降低生产成本和交易成本来实现资源价格的均衡，降低再生资源的生产成本主要取决于技术进步；降低其交易成本主要取决于产权制度安排和信息揭示机制。相关讨论将在下一节和后面章节展开。

6.4.2　产权交易与资源价格[11]

产权明晰为资源价格的形成提供一个基准。明晰的产权使环境资源相对价格在市场交易中反映出来，推动资源的市场价格逼近相对价格，从而使外部边际成本内在化，纠正价格扭曲，使价格机制发挥正常的作用。

产权交易则是相对价格的发现过程。因为稀缺资源优化配置的过程就是稀缺资源在价格机制的调节下不断地在各经济部门、经济主体间流动的过程，只有通过产权交易，才能实现这种稀缺资源的有效流动。产权交易就是在市场中对各种产权结构进行选择的过程，也是资源市场价格不断调整的过程。正是基于自由竞争自由选择的原则，才能保证通过多次交易重复博弈后所选择的产权合约具有竞争优势，所形成的市场价格具有合理性，即与相对价格相一致。没有一个中心权威可以正确评定资源向哪个方向流动才是正确的，或是资源确定为什么价格才是合理的。资源合理定价最有效的途径就是通过产权交易，通过产权合约的自由选择。只有通过产权交易，在重复多次的博弈过程中，才能获取做出正确决策所需的各种信息，才能克服市场的不确定性，从而不断地对产权合约进行纠正，对市场价格进行调整。价格机制有效配置资源的基础，就是产权主体对不同产权合约拥有自由选择的权利，从而使资源的市场价格在不断选择中被不断纠正，在重复多次的产权交易中逐渐向其相对价格靠近。因此，产权交易是纠正环境资源市场价格与相对价格偏离的重要途径。

在我国，自然资源产权结构十分不合理，所有权的公共性、使用权的模糊性、交易权的残缺性，导致资源价格无法真实地反映其价值。在具体的权属划分方面，勘探权、开采权、经营权都普遍存在政府垄断现象，其结果是有效供给不足、效率低下，而且在基础性投入方面都是公共财政，导致资源获取成本低廉。以探矿权为例，与国民经济高速发展的要求相比，我国矿产资源勘查有效投入仍严重不足，钻探工作量逐年下降，需要培育矿业市场尤其是探矿权市场，实现矿产勘查商业性运作，推动我国矿产勘查由公益性向商业性转变。探矿权市场化必将资源开采成本真实化，从源头解决资源价格失真问题，增强资源利用的内在约束。

6.4.3　资源税、价格变动与宏观经济效应

在资源价格形成过程中，为减少市场失灵现象，需要政府的作用。其中，以资源税的形式介入资源价格是一个重要的措施。罗丽艳[18]从资源的经济功能（提供资源基础、消化生产生活垃圾以及舒适性服务）的角度界定了资源税的征收范围，即资源所提供的前两种服务需要给予补偿，是征税的主要范围。由于资源的价值是随资源储量及其生态经济功能而不断变化的，因此，不同产业、不同产品以及不同资源的税基和税率也是不断变化的。资源税的征缴改变了原来的资源价格形成机制，大幅度调整产业结构和利益分配格局。在政策实施过程中，考虑到企业和消费者的承受能力以及经济系统的缓冲弹性，可以根据各类自然资源的特点科学计划、分类展开、逐步实施。

资源税的实施直接提高了资源的价格，这将会对整个物价水平产生怎样的影

响呢？根据价格弹性理论，资源税的税额分别由消费者和生产者分担。由于需求弹性和供给弹性不同，二者税额分担的比例不同。一般地，消费者的税额/生产者的税额＝供给弹性/需求弹性。因资源税而引起的资源价格变化，在整个产业链条中的各个环节是不尽相同的。罗丽艳运用"阻尼波效应"理论解释资源税引起资源价格变化的衰减趋势[17]。作者认为，资源价格变化的衰减趋势实际上是由产业或产品的资源依赖程度决定的。在整个产业链条中，假定供给弹性一定，资源依赖程度越高，对资源的需求弹性就越小，资源需求者对资源税的反应就越灵敏。反之，资源依赖程度越低，对资源税反应就越迟缓。一般而言，一个产业链中，起点多是资源密集型产业，中间环节多是资本密集型或劳动密集型产业，末端产业的技术含量相对较高。产业水平越高，产品加工深度越强，技术含量越高，对资源的依赖程度就越小，那么资源税的价格变动从起点到终点就会呈递减趋势。

资源品价格波动会不会导致成本推动型通货膨胀呢？经验上认为，在短期，可能会引发通货膨胀。但是在长期，将会推动产业结构的调整，促进有关新能源、新产品的技术创新。因资源税引起的价格上升不是真正意义上的成本增加，而是价格上的结构调整，即把原来进入私人利润或当前消费的部分收益转变为资源耗费的补偿或推迟为未来消费，这将更有利于经济的长期增长。如果为了暂时降低成本，低廉的资源被听任消耗，将会在长期形成对经济增长的供给约束，过早地给经济增长划定了极限。

在我国当前经济增长的背景下，资源税还有上调的空间。据测算，资源税提高30%，对GDP总的影响很微弱，不会超过0.3个百分点[18]，而这一调整的结构性效应则是显著的。它将对减少资源消耗、推动技术进步、产业结构升级、环境保护和鼓励绿色消费产生明显的促进作用。

6.5 小 结

资源价格的形成既是循环经济运行的市场基础，又是调节循环经济系统运行的重要方式。研究资源价格形成机制对循环经济理论的发展具有重要的理论意义。

作为循环经济运行机制的重要组成部分，价格机制是以市场为基础的循环经济运行的关键。传统经济活动中资源的开发利用只承担了资源的生产成本，忽略了资源价值的其他部分，导致资源因价值低估而大量消耗。适应循环经济需要的资源价格形成机制要能够反映资源价值、稀缺程度、市场供求、生产成本和环境成本，因此资源价格的决定性因素主要应包括五方面：使用价值、生产成本、交换价值、环境成本和产权特征。其中，资源的基础价值和稀缺性反映在使用价值中，运用霍特林法则对资源利用的未来值进行贴现；市场供求反映出交换价值，这对产权安排、市场结构、交易制度提出相应的要求；根据哈特维克准则，为保证资源的可持续利用，运用自然资源利用的边际社会成本法对自然资源进行定价，以使外部性内部化，同时引入环境成本，抑制资源使用产生的环境影响。

资源价格形成问题实际上是经济系统内初始资源与循环再生资源的竞争和替代问题。循环经济均衡的资源价格应是当两种可替代资源的边际收益相等时的资源价格，此时初始资源的利用与再生资源的利用无差异。资源价格均衡是以产权清晰为前提的，故需建立低成本的产权交易制度。资源价格的微观局部均衡对宏观经济的影响不仅具有积极作用，还有负面影响，在看到资源价格改革带来的积极作用的同时，须克服其负面影响。

参 考 文 献

［1］布朗．环境经济革命．余慕鸿，译．北京：中国财政经济出版社，1999.

［2］张晓．环境价值：非市场物品与服务价值计算．中国环境发展评论（第二卷）．北京：社会科学文献出版社，2004：486-487.

［3］鲁仕宝，裴亮．中国开放时期循环经济理论与实证研究．北京：中国原子能出版社，2016.

［4］刘世锦．中国经济增长模式转型的"真问题"．http://finance. sina. com. cn/economist/jingjixueren/20060419/20442514077. shtml,2006［2006-12-27］.

［5］Kinnunen P H M, Kaksonen A H. Towards circular economy in mining：Opportunities and bottlenecks for tailings valorization. Journal of Cleaner Production, 2019, 228：153-160.

［6］Tisserant A, Pauliuk S, Merciai S, et al. Solid waste and the circular economy：A global analysis of waste treatment and waste footprints. Journal of Industrial Ecology, 2017, 21（3）：628-640.

［7］Zink T, Geyer R. Circular economy rebound. Journal of Industrial Ecology, 2017, 21（3）：593-602.

［8］Govindan K, Hasanagic M. A systematic review on drivers, barriers, and practices towards circular economy：A supply chain perspective. International Journal of Production Research, 2018, 56（1-2）：278-311.

［9］Ghisellini P, Cialani C, Ulgiati S. A review on circular economy：The expected transition to a balanced interplay of environmental and economic systems. Journal of Cleaner Production, 2016, 114：11-32.

［10］Korhonen J, Honkasalo A, Seppälä J. Circular economy：The concept and its limitations. Ecological Economics, 2018, 143：37-46.

［11］杨雪锋．循环经济的运行机制研究．武汉：华中科技大学.

［12］王俊，梁正华．我国循环经济模式下的资源定价理论及其实现．中国物价，2005（3）：

28-31.

[13] 劳成玉. 绿色 GDP 与自然资源的资产化管理. 光明日报, 2004-09-29.

[14] 芮建伟, 韩奎. 不可再生资源稀缺性研究的意义、现状与问题. 中国人口·资源与环境, 2002 (1): 36-40.

[15] David Pearce, Kirk Hamilton, Giles Atkinson. Measuring SustainableDevelopment: Progress on Indicators. Environment and Development, 1996 (1): 85-101.

[16] Pearce D W, Turner R K. Economics of Natural Resources and the Environment. Baltimore: Johns Hopkins University Press, 1990.

[17] 罗丽艳. 自然资源代偿价值论. 北京: 经济科学出版社, 2005.

[18] 高辉清, 钱敏泽, 郝彦菲. 建立促进绿色消费的政策体系——日、德经验与中国借鉴. 中国改革, 2006 (8): 44-46.

7 基于循环经济的中小城市规划原理

中小城市是我国城市体系的主体，是大城市与城镇间的枢纽。我国国情决定中小城市必须走资源节约型、环境友好型的城市发展道路，转变城市经济发展模式，实现城市的可持续发展。循环经济理念的核心是充分提高资源利用效率，最大限度地减少废弃物排放，保护生态环境，在资源、环境、人口众多等条件的制约下，构筑健康的城市发展道路。

城市是一个人工与自然复合的大生态系统。生态系统是人类生存和发展的物质基础和环境基础，是生物群落与环境相互作用的综合统一体。自然生态系统中的生产者、消费者、分解者在系统中各自发挥着功能作用，建立了一种相对稳定的自然循环机制，形成了良性循环的营养结构和食物链条，维护着系统的运行持续和稳定。但是，人类活动扰动了自然系统的循环结构，打破了自然系统的有序循环，致使资源环境问题不断加剧，人类活动使自然生态系统逐步演变为复合生态系统。

7.1 中小城市发展的基本特征

7.1.1 中小城市是我国城市可持续发展的关键

城市是商品生产和市场经济的产物，城市的发展程度直接体现了市场化发展的水平。城市出现距今大约有5000年的历史，古代城市首先出现在埃及、希腊、中国等文明古国，并多少影响了后来西方城市的出现。近代、现代城市产生于以欧美为代表的西方，并深刻影响了我国城市发展。未来，新型城市有可能在中西方同时产生，互为影响。自20世纪50年代，我国实行稳定农业、保护城市经济的限制城市发展的城市方针。20世纪60年代城市居民干部下放，城市知青上山下乡和"三线"建设，引起了城市人口的逆城市化大迁移，人为地遏制了城市化的自然发展，违背城市经济发展规律。改革开放以来，我国经济持续增长，中小城市的地理、经济、社会等诸方面与20世纪70年代相比产生了巨大的变化，特别是交通的便捷缩短了中小城市间的空间距离。

城市化是人口向城市集中的过程，城市经济结构转换是城市化的内在动力，生产方式、生活方式改变是城市化的实质内涵。而广义生活方式（包括政治、文化、社会组织、行为规范、道德准则、价值观念等）的变更则是城市化的综合结果，城市化是伴随着经济增长、三次产业结构变化和社会变迁的一个发展过程，是经济生活空间转移、国民经济增长方式转变、国民意识和生活模式重大转变的过程。我国城市化经历了一个漫长而曲折的过程。1952～1978年，城市化水平由12.46%增加到17.92%，年平均增长率不足1.4%，这个时期是城市化慢速发展阶段；1978～1998年，我国城市化进入稳定发展时期，城市化水平年均提高2.8%，城市化率达到30.9%[1]；此后，我国开始进入城市化快速发展时期，城市化水平年均增长4.8%，到2005年，城市化率提高到43%。未来30年是我国城市化快速发展的重要阶段，相关部门预测，到2030年城市化率达到70%左右，到2050年达到80%左右。

城市规模一般按照城市的人口数量划分，我国制定的标准是：城市非农人口数大于50万人但小于100万人的为大城市，大于100万人的为特大城市，20万～50万人的为中等城市，小于20万人的为小城市。分析我国城市数量的变化，中小城市占城市总数量的比例一直在80%左右（表7-1）。进入21世纪后，城市的数量总体上处在相对停滞时期，新增城市数量较少，中等城市发展成为大城市的速度加快，中小城市数量相对减少，引致很多城市问题。

表7-1 中国城市规模结构

年份	项目	合计	特大城市	大城市	中小城市
1952	城市数量/个	157	9	10	138
	比例/%	100.0	5.7	6.4	87.9
1980	城市数量/个	220	15	30	175
	比例/%	100.0	6.8	13.7	79.5
2000	城市数量/个	653	40	53	560
	比例/%	100.0	6.0	8.0	58.8
2005	城市数量/个	660	49	78	533
	比例/%	100.0	7.4	11.8	80.8

资料来源：《1980年220个城市国民经济基本情况统计资料》《中国城市统计年鉴》（2001～2006年）

7.1.2 中小城市发展建设的基本特征

我国中小城市一般地域中心集中，城市功能不齐全，城市自我发展能力较小，需要中心城市和外部发展来拉动，城市的非经济因素明显，发展过程容易出现波动。中小城市的用地结构呈多样化状态，一部分城市用地类型齐全，空间形态表现为交通趋向型的紧凑型结构；另有部分城市功能分区不明确，用地布局不合理，各类用地混杂分布，城市形态呈聚散状。

我国中小城市的基础设施总体上处于不完善状态，城市基础设施建设水平与城市地域类型、城市经济发展水平和城市发展历史等呈正相关，目前大部分城市基本解决了交通、供水、供电等问题，但系统供给质量参差不齐。

中小城市处于国家城镇体系的中间环节，发挥着承上启下的功用。中小城市在城市体系中的地位决定了城市产业难以按照行业关联，形成有机的城市或地域产业群系；中小城市的经济发展和对外开放一般滞后于大城市和特大城市，中小城市产业技术进步和产业结构调整面临来自高一级城市的屏蔽作用；中小城市郊区现代农业商品经济发达，但其农产品市场容量有限，城乡产业表现为双重落后态势，城乡结构演变较为缓慢。目前，大部分中小城市仍然存在着产业集聚度不高、城市地域结构不合理、城市生态环境恶化等问题，城市的集聚、辐射能力不强，城市功能不全，第三产业不够发达，基础设施建设和社会文化事业发展滞后，环境质量低下，吸纳资本、人才的能力弱。

对比国外中小城市发展，我国中小城市发展中还存在着几个问题：中小城市对区域发展的贡献度低，城市经济仍处在粗放式增长阶段，城市劳动生产率偏低，资源消耗量大。应该看到，未来中小城市制度创新是实现城市化发展战略的重要方面，在国家充分强调发挥大城市的区域核心作用的同时，应大力扶持、推进中小城市的发展。按照循环经济理念的要求，建立城市"生态–社会–机制"共同体，城市规划以城市信息、物质和能源的动态平衡为评判准则，制定中小城市发展方略，合理规划城市群布局，加强城乡统筹协调。中国共产党第十六届中央委员会第五次全体会议决定指出，要坚持大中小城市和小城镇协调发展，按照循序渐进、节约土地、集约发展、合理布局的原则，促进城镇化健康发展。在此过程中，中小城市应合理地扩大规模，发展成为适度的更优城市。中小城市发展一定要符合国情和城市区域的地域环境条件，走低成本、节约型、空间布局"紧凑型"、集约化的协调发展之路。建立完善的节约资源的体制和机制以及节约资源的法规、标准和监管体系，实现城乡和谐统筹协调发展。

7.1.3　中小城市发展亟待解决的基本问题

改革开放以来，中小城市经济的快速增长，以及城市文明与技术的进步促进人们思想观念的更新。虽然我国城市经济的地域差异很大，但各个城市的经济实力有了明显的提升。展望未来发展途径，需要克服的社会问题是：中小城市如何提供大量就业机会，如何逐步缩小东西部城市和城乡之间发展的差距。正确选择城市建设路径，是中小城市和谐与可持续发展的关键。

可持续发展是人类共同追求的目标，也是人类共同面临的难题。中小城市的在国家城镇体系的功能定位、城市区域关系确定及其未来建设的目标的重点是理顺城乡、产业、基础设施建设结构等关系。

（1）调整城乡结构。中小城市要实现可持续发展，必须遵循循环经济的基本理念，顺应地域城市化进程客观规律，解决好城乡结构调整问题，激活城乡经济活力，实现城乡经济结构、产业结构、消费结构、环境结构合理和均衡。

（2）调整产业结构。城市化滞后于工业化，制约着农村市场需求和农村经济的发展。过去我们一直重视工业化而忽视城市化，甚至在改革开放前有一段时间采取抑制城市化甚至逆城市化的发展思路。城市化是工业化的结果和动力，我国经济要继续保持增长，必须实施城市化工业化战略。因此，中小城市的产业结构调整，必须优先实现提升传统产业结构升级，然后根据资源、技术、市场寻找新的产业方向。

（3）调整基础设施建设结构。中小城市在基础设施建设方面欠账较多，应加大基础设施建设力度，完善基础设施建设结构。

（4）调整城市发展建设的管理结构。建立完善的管理体制及其实施机制，有效地避免城市发展决策的盲目性，消除重复建设、项目规模不经济、建设性破坏等低效规划建设行为。高度重视城市管理体制的创新，注重建立与地域环境、城市文化和政治体制相适应的城市规划管理系统。

7.1.4 循环经济理念对中小城市规划的命题

城市规划就是通过最有效地利用各种资源条件，来满足城市可持续发展的需要。中小城市规划起步晚，城市建设的规划意识淡薄，规划与建设呈"超前、滞后"多元状态，规划的指导作用不强。目前，中小城市规划内容偏少。城市总体规划、专项规划都以空间规划为重点，忽略了城市发展的运行机制设计和物质能量流的规划，城市规划的实施方法和措施层面还十分欠缺。规划编制、审批过多地把精力放在城市的性质、职能、规模等方面的讨论上，城市规划屈从于长官意志，城市规划还没有以可持续发展理论为指导。中小城市规划管理先天不足，规划不能有效地管理城市建设，规划意识、管理权限、规划经费、操作程序等的柔性化特征使得城市规划管理面临巨大的压力，其职能作用未能很好地发挥。各中小城市的规划管理体制都不尽相同，有的是政府职能局，有的是政府直属局，有的只是政府职能局的二级机构，管理体制的不同导致管理力度也明显存在差异。1990 年开始施行的《中华人民共和国城市规划法》目前正在修改和调整，如果从国家利益的高度去思考城市的规划、建设与管理，应适时调整规划管理体制，将现在的城市规划管理模式改为垂直管理模式，并同时制定相关的法律，完善垂直管理模式，以维护国家利益的长远目标，维护广大群众的切身利益。

从国家高度来看，循环经济应成为中小城市发展的基本战略，城市规划目标应是有效控制人口和保护生态环境，就我国城市化所处的发展阶段，城市发展循环经济不仅可以最高效率地节约资源，还是保护城市生态环境的最佳路径。因此，应把兼顾节约资源和保护环境的循环经济发展战略作为中小城市发展规划的基本政策。在新经济时代，中小城市规划应妥善处理好以下几方面的关系。首先，科学协调城市经济增长与生态环境保护的关系。水、土资源的严重缺乏要求城市集聚布局，但高强度开发往往容易引致城市问题的产生，需要营造各方面和谐机理与机制，实现人、资源、经济和环境的协调发展。其次，切实理顺继承历史文脉与创新城市文化的关系。在城市建设过程中，建立城市历史文脉评价体系，延续城市历史特性，城市文化创新必须因地制宜，弘扬城市个性。再次，正确把握规划编制与规划实施的关系。规划编制应深化城市发展建设客观规律探索，提高规划编制的科学性，同时要强化城市规划立法，增强城市管理刚性的法律和制度保障。此外，系统构筑城市建设与区域发展的关系。规划必须破除"就城论城"的编制思路，全方位把脉城市与区域、城市与城市、城市功能区间与城市要素体系的关系，建立"分工协作""协调开放"的城市功能与地域关系。最后，合理化解物质空间与社会空间的矛盾。市场经济初期，伴随城市经济高速发展，城市社会阶层收入差距加大，人口强化了城市就业压力，社会不稳定因素增加，要求尽快健全社会保障制度，实现经济、社会、文化系统和谐统一。

7.2　循环经济的理论

城市复合生态系统是由城市经济、社会和资源环境三个子系统组成的，城市规划的基本原理就是要保障城市经济、社会、环境系统间良性循环。循环经济的发展并不是孤立的，在它的发展历程中不断得到相关学科理论的充实，主要理论有三种生产理论、生态经济学理论、环境价值论、可持续发展理论、系统理论和科学发展理论等。

7.2.1　三种生产理论

20 世纪 70 年代中期，科学工作者从对马克思主义理论的探索中发掘出了两种生产理论，即人类自身的生产和物质资料的生产必须相互适应的理论，并把它作为马克思主义入门学的一条基本原理。但是，从人类全部历史活动的宏观角度对人类社会生产活动进行整体考察，两种生产理论是不全面的，因为人类除了进行物质资料生产以维持自身的生产以外，还要改变自然、改造环境，进行环境的生产以维持物质资料生产的进行，于是三种生产理论应运而生，即物质资料的生产、人类自身的生产和环境的生产相互适应的理论。三种生产理论对于丰富可持续发展理论，指导循环经济系统的建立具有深刻的意义。同时，三种生产之间的协调是实现可持续发展，发展循环经济的一个重要前提。协调需要具体的操作，协调操作就需要有能正确指导操作的理论、准则、方法和技术。要使三种生产的运行关系从不和谐转变为和谐，关键在于协调三种生产之间的联系方式和内容，以确保整个系统的和谐运行。协调各个生产环节内部运行的目标和机制，以保证三种生产的发展和三种生产之间的正确联系（图7-1）。

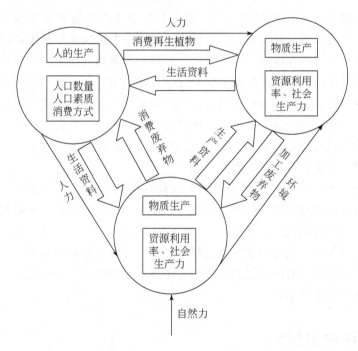

图 7-1 三种生产关系模式图[2]

7.2.2 生态经济学理论

生态经济学理论是循环经济主要的指导原理。生态经济学是从经济学角度来研究由社会经济系统和自然生态系统复合而成的生态经济社会系统运动规律的科学，它研究自然生态和人类社会经济活动的相互作用，探索生态经济社会复合系统的协调和可持续发展的规律性[3]。生态经济学理论主要包含以下三方面内容。

（1）循环转化论。生态系统中有两种有规律的运动形式：物质循环和能量循环。前者指物质的循环运动规律，即生产者吸收无机物质通过光合作用组成有机物质，有机物质经过消费者利用，最终经过分解，变为无机物重返环境中，进行物质再循环。后者指的是能量在生态系统中的转化运动规律。能量在生态系统各成分之间不停地流动，保证生态系统的各种功能得以正常发挥。生态系统的物质循环和能量转化紧密联系，相辅相成。当把经济系统作为生态系统的一个组成部分时，生态系统的这种物质循环与能量转化对经济系统的内部生产和消费活动有着很大的启示：经济系统需要构筑系统内部的物质循环来保证社会经济活动的持续运转。

（2）增值论。生态经济学认为，通过在社会生产中适当地处理生产者、消费者和分解者的关系，延长食物链，增加食物网密度，并充分利用资源的多重成分对产品进行多层次深度加工，减少生产过程中废弃物的排放，减轻环境污染的压力，在不增加原料消费的情况下提高经济产品的质量与数量，达到产品使用价值和价值的增值。增值论为循环经济促进经济活动与生态环境协调发展的可行性提供了理论依据：在经济活动中通过各产业之间的协作，延长产业链，合理有效地利用各种资源（包括废弃物），既可以减少废弃物的产生，带来环境效益，又可以增加产品价值，带来经济效益。

（3）协调论。人类活动要受到生态规律的制约，也会对自然生态系统产生干预。人们能够通过对生态经济系统的有效调节和控制建立起一种新的经济与生态目标相结合的协调机制，在这种新的协调机制作用下，生态系统的自然资源和物质能量能得到比较充分合理的开发利用，既满足经济增长的需要，又能保持生态系统的平衡稳定。协调论强调了在生态经济系统中建立新的反馈机制，为发展循环经济做了理论铺垫。

7.2.3 环境价值论

传统的经济和价值观念认为自然资源没有价值。但近年来，环境作为一种资源不再是取之不尽用之不竭的概念已经被人们接受，环境稀缺性的问题已经受到普遍关注。自然资源既能满足人类的需要，又是稀缺的，因此是有价值的。环境价值论研究的问题是如何将环境价值合理量化，将环境价值与经济利益联系起来，在经济核算中考虑环境的成本价值以及人类生活中造成的环境价值损失，建立环境价值损失的合理补偿机制，定量地分析价值损失及环境价值存量。从环境价值论的角度而言，循环经济就是要正确处理自然资源利用与生产剩余物排放之间的关系，强化环境的价值观念、促进资源的有效利用、抑制环境污染的发生，积极开辟新的资源途径，尽可能利用可再生资源，实现经济效益、社会效益与环境效益的协调统一[4]。

在生态学经济学基础上研究要把握的基本要点是：一是城市经济社会发展必须以生态环境为基础前提，即城市经济活动以自然再生产为前提，不能超出自然环境的承载力；二是必须构建城市复合生态系统理论框架，深入研究城市生态系统物质循环、能量流动和信息交换的基本规律；三是城市规划出发点是提高城市发展的综合效益，强化城市整体功能，建立城市子系统调控机制。

7.2.4　可持续发展理论

1987 年，世界环境与发展委员会公布了关于世界重大经济、社会、资源和环境问题的专题报告《我们共同的未来》，该报告首次提出可持续发展的概念，报告中定义可持续发展是："既满足当代人的需要，又不对后代人满足其需要的能力构成危害的发展。"[5]可持续发展是一个综合的概念，其丰富的内涵概括起来有生态可持续性、经济可持续性和社会可持续性。三者相互联系、相互制约，共同组成一个复合系统。从可持续发展的定义来看，这是一种新的系统的发展观。以往的发展观总是将经济系统与生态系统割裂开来，从不将两者之间的固有关系考虑在内，从而导致经济发展与生态系统关系失衡，甚至危及人类的生存。而可持续发展则是将生态环境、社会、经济等看作一个复杂系统的组成部分，以系统的观点来分析各组成部分之间的关系，强调各组成部分之间的协调发展。循环经济伴随着可持续发展理论而兴起，可持续发展带来生产方式变革，而这种变革促进了循环经济的发展。循环经济提升了环境保护的高度、深度和广度，提倡并实施将环境保护与生产技术、产品和服务的全部生命周期紧密结合，将环境保护与经济增长模式统一协调，将环境保护与生活和消费模式同步考虑，从资源的开采减量化、生产过程中的再使用到生产后的再循环，循环经济全程考虑到了经济发展与资源、环境之间的相互协调[6]。

7.2.5　系统理论

世界万物均处在广泛的联系中，以系统形式存在，以系统方式普遍联系。凡事物必构成系统，凡系统必有结构，凡结构必有功能。系统是多要素相互联系、相互作用的整体。这个整体是有目标的、有序的，系统的整体功能大于各部分功能之和。系统科学作为研究系统的信息、控制、协同、突变、耗散结构等共同规律的科学，在现代城市经济社会结构研究中发挥着越来越重要的作用。随着城市社会经济的迅速发展，城市社会经济结构发生了很大变化，这种变化也带来了资源环境的变化，各类矛盾错综复杂，系统性问题日益突出，研究系统性问题的理论也不断发展。

现代系统论产生于 1930 年，成形于 1950～1960 年。L. V. 贝塔朗菲最先的系统概念为"相互联系的诸要素的综合体"，认为系统是处于一定相互联系中的与环境发生关系的各组成部分的总体。随着科学技术和经济社会的发展，以系统为研究对象的理论和技术应运而生。以一般系统论、控制论、信息论、系统工程的诞生为标志，接着又随着耗散结构理论、协同学、超循环理论、突变论、混沌学、分形学等孕育和发展起来的以系统为特定对象的新兴交叉学科，形成系统科学体系。钱学森提出了系统科学的结构体系，即处在工程技术层次上的是系统工程，处在技术科学层次上的是运筹学、控制论和信息论等，处在基础科学层次上的是系统论[7]。

城市规划是一个典型的系统性问题，它与一般性问题具有明显不同。城市各个组成部分的相互关系与总体的协调影响城市的综合功能，城市是个复合的复杂系统，城市各子系统间的关系呈现为复杂的复合关系。城市如果减少与外界物质、能量、信息的交换，城市功能将发生衰退，导致城市无序发展。因此，城市规划必须树立开放的系统观点，用系统科学理论和系统工程方法来研究城市发展规律。一是要从循环的角度分析系统城市要素间的关系，系统地分析各地区各部门在城市发展中的作用，建立促进城市良性循环的协调机制；二是要研究城市社会经济资源的优化配置，以系统的观念编制规划和制定政策；三是研究如何调控城市系统使其形成良性循环。

7.2.6　科学发展理论

从生态学到生态系统理论，从自然生态系统到复合生态系统，从生态经济到循环经济，表面上看是经济形态的变化，实质是人类社会发展观的演变。发展观是人们对社会发展的总的看法和根本观点，是对资源环境与生态规律的认识态度和行为方式。随着人类社会的不断进步，对发展内涵的认识也在变化，发展观经历了一个不断深化、逐步丰富的过程。人类经济社会活动对资源环境的适应和开发利用是发展观形成的实践基础，发展观又促进着人类经济社会活动方式、规模内容等方面的演变。

21 世纪初期，我国城市进入前所未有战略发展期，城市发展的热情日益高涨，城市化的速度不断加快。城市规划需要新观念的指导，中央提出了科学发展观，明确城市规划编制要遵循"五个统筹"，以建设和谐社会为目标，建立新时代城市发展规划的基本准则。科学发展观是以人为本，全面、协调可持续的发展观，就是要切实转变城市经济增长方式，提高城市社会经济增长质量和效益，城市发展规划要统筹兼顾、协调发展和实现良性循环。从复合生态系统理论出发，良性循环发展是科学发展观的另一视角的理解。因此，科学发展观实质是一种良性循环发展观，良性循环发展观是科学发展观的另一种理解。科学发展观对城市规划的要求如下。

（1）城市要实现更好更快的发展。科学发展观的本质是发展，但这种发展不是纯经济增长，而是建立在资源永续利用和良好生态环境基础上的发展；不是片面追求经济速度和经济效益的发展，而是转变增长方式，促进经济、社会、生态效益有机结合的发展。科学的发展是更好地把速度、结构和效益统一起来的发展，是合理利用资源、保护环境、良性循环的发展，通过把经济社会系统和自然统一有机融合，促进宏观经济社会更好更快地发展。

（2）城市规划要坚持可持续发展观。可持续发展战略的基本思想在于公平性原则、持续性原则、限制性原则、协调性原则等。但对循环性原则和区域性原则还强调不够，因此城市的可持续发展必须加强良性循环发展观的落实，建立城市要素良性循环的新机制。

（3）深化对环境问题的认识。人类对环境问题的认识是一个不断深化的过程，20 世纪 60 年代把环境问题当成污染问题，70 年代认识到生态破坏和资源不合理开发引起环境问题，八九十年代后，认识到环境问题是人类活动破坏了自然良性循环的结果，把环境保护上升为基本国策。

（4）城市规划要建立城市系统良性循环机制。改革开放以来，城市发展建设取得了巨大成就，但城市发展往往把城市与资源、环境的协调放在次要位置，城市发展为此付出了巨大代价。科学发展观要求城市发展从节约上和循环上找出路，建立城市各系统内部与系统之间的良性循环，建立物质、能量和信息流循环利用的良性发展机制，从而解决城市经济、社会和资源环境复合生态系统系列问题。

7.3 城市系统良性循环的调控机制

调控是对系统的结构和功能的调节和控制，机制指系统的内在机能与运行方式，调控机制是对系统内在功能与运作方式的修正措施，有效的调控机制是实现城市系统良性循环的内在保障。

7.3.1 城市系统的自组织机制

自组织是系统在一定条件下自行产生的组织性和相关性，表现为从无序向有序的转化过程，也是物质和能量转化过程中由于内部因素间相互作用而形成的一种高度有序的稳定结构。其显著的特征在于系统不借外力，能自我形成并维持具有充分组织的有序结构。这是系统反馈机制互相作用的结果，也是系统自身在适宜的内外部条件下的自组织性，取决于系统正负反馈机制的平衡、协调与循环[8]。

自然生态系统在没有受到人类或其他因素严重干扰和破坏时，自然生态系统中自组织现象表现得非常明显，其结构和功能是非常和谐的，因为构成系统的各部分均在有效地发挥作用，维持系统的良性循环。这是生态系统自动调节功能的体现，是自然生态系统各要素互相协调、互相促进，保持系统结构有序和功能发挥。但城市系统不等同于自然生态系统的自动调节功能，城市活动的科学性和合理性决定了城市发展规划与建设。一方面，城市建设能够主动及时地发现系统内部的混乱，并采取措施促进系统的有序，这也可以理解为是对自然生态系统自组织功能的恢复、维持与加强。自然生态系统的废弃物可由分解者发挥功能使其分解后又回到系统循环，但城市的废弃物不可能由纯自然的分解者处理，必须由城市组织调控参与系统物质循环，加快城市废弃物的转化；城市通过对信息传递与反馈的再组织，加强城市要素之间的联系，促进城市的有序发展，这是城市自组织作用增强的表现。另一方面，城市的非理性发展与建设，往往干扰甚至破坏自然生态系统的自组织功能，破坏自然循环，或使正反馈机制失控而造成自组织功能的弱化，这是城市系统的自组织负面作用的结果。

城市发展的初期，城市活动对环境影响较小，其强度在生态系统的自组织阈值内，城市通过自组织的调控可以恢复其良性循环功能。自组织能力与系统的尺度有关，大尺度系统较小尺度系统的自组织功能强。自组织能力也与系统的开放度有关，非平衡的开放系统的自组织能力强于封闭系统。由于人类的活动，在局部使生态系统受到外来干扰而不能恢复到稳定与良性循环状态，超过了自动恢复限度，造成生态系统破坏，这时必须通过人类的自组织功能实行再调节，增强自调节能力。任何一个生态系统的调节能力都是有限的，外部干扰和内部变化超过这个限度（即生态阈值），生态平衡就会遭到破坏。人类活动的不合理性造成系统的紊乱，主要是从源头、过程和终端三方面影响生态系统的自组织功能。在源头上，从环境中获取的资源超过了自然生长量或带来相应的生态后果，造成资源退化和枯竭；在过程中，产生了污染，影响环境或直接破坏自然循环的路径与功能；在终端上，排入环境的废弃物数量超过环境容量，出现超额累积和弱分解，造成了更大污染。系统一旦出现这种情况，这时单靠自我调节能力是很难修复的，就必须通过生态系统的自组织功能恢复系统的自调节功能。

按照耗散结构理论的观点，生态系统、经济系统、社会系统都是非平衡状况的开放系统，在与外界不断交换物质能量时，如果外界环境的变化达到一定的阈值，量变就会引起质变。城市规划的主要作用在于使城市系统处于"生态阈值"状态，处于阈值之内，使自组织功能恢复作用，突破"生态阈值"实质上是破坏系统的自组织机制。因此，"生态阈值"是城市系统良性循环调控机制的启动点、作用点和目标点。启动点是调控机制启动时的系统状态与标志。启动点经常在系统自组织遭受破坏的临界点时及时启动系统的自组织机制，可有效遏制系统"生态阈值"的突破。作用点是调控机制的内容和修正的切入点。调控机制所要解决的是影响系统良性循环的关键因素，这决定了系统自组织机制的力度和方向。目标点是调控机制作用力度的预期效应，目标是使系统恢复自组织功能，系统各部分功能恢复到"生态阈值"标准[9]。

7.3.2 城市经济系统的调控机制

（1）价值补偿原理。实现城市系统良性循环在很大程度上取决于系统反馈机制的建立。城市发展中减少资源消耗固然重要，但建立废弃物的再利用机制更重要，而这一机制建立的基础是再生资源经济调控机制，由于再生资源的收集、加工、处理的成本往往高于其现实收益，因此需要建立其产业发展的系统的经济补偿和激励机制[10]。

目前城市发展建设中，对再生资源价值的理解往往比较狭窄，将价值等同于商品价值、劳动价值，把价值理解为凝结在商品中的一般的、无差别的人类劳动，实质上把价值与劳动价值画了等号。同理认为，自然资源由于没有凝结人类的劳动，因而不具有价值。马克思认为，不同的产品之所以能够保持一定比例进行交换，因为它们有共同的基础即人类劳动，是无差别的人类劳动的凝结，在这里马克思强调的是商品交换的关系，体现人与人之间的关系，而要分析人与物的关系则不能局限于劳动价值的概念。

自然资源的价值不管其是否凝结人类的抽象劳动或具体劳动，都是固有的，它的稀缺性和效用是客观存在的；随着开采规模的扩大，不可再生资源的潜在未开发部分的价值是越来越大的。相对于社会经济循环而言，自然资源形成的自然大循环过程是一个漫长的过程。自然大循环形成的资源特别是不可再生资源远赶不上社会经济活动对资源的消耗。在经济社会活动中不考虑资源作为资产的递减与枯竭就会导致对资源价值的低估,要保持经济社会活动的持续性,就要考虑资源的节约和废弃物的再生循环。

再生资源产品在实现城市系统良性循环中具有重要作用,凝结了人类劳动的再生资源产品还具有一种新的价值即生态价值,它不仅消耗了一定量的人类劳动,还包含一定量的生态价值[11]。使用价值是商品的自然属性,价值是商品的社会属性,生态价值是商品的环境属性。对于生产商品的劳动,它是人类劳动力在一定特殊形式下的消耗,这种有用的具体劳动创造商品的使用价值;它又是人类体力和脑力的消耗,这种没有差别的人类劳动,即抽象劳动,形成商品的价值;另外,人类劳动进行资源开发,对资源造成损耗并产生环境压力,通过再生资源产品的生产可以补偿这部分消耗,再生资源产品产生的对生态环境的修补就是其生态价值。再生资源产品的生态价值是随着资源消耗时间增加而增大,随着城市经济规模扩大,资源消耗越大,其生态价值就会越高。再生资源产品与其他商品的交换不是以其使用价值为基础的,而是以其全部价值为基础的。生态价值往往是隐性的,且价格不能反映这部分生态价值,因而价值规律不是唯一调节这类产品的决定因素,还必须加上生态规律的作用。再生资源商品只有交换并使用后,生态价值才能体现出来,也就是再生资源替代了使用者使用资源加工产品,对全社会资源节约做出了贡献。

在实际中,再生资源产业发展遇到的市场障碍就是产品价格不能反映再生资源产品的全部价值,虽然再生资源产品与其他产品一样具有使用价值,市场价格反映的就是这部分价值,但这只是其价值的一部分,这类资源再生利用产品的价格并不能反映其真实的全部价值,其真实的全部价值中包含着生态价值,而生态价值以往不被人们重视。因此,当市场价格不能反映其真正的资源最优配置的价格时,需要由社会承担一部分成本,这部分成本就需要通过政府的政策调控实现。如果不能实施这样的调控,则再生资源产业就难以发展,资源循环链就会中断。再生资源产品作为商品进行交换,其市场价格目前实际上并不能完全体现其凝结的社会必要劳动的价值,更谈不上体现其生态价值,这就需要政府通过一定的政策对其部分价值和生态价值进行补偿。

再生资源的利用程度是成本与收益的函数,取决于再生资源回收加工产业的边际收益与边际成本间的关系。市场条件下,政府对再生资源产业的发展没有优惠政策的扶持,市场价格反映的资源产品的价值量与其他商品相同,这时社会再生资源的利用程度停留在企业边际成本曲线与边际收益曲线的交点处 A_1(图7-2)。政府扶持再生资源产业的发展,通过减免税、补贴、优惠的信贷等政策降低再生资源产业的成本,行业的边际收益提高。在边际成本不变的情况下,边际收益提升，则社会再生资源利用程度由 A_1 移向 A_2，社会再生资源利用的可承受成本临界点由 C_1 上升到 C_2（图 7-3）。假定政府扶持政策实现在企业的生产环节促进企业降低生产成本，则企业边际成本由曲线 MC_1 降至 MC_2，相应的企业的收益曲线由 MR_1 提升到 MR_2，再生资源利用水平在 A_3 点为最高（图 7-4）。

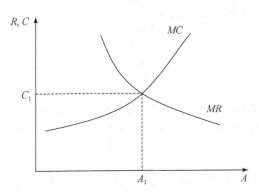

图 7-2　再生资源行业边际成本与边际收益曲线

A 为社会再生资源利用程度和水平；C 为社会再生资源利用的承受成本；MC 为企业边际成本曲线；MR 为企业边际收益曲线

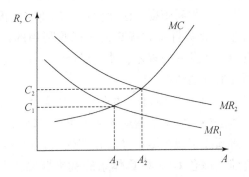

图 7-3　再生资源行业边际收益曲线

A 为社会再生资源利用程度和水平；C 为社会再生资源利用的承受成本；MC 为企业边际成本曲线；MR 为企业边际收益曲线

　　政府补偿政策决定着城市再生资源的利用水平。但市场条件下，价格机制在促进资源合理利用方面发挥越来越明显的作用。同时，如果没有全社会意识的提高，没有全社会公众的参与，再生资源利用机制仍不完整，这是因为废弃物的分散性和居民生活水平提高导致废弃物相对价值低微化，使这些物品所有者缺乏将其分类收集、存放和出售的积极性，造成废弃物资源被丢弃，增大了为加工利用

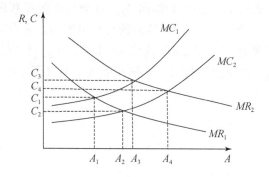

图7-4　再生资源行业边际成本与边际收益对比曲线

A 为社会再生资源利用程度和水平；C 为社会再生资源利用的承受成本；MC 为企业边际成本曲线；

MR 为企业边际收益曲线

这类物品所必须支付的分拣、整理成本。因此，建立废弃物产生者收费的制度是实现再生资源循环利用机制的基础，建立促进再生资源产业发展的政策与法律是其产业化保障。

　　为此，一要建立与完善再生资源回收利用的法律法规体系，制定行业废弃物排放标准及回收处理规定，由商品生产者、销售者、消费者共同承担回收利用责任，为再生资源的管理和回收利用提供法律依据；二要完善再生资源回收利用的激励机制，对资源再生产业实行税收优惠，对回收利用的建设项目进行经济补偿；三要制定再生资源产业发展的规划，使发展规划从生产领域延伸到资源回收领域，形成全过程循环的规划体系[12]。

　　（2）绿色核算体系。和谐社会目标要求城市社会经济增长方式的转化，面对城市发展的资源环境态势，城市发展应该从追求经济增长速度转到城市环境质量的提高上。为此，必须改革现行城市经济核算体系，建立绿色 GDP 核算体系。主要任务：一是研究建立绿色 GDP 核算体系的基本框架，提出指标体系和核算办法；二是测算各类资源耗减和环境污染成本，评估城市发展的资源耗减和环境影响水平；三是建立城市环境–资源核算制度，实施环境会计与生态审计制度；四是加强对资源环境利用状况的监督，促进环境污染的治理和生态环境的保护[13]。

　　（3）城市系统发展循环经济的任务。城市发展循环经济不可能一蹴而就，而是观念转变、经济增长方式转变和体制改革的过程，是一个系统工程。其主要任务：一是制定循环经济的总体规划。以科学发展观为指导，以循环经济理论为依据，从各城市实际情况出发，从宏观、中观、微观三个层次上进行循环经济发展的总体规划，在城市规划的各环节推广循环经济的理念、政策；二是构建循环经济的产业体系，继续完善生态农业系统，依托产业链建立资源循环利用的产业集群，推行循环消费模式，大力发展资源再生产业，从消费终端建立资源节约利用和循环利用的良性机制；三是进行工业园区整合，建设生态工业园区；四是组织策划循环经济的重大项目，实施资源循环利用项目、生态建设项目和清洁生产、企业技术改造项目；五是建立循环经济的发展机制，调整部分政策，建立完善的法规体系，改革社会公用事业体制，建立循环经济的技术标准和技术支撑，开展循环意识教育与宣传[14]。

7.3.3　城市社会系统的调控机制

社会系统包括科技、教育、人口等诸多要素，在现代社会中从无序到有序、从低效到高效都依靠信息流的作用，如何发挥信息在调控城市系统中的作用，是进行社会系统调控机制研究的关键。信息化是城市发展的必然，信息化已经成为现代城市的生活与生存方式，城市和社会在信息手段加持下正逐步实现信息化和数字化运转[15]。目前，城市信息化的主要问题是缺乏大系统的观点。一是数字化工程局限于电子政务，综合效益有待发挥。一些地区在思路上和操作中把数字化理解狭窄化，局限于政府信息化工作，几乎所有地区的数字化都是以政务信息系统的建设来启动和推进的。工作重点还没有转到提高城市系统运行效率，促进全社会良性循环机制的建立和完善上。二是数字化工程各自为政的局面没有打破，造成一定程度的资源闲置。城市政府在推进数字化时，与部门倾向的信息化发生了重叠，形成设备的重复购置，使资源得不到充分发挥。三是数字化工程的重点不突出，其在推动整个城市提高效率方面未能充分发挥作用。数字化工程的重点在于加强资源环境与社会经济系统的联系，使相互之间形成便利的反馈机制，提高城市各环节的效率。

在循环经济的背景下，信息化的核心是节约资源，保持城市系统的持续发展与建设。为此，规划的主要任务如下。

（1）明确目标。信息化的根本目的是发挥数字化信息手段在城市系统物质循环、能量流动中的有效作用；全面落实科学发展观，转变经济增长方式，合理利用和节约资源，提高全社会运行效率。

（2）突出重点。城市信息化建设的重点是全面推进城市数字化工程，通过系统高效的城市数字工程提高城市资源的利用效率，促进节约型社会的建设。

（3）整合资源。即整合现有信息资源，建立城市社会共享的信息平台，提高城市社会的信息共享度。

7.3.4　城市资源环境系统的调控机制

（1）资源有偿使用的原则。资源有偿使用是一种保护资源、节约资源和合理利用资源的有效机制。资源有偿使用的理论已经很明确，资源具有价值也已经过充分论证，调控就是完善资源有偿使用机制。仅仅用市场调节自然资源利用是不够的，资源市场价格的失真将导致资源的滥用。例如，土地价格就忽视土地转化对农业的损失，土地价格没有补偿土地利用过程中产生的外部不经济性，需要城市提供失地农民的社会安全保障。因此，应根据资源的丰度采用自然资源税的办法来促进资源合理利用，并使自然资源的消耗得到补偿。用良性循环的观点指导资源调控的途径：一是加强对重要战略性资源的调节和储备；二是加大扶持力度，鼓励再生资源产业发展；三是全面推行资源有偿使用的累进价格制；四是规范资源有偿使用收费的征收[16]。

（2）深化资源的价格改革。目前，城市资源利用中存在的主要问题：一是资源利用效率不高，如每万元产值用水量是发达国家的 5～10 倍。二是资源紧缺与浪费并存。城市水资源紧张问题日益突出，大部分城市存在水资源短缺，但与此同时，市民的节水意识淡薄。例如，城市供水和使用过程中跑冒滴漏现象严重，城市供水漏损率逐年上升，水资源紧缺与浪费现象并存，节约用水潜力很大。住房和城乡建设部 2004 年对 408 个城市统计，中国城市公共供水系统（自来水）的管网漏损率平均为 21.5%，全国城市供水年漏损近 100 亿 m^3[17]。三是资源的重复利用率不高。例如，城市污水处理率不高，城市污水处理率仅 50%，有近 50% 的污水未经处理而直接排入水体。四是资源价格总体水平偏低。例如，城市水费仅占居民家庭可支配收入的 1% 乃至 1% 以下，居民用水随意性较强，节水意识弱。污水处理费和水资源费的标准偏低。因此，城市用水规划急需改造管网和计量设施，实施抄表到户，并建立阶梯式水价，解决提高水价与兼顾低收入用户承受能力的矛盾，发挥资源价格机制的作用，促进资源合理利用。

（3）编制城市节能规划。解决城市资源环境问题，关键要靠节约。在产业结构方面应建立资源节约型经济体系；在全社会建立节约型社会。要达此目标就必须制定节能规划，采取有效措施促进其实施。一是鼓励节能的产业政策，严格高耗能项目布局，项目审批要进行资源、能源的平衡工作；二是监控重点用能单位，推行清洁生产，实施节能监测；三是实施企业技术改造，重点是供热系统的改造；四是动员全社会节能，大力推行节能设备的使用。

（4）以循环观优化资源配置。立足全球实施资源配置战略、规划资源来源多元化，建立具有规模化的城市资源供应基地，拓展资源配置的空间。必须规划形成大中循环，加大大尺度循环的分量。以更大的视野规划物质、能量循环和平衡。

（5）建立资源环境的预警机制。建立资源环境的预警机制是新形势下宏观经济调控的重要内容，资源环境的预警机制应制度化、规范化、程序化，加大环境的预警机制对城市社会经济发展的约束力，建立相应的配套政策引导宏观经济运行。资源环境预警机制主要包含宏观综合预警、长期长线预警、短期短线预警和即时紧急警示等内容。

（6）调整城市环境保护政策。自 20 世纪 80 年代以来，城市环境保护遵循"预防为主，谁污染谁治理（付费），强化环境监督管理"三大基本原则，形成环境影响评价制度、"三同时"制度、排污收费制度等环境保护制度，基本形成了比较完善的环境保护政策体系。但环境保护政策仍然不足以遏制环境污染的行为，制度性缺陷，部门缺乏协调，政策相互矛盾。造成守法成本高，违法成本低。因此，调整环境保护政策是城市生态系统的良性循环基础机理，主要工作是建立"谁污染、谁治理，谁受益、谁投入"的环境保护政策；梳理政策矛盾，协调政策实施；清理部门收费，提高资源环境资金使用效率；强制推行垃圾分类回收，积极推进垃圾处理产业化，形成资源利用的良性循环。

7.3.5 城市空间系统的调控机制

（1）城市空间发展模式。现代城市空间发展模式有两种：一种是以欧盟为代表的紧凑型模式，在有限的城市空间布局较高密度的产业和人口，节约城市建设用地，提高土地的配置效率。另一种是以美国为代表的松散型、蔓延式的郊区化的发展模式，城市空间的人口密度较低，但消耗的能源要比紧凑型模式多[18]。美国城市郊区扩大式的发展模式在中国并不少见。目前，中国城市用地不断扩张，中小城镇人均用地浪费严重，城市的盲目发展对生态环境的压力巨大。中国适宜居住的土地面积小，一类适宜居住面积仅占国土面积的19%，因此城市发展必须坚持土地节约原则，采用紧凑型发展模式，推行土地集约使用。

"紧凑"指城市空间形态的紧凑，以步行非机动车系统与公共交通系统为主体的城市交通体系，以及完善的城市功能和居住舒适、卫生安全的环境条件等，紧凑的城市空间是城市交通集约化发展的前提，为基础设施的有效利用，第三产业优化发展提供区位条件。城市空间实现紧凑发展模式的支撑体系，首要的是政府的能力建设，城市空间政策只有保持合理的土地利用密度，才能高效建设和使用城市基础设施，节约土地和维护生态平衡；其次，城市规划建立不同层次城市合理的空间结构形态，城镇体系规划要调控城市的较密集发展布局，大城市与超大城市应采取有机疏散的发展模式，城市总体规划应以紧凑的城市形态，建设新的城市可持续发展的空间战略，建设节能省地型城市，建设节约型社会。此外，实行最严格土地保护政策，才能合理利用土地资源，也才可达到合理的能源消耗。

（2）城乡统筹是城市空间调控的战略原则。中国城镇化已进入新的发展阶段，城市化不仅是城市带动农村的过程，还是农村工业化、城镇化以及城市郊区化的阶段。中国城市化已经进入城乡经济的一体化阶段，因此，城市的空间调控出发点应以降低城乡二元结构、推进社会公平等为基点，把统筹城乡、区域经济一体化作为城镇化进程的主流。城市的未来空间战略是城乡统筹，协调发展。一是要强调城市反哺农村，工业支援农业；二是要发展紧凑型城市，集约使用土地，严格保护耕地；三是注重区域经济一体化的统筹发展。

（3）改进城乡规划的编制。实现城乡统筹，协调发展，必须充分发挥城乡规划的综合调控作用。城乡规划是政府指导、调控城乡建设和发展的基本手段。编制和实施城乡规划是实现政府战略目标，弥补市场不足，有效配置公共资源，保护资源环境，协调利益关系，维护社会公平，保持社会稳定的重要手段。城乡规划不是一个简单的空间形态问题，是政治、经济、文化、社会等各方面发展的综合体现，要体现落实党和国家的方针政策和制度，要与相关领域的规划、政策相衔接和协调。改进城乡规划编制工作要从注重确定城市的性质、规模、功能转向注重合理的环境容量、确定科学的建设标准、促进人居环境的改善和城市的可持续发展。重点完善城镇体系规划，重视基础设施共享共建，促进城镇群协调发展。城乡统筹，协调发展，是一项复杂、艰巨的系统工程，只有在科学发展观的指导下，本着求真求实的精神，与时俱进，才能取得成功。

（4）科学协调紧凑型城市与绿色环境建设。建设紧凑型城市和建设绿色人居环境是城市规划建设理念的根本性变革，两者约束条件和侧重点存在差异，某些经济条件下两者存在此消彼长的对立关系。随着城市紧凑程度的提高，其单位面积建筑成本和运行成本也在提高，生态环境受到的干扰更加强烈，空间资源更加稀缺，地价、房价也随之上升，也就意味着各种利益主体之间的竞争更为激烈，其协调的难度大大增加。而绿色人居环境水平有赖于空间资源环境的供给水平，城市环境的绿色水平与用地紧凑程度呈负相关关系。紧凑是城市用地规划的方向，绿色人居环境是发展的目标，两者关系"度"的把握有赖于科学的城市规划师，以及政府的主导，要从城市经济、社会、环境的整体性和系统性出发，依据城市的经济社会发展阶段、科学技术发展阶段和资源禀赋特点，使两者协调而达到合理的平衡状态。

（5）紧凑新城镇的发展路径。建设紧凑新城镇需要制定系列配套政策，综合研相关政策，主要是产业政策、科技政策、教育政策、建设标准。紧凑新城镇规划首先是理念，其次是政府建设管理行为。其主要的布局路径：一是保障城市空间的有机扩张，通过合理加高、加厚、加密原有城区，提高土地利用效率；二是建设城市生态隔离带，有机进行新城、卫星城、城市组团式的布局，有效扩大城市规划建设用地；三是城市布局与城市生态环境的空间格局相协调，通过城市功能的紧凑达到用地的高效。

7.4 中小城市良性循环发展规划

城市发展规划是一个系统工程，站在城市良性循环高度构筑城市发展的蓝图，其内涵极为丰富。由于城市规划是法定的规划，其编制遵循法定的程序和准则，这里主要考虑城市复合系统良性循环发展对规划的要求，以及规划内容的变化[19]。对于中小城市而言，主要是如何正确地确定城市发展模式、科学地确定城市发展总体布局、有效地引导城市产业发展、持续地维系城市区域特有的自然环境和景观环境等的原理与方法体系的研究。

7.4.1 规划原理的结构体系

系统科学的结构体系表明，处在工程技术层次上的是系统工程，处在技术科学层次上的是运筹学、控制论和信息论等控制原理，处在基础科学层次上的是系统论。循环经济的基本原则可以应用到城市系统的各个层面，而且在各个层面发挥作用的方式和结果也不尽相同。由于城市是个人工与自然复合的大系统，因此城市规划体系的调节需要发挥城市社会机制的作用，即人为的调控，因而相对于自然生态系统而言，多了一个调控体系。从而，中小城市规划的原理体系可以划分为四个层次。

（1）规划基本观。即规划的基本理念和规划的价值观，指城市规划过程的价值取向，包含规划目的和规划出发点。

（2）规划原则。即规划的基本依据，是规划过程中具体规划行为准则、规划方案组织原则、规划审查根据等的总和，可以划分为内在规律性原则和程序性原则。前者是根据城市发展演变的基本规律经过科学归纳总结出的城市发展建设的普遍性行为准则；后者是法定必须遵循的编制、管理的程序性依据。

（3）规划技术标准。即规划的技术规范，为规划编制过程中必须遵循的技术规定、标准和技术要求。

（4）规划审查体系。即规划编制、管理过程中的评价体系，包括作用、组织、内容、程序等方面的内容。

7.4.2　规划基本观

规划基本观是指城市规划过程的价值取向，包含规划目的和规划出发点。我国城市规划的目的主要是服从政府的政策及权威的要求，而国家在各期发展的重点不同，例如计划经济时期，规划的基本依据是国民经济发展计划，城市规划是国民经济计划的具体化，是计划项目的空间定位和空间组织；社会主义市场经济体制建设过程中，规划对城市经济负有不可推卸的责任，规划不仅被看作城市建设的内在作用关系，更在城市发展中起着重要引领作用。

客观说来，城市是现代人类的主要聚居地，因而它应提供人类愉悦的生活和活动空间，创造人类需求相适应的生存关键要素，这是规划的基本命题。为此，城市规划的价值取向应超越政治的时空限制，吸收国内外优秀的规划思想，以创造与人类需求相适应的生存空间为主旨，在特定的政治、经济制度下，建立城市发展与生存、人工与自然相协调的环境空间，应是城市规划的根本出发点。我国规划实践上是满足政治及政府代言人的需求，忽视了城市居民整体需求层次及其心理行为对城市空间的要求，更谈不上创造超前的生存空间。目前，规划观念的落后，把城市规划编制当作描绘一幅"终极蓝图"，缺乏对实现蓝图的过程、步骤、制约条件和措施的研究。规划思维模式化，"调查—分析—规划方案"仍然是许多规划师所采用的工作方式，这是一种单向思维方法，缺少总体规划编制根据实施反馈的信息，经常性地主动地进行调整和不断适应的环节。城市总体规划仍被看作一种价值中立的纯技术性的工作，存在编制人员不问实施管理，管理人员不问技术的倾向，规划编制和实施管理相脱节等问题。规划是一种政治决策过程，也是规划师陈述城市发展蓝图的工作过程。现实中，由于城市政府发展目标的短期性及规划师编制规划基本从满足业主（政府、企业或社会团体）要求出发，城市发展的近期与远期、局部与整体的冲突十分明显。

循环经济要求将城市置身于自然系统中，以"3R"原则为准则，减少资源消费量，提高资源利用效率，再发展资源，强调网络发展模式，平衡经济增长、社会发展和环境保护三者的关系。但从城市发展的更高层面上看，城市应实现创新发展与建设，利用高新技术，以知识技术替代物质来减少物质资源的消耗，要求发展中尽可能利用可再生资源。因而，规划价值取向应服务于城市，满足城市发展的总体需求，营造城市可持续发展的空间环境。从总体上来说，规划建立在服务于城市总体可持续发展需求的理念上，但针对不同层次城市或城市的不同发展阶段，规划价值取向的内容和重点不同。其主要内容涉及政治决策、城市经济增长、社会发展、人的需求、传统文化和科学技术对城市规划及目的影响的强度和作用方式。城市规划价值取向的基本准则：一是服务城市，满足市民，促进城市社会经济文化的进步。二是尊重科学，遵循城市内在成长规律，促进城市有机持续地发展。规划观念体系的建立主要反映在城市规划中人文观、经济观、技术观等规划价值观念系统的形成与界定。三是体现循环经济和可持续发展的基本理念，以生态观、社会观为出发点，建设人–自然有机协调的城市复合社会经济生态系统。

7.4.3　规划基本原则

从循环经济的角度，城市循环经济体系具有高效性、整体性、复杂性、公平性的基本特征。高效性经济是社会发展的基础，城市循环经济具有高效的转换系统、流转系统，以及高度发达的社会体系，它实现了城市发展建设的高效率的管理。整体性要求规划不仅保持社会、经济、环境的整体协调，满足不同层次和城市未来发展要求，并实现城市各个系统的整体协同。城市循环经济体系的复杂性表现为由若干系统链组成"城市链层面"。循环经济的公平性表现在对人、自然的尊重，强调城市的包容度。因此，中小城市规划的基本原则是系统分析的原则、生态优先原则、坚持"3R"原则、绿色发展原则。中小城市规划必须依据上述原则，构筑城市规划基本理论。城市规划对城市调控的作用反映在两方面：一方面规划应该遵循市场经济的规律，保护产权、提供公共设施、引导城市开发活动和维护投资者的合法权益；另一方面，它又必须以社会理性为依据，体现公平的原则，防止出现市场非理性的无限膨胀而损害公众的利益。

（1）区域空间，整体构筑。城市活动有赖于区域的支持，区域的发展取决于城市的推动。规划是城市与区域建设的指引，循环经济强调城市与区域协调发展，城市区域化、区域城市化成为今后城市化的基本方向。城市与区域之间的融合越来越深入，城市地域空间不断扩张和重组，这既要求我们秉承节约的思想，将科学发展和可持续思想融入规划方案中，科学地进行城市发展资源配置，改变高投入、高消耗、高排放、难循环、低效率的城市生产和经济增长方式，降低城市发展中的负外部性，保证城市与区域建设的协调与循环。建设循环型城市区域发展系统，城市规划具有的纲举目张的战略指引，"规划上的节约是最大的节约"，只有从源头上贯彻城市与区域一体化思想和节约型城市发展战略，并在此原则下制定相应的城市和区域发展规划，才能促进节约型城市建设，保证城市可持续发展。

（2）资源集约，持续发展。循环经济要求人口、资源、环境和经济协调发展，从单纯的经济增长目标转变为经济、社会与资源环境协调发展的多目标，这也要求规划理念与时俱进，有所创新。从过去强调功能分区到城市综合用地均衡布局；从城市环卫出发的钢混硬化建设到城市光热水土全面衡量；从强调城市的集中布局到城市用地适量集中和分散等为城市环境、生态、人文、历史留够空间，协调现状建设与持续发展间的矛盾。城市资源之间往往具有互补互替的功能，如电力资源和煤炭资源、公交资源和私家汽车、公共教育和文化资源、公共体育设施和卫生医疗资源、人力资源与技术资源、公共安全与行政管理设施，城市规划中注重提升这些资源的互补性功能，通过资源与设施调整达成城市规划的方案，能有效地提高各种资源间的集约与综合效益，实现资源共享与区域综合建设。例如，规划中合理组织城市功能用地，减少交通流量，加大公共交通流向与线路分析，减少私家汽车对城市交通的拥堵；增加公共体育设施用地的分布和便民性，提高民众身体素质，减少对医疗卫生设施的需求；提高煤炭与电力资源综合利用的能力，缓解城市能源紧张局面等。

（3）结构科学，创新增长。城市循环经济发展，关键在于各个层面、各个系统结构的科学合理，其是系统高效运转的基础。规划构筑结构、功能、形态客观规律，充分发挥其调控手段、预控措施、法定性作用，从功能、要素、技术、系统关联等方面入手合理确定功能定位、布局结构和时序秩序，建立城市良性循环的基础。

（4）基础设施，完善高效。基础设施既为城市物质生产又为城市人民生活提供便利条件，是城市赖以生存和发展的基础。城市基础设施一般包括五个子系统——能源动力系统、给排水系统、交通运输系统、邮电通信系统和城市防灾系统。城市基础设施规划者应该具有区域统筹的视野，将城市所在的腹地、城市区域及其外在的空间范围之间的关系、经济发展潜力、人口分布特征、物质流动方向、区域中不同个性节点的时空发展特征等分析透彻，依据区域真实和潜在的需求与时空发展的特征做好城市基础设施规划，实现区域基础设施的共享和有力地支持其他个性节点快速发展。社会服务设施是实现社会公平的公共设施，体现了社会的进步和文明，也维持着社会的安定团结。从构建和谐社会入手，完善社会服务体系，改善城市的社会文明面貌，体现社会的责任与人道主义精神，城市规划应该完善社会保障系统和提高社会福利设施的服务水平和软硬环境条件，提高福利设施的福利享有面和落实福利性质。

（5）社会文化，提升品质。城市是人类历史文化的沉淀与延续，城市是权力与文化的集中点，是社会整体关系的形式和标志。城市历史文化是城市的根和社会精神支柱，城市循环发展离不开对城市文化精神的追索与传承，离开城市文化的城市规划是空洞的、没有思想的。缺乏历史文化的城市，也必然是环境脆弱、凝聚力不强、城市竞争力低下和城市生命力容易衰弱的城市。城市规划中必须充分考虑文化继承与发展，提升城市文化品位。一方面从整合地方传统文化角度入手，传承与续接散落的本土文化；另一方面从地方人口结构的多元化和产业特色入手，以政府为主导提炼和开发新的主题文化，提高城市的人文环境和居民文化欣赏的能力，改善城市文明的软环境。

（6）生态环境，适宜人居。城市发展建设的宗旨就是以人为本，努力创造适宜人居的生存条件和活动空间，让人们生活得舒适、方便、安全和贴近自然，满足人的基本需要和精神文明的关怀。城市管理具有保护自然环境，维护城市生态、历史文化、公共利益以及公共安全的责任，这就要求城市规划不仅要综合布局各项经济社会发展的建设用地和建设工程，还必须认真考虑生态环境保护、历史文化保护和公共利益、公共安全。循环型城市规划要求从开始制定方案到城市建设和管理的过程中，始终坚持生态人文与可持续发展的观点，协调人工环境与自然环境，建设适宜的人类家园。

7.4.4 规划的基本内容

目前，城市对区域的影响与依赖作用越来越大，区域中各县、市之间的分工也越来越细，城市地域不再是传统意义上的建成区，城市密集区、城市连绵区内的城乡一体化发展意味着未来城市将是包含市、镇、乡、村的地域综合体，有必要对传统的规划层次进行变革。对我国城市规划指引循环经济的发展应该从四个层面来认识：宏观层面城市社会发展目标规划、战略层面区域规划、管理层面城市用地分区规划、实践层面园区经济与城市建设规划。从规划方法角度又划分为"网、面、链、点"四种系统规划方式。

（1）城市区域层面规划内容——网系统规划。该层面规划应该从区域视野探讨区域一体化，城市与区域的协调发展促进城乡经济循环系统的形成。在城市和区域层次，以物质循环流动为特征，以社会、经济、环境可持续发展为最终目标，最大限度地高效利用资源和能源，减少污染物排放。规划应该从控制环境容量、开发时序、建设标准入手，借鉴西方"田园城市"理论、"绿化带"制度、中心地域理论、"开发轴系统"理论等空间规划理论，根据国家和区域经济社会发展战略，按照城市区域资源禀赋、区位比较优势、协调、平衡城市与区域发展，优化空间布局，明确区域社会、经济、生态、可持续发展等重大问题，确定区域社会经济发展、重大基础设施建设内容。城市区域层面规划分为城市区域规划，城乡一体化，城镇体系规划。

（2）城市总体层面的规划内容——面系统规划。宏观层面规划是战略层面的规划，着重确定城市发展的宏观目标，指导好下一层次的规划。目前需简化该层次规划编制的内容强化编制中关于城市宏观战略的研究，结合规划审批制度改革和具体操作的要求，将该层次规划编制成果分化为两部分，即战略规划和专项规划部分。其中涉及发展战略性问题纳入战略性规划，而对诸如其他内容只做出原则性的论证和规划安排。加强规划策略研究、专题研究和结构规划性，深化结构性、方向性等大问题的研究工作，减少决策失误，更有效地发挥指导作用。同时，要改革目前的规划审批程序，将上一级政府对规划的审批落实在战略性规划的层次上，主要把握城市宏观战略性的公共政策的制定。而将其他具体的措施性规划内容落实到专项规划中，以指导城市管理部门的实施操作和管理。

（3）城市要素系统规划内容——链系统规划。城市要素系统包括城市基础设施、产业体系和自然环境要素三方面。随着城市化进程的加快，城市基础设施对城市系统运行的促进和保障作用日益突出，已成为城市循环经济体系的一个重要组成部分。产业体系指绿色产业，就是指对自然生态环境不产生或很少产生危害的产业，包括生态产业和环保产业，生态产业包括生态农业（城市郊区）、清洁生产工业和生态服务业，环保产业包括废弃物利用、环境净化和能源节约等产业。按照循环经济理念，规划应通过模拟自然生态系统来设计要素系统的物流和能流，改进要素体系与城市间的耦合关系，实现物质闭路循环和能量多级利用，减少因人口分布组织不当带来的交通流和能量流的折损浪费，形成相互依存、类似自然生态系统食物链的城市要素系统，达到物质能量利用最大化和浪费最小化，充分发挥城市区域的相对闭合性特点，形成各分区内部自我完整而不同分区之间相互独立的产品消费和能量、物质循环系统和信息交换系统，提高物质能量和废水梯级利用效率，不同分区间因市场的互动共享基础设施。

（4）城市建设层面的规划内容——点系统规划。城市详细规划、居住区规划、单一功能区规划和用地开发规划都属于建设层面。该层次规划，资源减量化、再利用与建设技术革新是城市循环经济实现的基本步骤。在城市居住区，规划对土地利用开发的强度、容积率、建筑密度、停车位、公共活动空间等进行细致规范要求，提高土地资源综合利用价值、科学利用水资源、加强垃圾分类处理、提升建筑综合节能技术、改善环境，提高城市适居性。在工业园区，根据生态效率理念，通过产品生态设计、清洁生产等措施进行单个企业的生态工业试点，改进城市循环经济的技术支撑系统，大力发展清洁生产技术，生态整合与协同技术，生产食物链（网）技术，建筑结构、形态、功能的生态整合技术，建筑用地生产与服务功能的空间生态恢复与补偿技术，废弃物的资源化处理、循环再生技术，可再生资源、能源的开源与节流技术，健康建材的研制、开发与推广技术，减少产品和服务中物料和能源的使用量，实现污染物排放的最小化[20]。

7.4.5　规划技术标准体系

规划的技术标准体系可分为强制性标准、指导性标准两个体系，每个体系又可以划分为国家性标准、行业性标准和地方性标准三个层级。规划标准体系的制定坚持公平公正原则。目前，现行的规划标准基本上都是自上而下的标准，如城市规划的强制性标准。自下而上的标准比较少，仅有少数沿海城市制定过自己的行业性规定，但难以推广到全国。循环经济要求节约资源，综合利用资源：一是需要对影响资源节约与综合利用的相关因素制定相应的标准，以便在规划中加以控制，实现资源节约与综合利用的标准化、规范化管理，建设节约型城市社会，发展循环经济，保证我国经济的可持续发展；二是规划能够按标准进行编制和管理。针对目前中小城市的发展特点，规划技术标准突出资源节约、综合利用，以及规划编制的标准化，从节能、节水、节材、节地、新能源、资源综合利用、规划技术标准化、规范化 8 个领域进行标准体系的设置，并提出 4 个规划层面的规划控制指标体系，依据法定城市规划的内容和具体要求，城市规划的方法包括评价方法、功能结构、指标体系和编制方法，需要根据具体城市因地制宜地研究规划的技术路线，设计出简明、实用、合理、科学、规范的城市规划编制技术体系。

7.4.6　规划审查体系

循环经济发展刚刚起步，基于循环经济理念的城市规划的理论和技术还处于起步阶段，规划的理论、思想、观念还不明晰，具体的规划内容、技术、操作方法也因城市特性的不同而有很大的差异。国家高度重视循环经济建设，要求把循环经济的发展理念贯穿到城市规划过程中。目前，法定的城市规划审查呈现规范化、系统化和可操作化。但由于城市规划政治、技术、管理的综合特性，以及城市规划法是由城市规划编制条例演变过来的，加之立法时我国城市尚处于传统经济阶段，原有的规划审查体系已经远远不能适应要求。因此，应从循环经济要求和城市规划编制出发，按照规划决策程序来建立规划审查系统。这里主要从科学性、系统性和可操作性出发，建立城市规划审查［包括管理审查、技术审查、社会审查（公众审查）和立法审查］。

管理审查主要是从规划管理角度依据城市规划法、城市规划编制办法对各层次的规划编制和实施进行审查，审查其合法性、合理性。技术审查应有规划技术委员会或者组织规划专家评审委员会依据城市规划法、城市规划编制办法的规定以及行业技术标准等规范，鉴定规划的技术合理性。社会审查（公众审查）由社会团体、大众媒体、非政府组织、个人等方面有组织或者个体发表对规划的看法，主要是反映社会民意和民权的表达。立法审查有立法机关，根据国家宪法及其相应的法规进行规划立法的过程审查，主要是审查程序、原则的合法性。

7.5 中小城市良性循环发展的综合评价

21世纪，人与自然和谐，循环经济成为城市可持续发展的必然选择。随着循环经济实践的深入，迫切需要科学评价城市循环良性发展的水平，它是对城市规划目标的定量分析，可使人们认识城市发展建设的客观水平。

7.5.1 系统评价指标体系

目前，对城市发展指标体系的研究可大致分为两大类。一类是通过对城市的经济、社会、自然各子系统的分析，将指标体系分为经济生态指标、社会生态指标和自然生态指标，这类指标体系是较为常见的，为大多数人所采用。另一类则是基于对城市生态系统的分析，从城市生态系统的结构、功能和协调度三方面构建生态城市指标体系（图7-5）[21]。这两类研究都着眼于对城市生态系统的分析，按照生态原理评价城市良性循环发展的情况。本书按照生态学原理，结合我国当前生态城市的建设和发展的特点，采用特尔菲法，研究构建中小城市良性循环发展的评价指标体系（表7-2）。

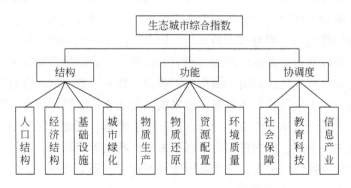

图 7-5　绿色城市的指标体系

表 7-2　中小城市良性循环发展的评价指标体系及其权重

总目标	准则层	子准则层（权重）
城市良性循环发展系统 A	自然生态指标 B1（0.10）	绿化覆盖率 C1（0.16）
		人均公共绿地面积 C2（0.20）
		大气环境质量 C3（0.11）
		饮用水源水质达标率 C4（0.27）
		汽化率 C5（0.06）
		森林覆盖率 C6（0.10）
		受保护基本农田面积 C7（0.10）
	经济生态指标 B2（0.47）	绿色 GDP C8（0.14）
		农民人均纯收入 C9（0.13）
		万元 GDP 能耗 C10（0.23）
		万元 GDP 物耗 C11（0.23）
		高新技术产值占工业总产值的比例 C12（0.13）
		第三产业占 GDP 的比例 C13（0.09）
		信息产业增加值占 GDP 的比例 C14（0.05）
	社会生态指标 B3（0.28）	恩格尔系数 C15（0.09）
		城市化水平 C16（0.28）
		人口自然增长率 C17（0.11）
		出生时平均预期寿命 C18（0.06）
		社会保险综合覆盖率 C19（0.23）
		城市失业率 C20（0.11）
		高中以上文化人口的比例 C21（0.12）
	环境治理指标 B4（0.15）	污染治理投资占 GDP 的比例 C22（0.33）
		城市污水处理率 C23（0.19）
		固体废弃物综合处理率 C24（0.11）
		畜禽粪便处理率 C25（0.07）
		秸秆综合利用率 C26（0.11）
		水土流失治理率 C27（0.19）

7.5.2　系统评价指标体系权重的确定方法

指标体系权重是指标相对于规划目标重要性的一种度量，不同的权重往往会导致不同的评价结果。因此，采取适当的方法以保证指标体系权重分配的科学性和合理性就显得至关重要。从国内外指标体系权数研究现状来看，权重的确定大体可分为非交互式和交互式两种方式。非交互式是指在获得决策方案前通过分析人员与决策者等有关专家的协调对话，先获得一组权重值分布，据此确定权重。交互式则是指在决策分析过程中，通过决策分析人员与决策者等有关专家不断交流对话，在获得决策方案的同时确定权重的做法[22]。常见的主要有专家法、平方和法、层次分析法等方法。本研究采用层次分析法进行权重确定。

层次分析法是美国著名运筹学家、匹兹堡大学萨蒂（T. L. Saaty）教授于20世纪70年代提出的一种系统分析方法。该方法是定量和定性分析相结合的多目标决策方法，能够有效地分析目标准则体系层次间的非序列关系，有效地综合测度决策者的判断和比较。层次分析法是分多目标、多准则的复杂大系统的有力工具。它具有思路清晰、方法简便、适应面广、系统性强等特点，最适合解决那些难以完全用定量方法进行分析的决策问题，得到了越来越广泛的应用。层次分析法一般按照如下步骤确定权重。

（1）构建层析结构模型。即将评价指标体系层次化，构造出能够反映系统本质属性和内在联系的系统递阶层次结构模型。中小城市良性循环发展的评价指标体系是一个多层次、多目标、多因素的系统，由于部分性能指标难以量化，并且无法避免要使用主观判断进行评价。因此，选用可减少主观偏差的复杂决策技术，一般分为：①总目标层，只包含一个元素，表示决策分析的总目标。即中小城市良性循环发展系统。②准则层，包含若干元素，表示实现总目标所涉及的各子目标，包括各种准则、约束、策略等，因此也称为目标层。中小城市良性循环发展包含自然、经济、社会生态和环境治理四大系统。③子准则层，表示实现各决策目标的具体措施等，本书具体指中小城市良性循环发展的27项指标。

（2）构造判断矩阵。任何系统分析都以一定的信息为基础。层次分析法的信息基础主要是对每层各因素的相对重要性做出的判断，这些判断用数值表示出来，写成矩阵形式就是判断矩阵[23]。判断矩阵表示针对上一层次某因素而言，依据T. L. Saaty教授的九级标度法（表7-3），判断本层次与之有关的各因素之间的相对重要性的数值构成的矩阵。

表7-3 九级标度法

标度	定义	含义
1	同样重要	两元素对某属性同样重要
3	稍微为重要	两元素对某属性一个元素比另一元素稍微重要
5	明显重要	两元素对某属性一个元素比另一元素明显重要

标度	定义	含义
7	强烈重要	两元素对某属性一个元素比另一元素强烈重要
9	极端重要	两元素对某属性一个元素比另一元素极端重要
2, 4, 6, 8	相邻标度中值	表示相邻两标度之间折中时的标度
上列标度倒数	反比较	元素 i 对元素 j 的标度为 a_{ij}, 反之为 $1/a_{ij}$

由于判断矩阵是决策者的主观判断, 求解判断矩阵并不要求过高的精度。根据根法求解判断矩阵, 步骤如下。

a. 设判断矩阵 $A = (b_{ij})_{m \times m}$ $(i = 1, 2, \cdots, m, \ j = 1, 2, \cdots, m)$, 计算矩阵 A (b_{ij}) 的每行元素之积: $M_i = \prod_{i=1}^{m} b_{ij}$。

b. 计算 M_i 的 m 次方根: $a_i = \sqrt[m]{M_i}$, $(i = 1, 2, \cdots, m)$。

c. 对向量 $a = (\alpha_1, \alpha_2, \cdots, \alpha_m)^{\mathrm{T}}$ 做归一化处理, 令 $w_i = a_i / \sum_{k-1}^{m} a_k (k = 1, 2, \cdots, m)$ 得到最大特征值对应的特征向量: $W = (w_1, w_2, \cdots, w_m)^{\mathrm{T}}$, w_i 为第 i 指标的权重。

d. 求 A 的最大特征值 $\lambda_{\max}$, 由于 $AW = \lambda_{\max} W$, 而

$$AW = \left(\sum_{j=1}^{m} b_{1j} w_j, \sum_{j=1}^{m} b_{2j} w_j, \cdots, \sum_{j=1}^{m} b_{mj} w_j \right)^{\mathrm{T}}$$

故有 $\lambda_{\max} w_i = \sum_{j=1}^{m} b_{ij} w_j$, $(i = 1, 2, \cdots, m)$, 记 $(AW)_i = \sum_{j=1}^{m} b_{ij} w_j$, 表示向量 AW 的第 i 分量, 于是: $\lambda_{\max} = (AW)_i / w_i$, $(i = 1, 2, \cdots, m)$, 取算术平均值, 即

$$\lambda_{\max} = \frac{1}{m} \sum_{i=1}^{m} \frac{(AW)_i}{w_i}$$

（3）一致性检验。为了达到满意的一致性（即判断矩阵有传递性）, 使得除了 $\lambda_{\max}$ 之外, 其余特征值尽量接近零, 取其余 $m-1$ 个特征值和的绝对值平均作为检验判断矩阵的一致性的指标（CI）。

a. 一致性指标（CI）:

$$CI = \frac{\lambda_{\max} - m}{m - 1}$$

CI 越大, 偏离一致性越大; 反之偏离一致性越小。

b. 根据平均随机一致性指标值（RI）（表 7-4）, 计算随机一致性比率（CR）:

$$CR = CI/RI$$

用一致性比率（CR）检验判断矩阵的一致性，当 CR 极小时，判断矩阵的一致性越好，一般认为，当 CR≤0.1 时，判断矩阵符合满意的一致性标准，层次排序的结果是可以接受的。否则，需要修正判断矩阵。

表7-4 平均随机一致性指标值

项目	阶数									
	1	2	3	4	5	6	7	8	9	10
RI	0	0	0.52	0.89	1.12	1.26	1.36	1.41	1.46	1.49

7.5.3 中小城市良性循环发展系统指标权重的确定

按照层次分析法确定权重的步骤，汇总了9位专家对各个指标的重要程度进行两两比较的意见，构造出判断矩阵，进行计算得出指标体系各指标的权重（表7-2），这里摘选经济生态指标（B2）部分加以说明（表7-5）。

表7-5 中小城市良性循环发展系统 B2-C

B2	C8	C9	C10	C11	C12	C13	C14	W_i	AW
C8	1	2	1/3	1/3	1/2	3	4	0.14	1.088
C9	1/2	1	1/2	1/2	1	2	3	0.13	0.89
C10	3	2	1	1	2	2	2	0.23	1.68
C11	3	2	1	1	2	2	2	0.23	1.68
C12	2	1	1/2	1/2	1	1	2	0.13	0.89
C13	1/3	1/2	1/2	1/2	1	1	2	0.09	0.663
C14	1/4	1/3	1/2	1/2	1/2	1/2	1	0.05	0.468

$\lambda_{max} = 7.357$，$CI = 0.0598$，$RI = 1.36$，$CR = 0.044 < 0.1$，满足一致性

7.5.4 灰色系统评价模型

城市良性循环发展系统的评价是对一个涉及面广、内涵丰富、结构和层次复杂的系统的评价，它的评价包含若干指标，各个指标分别表征被评价事物的不同

方面，不存在统一的同度量因素，最终还要对被评价事物进行整体性的综合判定。因此，要选择多指标综合评价方法。多指标综合评价方法是把多个描述被评价事物不同方面且量纲不同的统计指标转化成无量纲的相对评价值，并综合这些评价值以得出对该事物一个整体评价的方法系统[24]。多指标综合评价法是一个方法系统，主要包括四大类方法：常规数学方法、模糊数学方法、多元统计分析方法和灰色系统评价方法。目前，绿色城市评价大多采用常规方法，已有的研究基本使用传统综合评价方法，本书选择灰色系统评价方法。

（1）灰色系统评价方法。灰色系统评价方法是灰色聚类评估中的一种，灰色聚类是根据灰色关联矩阵或灰数的白化权函数将一些观测指标或观测对象聚集成若干个可代表一类别的方法。一个聚类可以看作属于同一类的观测对象的集合。在实际问题中，往往是每个观测对象具有多个特征指标，难以进行准确分类。灰色聚类按聚类对象划分，可分为灰色关联聚类和灰色白化权函数聚类[25]。灰色关联聚类主要用于同类因素的归并，以使复杂系统简化。通过灰色关联聚类可以检查许多因素中是否有若干因素关系十分密切，使我们既能够用这些因素的综合平均指标或其中的某个因素来代表几个因素，又使这些因素不受严重损失，这属于系统变量的删减问题。在进行大面积调研之前，通过典型抽样数据的灰色关联聚类可以减少不必要变量的收集，以节省经费。灰类白化权函数聚类主要用于检查观测对象是否属于事先设定的不同类别，既有白化的结果，又有灰色的类别，便于进行科学分析和按灰类进行管理规划。

通过比较选择，本书用基于三角白化权函数的灰色评估来检验中小城市良性循环发展是否属于事先设定的不合格、合格、中等、优秀等类别。城市规划管理部门就能通过该模型所管理城市进行综合评价。

（2）灰色系统评价方法的评价过程。设有 n 个对象，m 个评估指标，s 个不同的灰类，对象 i 关于指标 j 的样本观测值为 x_{ij}（$i=1,2,\cdots,n$；$j=1,2,\cdots,m$）。要根据 x_{ij} 的值对相应的对象 i 进行评估、诊断，具体步骤如下。

a. 按照评估要求划分灰类数 s，将各个指标的取值范围也相应地划分为 s 个灰类，例如将 j 指标的取值范围 $[a_1, a_{s+1}]$ 划分为

$$[a_1,a_2],\cdots,[a_{k-1},a_k],\cdots,[a_{s-1},a_s],[a_s,a_{s+1}]$$

a_k（$k=1,2,\cdots,s$）的值一般可根据实际问题的要求或定性研究结果确定。

b. 令 $(a_k+a_{k+1})/2$ 属于第 k 个灰类的白化权函数值为 1，$\left(\dfrac{a_k+a_{k+1}}{2},1\right)$ 与第 $k-1$ 个灰类的起点 a_{k-1} 和第 $k+1$ 个灰类的终点 a_{k+2} 连接，得到 j 指标关于 k 灰类的三角白化权函数 $f_j^k(\cdot)$。对于 $f_j^1(\cdot)$ 和 $f_j^s(\cdot)$，可分别将 j 指标取数域向左、向右延拓至 a_0、a_{s+2}（图 7-6）。

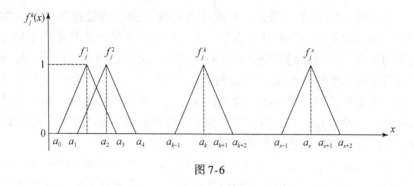

图 7-6

对于 j 指标的一个观测值 x，可由式（7-1）计算出其属于灰类 $k(k=1,2,\cdots,$ $s)$ 的隶属度 $f_j^k(x)$：

$$f_j^k = \begin{cases} 0, & x \notin [a_{k-1}, a_{k+2}] \\ \dfrac{x-a_{k-1}}{\lambda_k - a_{k-1}}, & x \in [a_{k-1}, \lambda_k] \\ \dfrac{a_{k+2}-x}{a_{k+2}-\lambda_k}, & x \in [\lambda_k, a_{k+2}] \end{cases} \tag{7-1}$$

式中，$\lambda_k = (a_k + a_{k+1})/2$。

c. 计算对象 i（$i=1,2,\cdots,n$），关于灰类 k（$k=1,2,\cdots,s$）的综合聚类系数 σ_i^k：

$$\sigma_i^k = \sum_{j=1}^m f_j^k(x_{ij}) \cdot \eta_j \tag{7-2}$$

式中，$f_j^k(x_{ij})$ 为对象 i 在指标 j 下属于灰类 k 的白化函数；η_j 为指标 j 在综合聚类中的权重。

d. 根据 $\max\limits_{1 \le k \le s} \{\sigma_i^k\} = \sigma_i^{k*}$，判断对象 i 属于灰类 k^*；当有多个对象同属于 k^* 时，可以进一步根据综合聚类系数的大小确定同属于 k^* 灰类之各对象的优劣和位次。

7.6 小　　结

总之，必须从多学科的综合视角，采用系统、整体、层次、协同等规划方法，探讨发展循环经济、建设循环型（节约型）城市的客观规律，才有可能初步建立起城市系统良性循环的规划理论，增强循环经济理论对城市规划与建设的指导，保障城市社会、经济、自然的可持续发展。

在循环经济理念下，中小城市规划原理由规划观、规划基本原理、规划技术标准和规划审查体系构成。规划观是城市规划的价值取向，规划基本原理是规划的基本依据和规划行为准则，规划技术标准是规划的技术规范，规划审查是规划管理的依据。

参 考 文 献

[1] 中国科学院可持续发展研究组. 中国可持续发展战略报告. 北京：科学出版社，2004.

[2] 叶文虎，陈国谦. 三种生产论：可持续发展的基本理论. 中国人口·资源与环境，1997（2）：14-18.

[3] 莱斯特·R. 布朗（美）. 生态经济. 北京：东方出版社，2002.

[4] 曲福田. 可持续发展的理论与政策选择. 北京：中国经济出版社，2000.

[5] World Commission on Environment and Development. Our Common Future. New York：Oxford University Press，1987.

[6] 鲁仕宝，裴亮. 中国开放时期循环经济理论与实证研究. 北京：中国原子能出版社，2016.

[7] 魏宏森. 系统科学方法导论. 北京：人民教育出版社，1983.

[8] 吴玉萍，任勇，孙高峰. 论循环经济作用机制. 环境科学动态，2004（4）：1-3.

[9] 黄光宇，陈勇. 生态城市理论与规划设计方法. 北京：科学出版社，2002.

[10] 李秉毅. 可持续发展的基础理论与发展. 城市发展研究，1998（4）：11-14.

[11] 金丹阳. 再生资源产业的实践与探索. 北京：中国环境科学出版社，2001.

[12] 叶文虎，韩凌. 论第四产业：兼论废弃物再利用业的培育. 中国人口资源与环境，2000（2）：24-27.

[13] 张坤民，温宗国，杜斌，等. 生态城市评估与指标体系. 北京：化学工业出版社，2003.

[14] 王晓光. 发展循环经济的基本途径与对策研究. 软科学，2003（1）：31-33.

[15] 顾朝林. 经济全球化与中国城市发展：跨世纪中国城市发展战略研究. 北京：商务印书馆，1999.

[16] 晏磊. 可持续发展的基础：资源环境生态系统结构控制. 北京：华夏出版社，1998.

[17] 刘栋. 我国城镇供水管网损耗率高达20%：一年消费1/4个南水北调. 文汇报，2005-06-08.

[18] 孙施文. 经济体制改革与城市规划再发展. 城市规划，1994（1）：1-6，61.

[19] 王如松. 高效和谐：城市生态调控原则与方法. 湖南教育出版社，1988.

[20] 国家环保总局科技标准司. 循环经济理论和生态工业规划汇编. 北京：化学工业出版社，2004.

[21] 王静. 天津生态城市建设现状定量评价. 城市环境与城市生态，2002（5）：20-22.

[22] 郭怀成等. 环境规划学. 北京：高等教育出版社，2004.

[23] 潭跃进等. 系统工程原理. 长沙：国防科技大学出版社，2001.

[24] 潘玉君等. 可持续发展原理. 北京：中国社会科学出版社，2005.

[25] 刘恩峰，党耀国，张岐山. 灰色系统理论及其应用. 北京：科学出版社，2004.

8 | 基于循环经济的城市土地利用规划

城市规划中的主要内容就是对未来城市建设用地进行总体布局。城市用地空间的合理与否，直接关系到城市物质、能量的顺畅循环。近年来，城市建设热潮引致城市建设土地大规模扩张，表明城市发展没有脱离传统的增长模式，没有走出中国自己的工业化道路。因此，城市土地利用规划的合理与否是城市循环的第一要素[1]。

8.1 城市土地利用的演变

8.1.1 新中国成立初期的城市土地利用

20世纪五六十年代，国家在地域经济学生产布局理论的引导下，通过资源开发建起了很多"工业基地"型城市。但这些城市自身的产业单一，对自然资源的依赖程度很高，可持续发展能力很差。不仅如此，受当时社会发展战略的影响，采取了"深挖洞、广积粮"的发展模式，三线建设时期形成的工业城市与当地区域经济格格不入，形成了城乡对立的二元经济结构。20世纪60年代，经济上的衰退导致城市建设几乎完全停滞。城市内部因为缺少整体规划，各自为政、乱搭乱建，城市土地利用基本没有理论可以追寻。

8.1.2 改革开放后的城市土地利用

20世纪80年代开始的社会主义市场经济体制改革和农业包产到户，极大地调动了农民的生产积极性，也将部分剩余农村劳动力转移到农村工业化发展中，乡镇企业的快速崛起改变了我国工业化发展的形态，到20世纪90年代初期，在我国的财政税收、出口创汇和GDP总值中，乡镇企业的贡献都超过1/3。但是，到20世纪90年代后期，受户籍制度、土地利用模式的粗放性影响，农民仍然是"离土不离乡、进厂不进城"。城市化水平与工业化水平间的差距制约着城市建设的步伐。同时，随着城市经济持续高速增长，中小城市规划也表现出与大城市、大都市同样的趋势，城市建设贪大求洋，部分城市规划的目的就是大量圈占农业用地。在城市开发区热的浪潮席卷全国的大背景下，在开发区优惠政策的吸引下，全国范围内呈现出一片开发区热，加剧了城乡发展间的矛盾。其间，大部分城市用地布局呈现出"摊大饼式"地外扩，对城市用地间的有机联系分析不透彻，也没有考虑城乡协调的问题。因而，虽然城市用地总量上扩展很快，但城市用地的综合效率不高[2]。

8.1.3　城市土地利用现状

进入 21 世纪，许多中小城市借鉴沿海城市、特区城市发展建设中的经验教训，开始建设工业园区，通过城市经营战略求得城市的发展，城市政府主导城市土地开发建设，开发热再一次圈占大量土地资源，城市土地经营改变着城市规划的法定性功能。2004 年，国家从社会经济可持续发展和国家宏观需求出发，提出大力发展循环经济，各个城市按照减量化、再利用、资源化的原则，探索城市土地利用规划新模式。

8.2　中小城市土地利用的特征

城市土地利用是指城市内各类用地，如居住、工业、商业、道路交通、公共设施等用地的状态。中小城市的特点决定了城市土地利用既要满足城市人口和产业发展的新生需求，又能不断改善城市居民的生活便利条件和优良的环境条件，逐步实现城市布局合理化[3]。

8.2.1　中小城市土地利用的现状特点

中小城市土地利用状态明显呈现出以地方政府为主导的扩张趋势。一方面城市发展用地大多突破土地利用规划的范围，另一方面城市用地闲置与浪费现象也非常突出。1990～2004 年，全国城市建成区面积由近 1.3 万 km^2 扩大到近 3.04 万 km^2（表 8-1）。2005 年新增建设用地面积 0.432 万 km^2。统计资料显示，截至 2004 年底，城镇规划范围内共有闲置土地 107.93 万亩①，空闲土地 82.24 万亩，批而未供土地 203.44 万亩，合计 393.61 万亩，相当于现有城镇建设用地总量的 7.8%[3]。

---

① 1 亩≈666.67m^2。

表 8-1　全国 1978～2004 年城市数量及人口、面积情况

年份	城市 /个	地级 /个	县级 /个	城市人口 /万人	城市面积 /km²	建成区面积 /km²	建设用地面积 /km²
1978	190	99	91	7 682			
1979	216	104	109	8 451			
1980	223	107	113	8 940.5			
1981	226	110	113	14 400.5	206 684	7 438	6 720
1982	245	109	133	14 281.6	335 382.3	7 862.1	7 150.5
1983	281	137	141	15 940.5	366 315.9	8 156.3	7 365.6
1984	300	148	149	17 969.1	480 733.3	9 249	8 480.4
1985	324	162	159	20 893.4	458 066.2	9 386.2	8 578.6
1986	353	166	184	22 906.2	805 834	10 127.3	9 201.6
1987	381	170	208	25 155.7	898 208	10 816.5	9 787.9
1988	434	183	248	29 545.2	1 052 374	12 094.6	10 821.6
1989	450	185	262	31 205.4	1 137 643	12 462.2	11 170.7
1990	467	185	279	32 530.2	1 165 970	12 855.7	11 608.3
1991	479	187	289	29 589.3	980 685	14 011.1	12 907.9
1992	517	191	323	30 748.2	96 928	14 958.1	13 918.1
1993	570	196	371	33 780.9	1 038 910	16 588.3	15 429.8
1994	622	206	413	35 833.9	1 104 712	17 939.5	20 796.2
1995	640	210	427	37 789.9	1 171 698	19 264.2	22 064
1996	666	218	445	36 234.5	987 077.9	20 214.2	19 001.6
1997	668	222	442	36 836.9	835 771.8	20 791.3	19 504.6
1998	668	227	437	37 411.2	813 585.7	21 379.6	20 507.6
1999	667	236	427	37 590	812 817.6	21 524.5	20 877
2000	663	259	400	38 823.7	878 015	22 439.3	22 113.7
2001	662	265	393	35 747.3	607 644.3	24 026.6	24 192.7
2002	660	275	381	35 219.6	467 369.3	25 972.6	26 832.6
2003	660	282	374	33 805	399 173.2	28 308	28 971.9
2004	661	283	374	34 147.4	394 672.5	30 406.2	30 781.3

数据来源:《2004 年城市建设统计公报》

　　改革开放以来,我国城市化和工业化快速发展,城市人口急剧增长,城市用地规模不断扩大,人地矛盾更加突出。受思想观念、经济因素的影响,农业用地与城市用地的不对称权益制约,新区的开发成本较低,许多城市管理者重新城开发，轻旧城改造，城市经济增长依靠土地等资源的大量投入，城市发展呈现"摊大饼式"的盲目无序扩张状态，土地资源的利用出现了较多的问题。

8.2.2　中小城市土地利用的动力机制

中小城市土地利用扩展的主要动力源于两方面：一是1998年以后的货币化分房导致商品房市场化发展，加上城市经济发展和工业化进程的推进，引起城市房地产商品化发展对土地需求量的增长，表现为以市场需求为主导的城市用地的扩张；二是城市土地管理和政府政绩观、衡量标准导致城市土地储备量和城市土地财政为主导的城市用地的扩张，表现为行政意志下的城市用地空间扩展，即城市规划范围不断扩大，被看作新一轮城市用地占用农业用地的"圈地运动"的原罪[4]。

（1）市场化动力机制。改革开放以后，市场经济发展推动了乡镇企业的发展，"村村冒烟，镇镇设厂"极大地促进了城市用地的发展。此后，逐步实施住房供给与分配制度改革，改变了国家统包的城市住房供给与建设模式，城市建设活动大多以商业化、市场化供需机制来协调和平衡。

1998年货币化分房制度的实施，改变了民众对福利分房方式的依赖，房地产市场蓬勃发展，市场对商品房的大量需求和我国金融领域的支持，掀起了全国房地产开发的热潮。据统计，1986～2004年，中国房地产投资年均增长速度为35.9%，远高于同期固定资产投资年均增长速度（19.95%），也远高于GDP的增长速度。可以看出，以商品住房市场需求为主，以城市工商业为辅的城市化浪潮推动着城市建设用地不断外扩。

（2）政府的动力机制。1999年新的《中华人民共和国土地管理法》确定了我国土地产权流动的单一模式是政府征用农民集体土地，这种制度上的非均衡性赋予了地方政府较多的行政权力，实现土地垄断供应[5]。在出让市场上，地方政府为了迎合开发商的要求不断征用郊区农业用地；在城市用地的来源上，政府部门往往按照自己的意志组织城市规划的修编，扩展城市用地范围和扩大城市增量用地，将城市规模做大，以便争取更多的土地，进而将其收购储备推向市场拍卖，获取更多的土地收益。

8.2.3　中小城市土地利用的问题解析

20世纪80年代改革开放以来，在城市发展取得巨大成就的同时，城市土地利用不合理带来的城市问题日益突出，快速城市化所带来的城市土地和空间利用正在经历着前所未有的考验，已经成为城市发展中研究的重心之一。深入研究不同城市土地利用机制下城市土地表现形式与问题是解决我国目前众多的城市土地利用问题的有效途径。目前，我国城市土地利用问题突出表现在以下几方面[6]。

（1）城市用地的综合效率低。改革开放以来，城市用地规模迅速扩大，城市土地在一定程度上成为城市经济发展的资源和资产。在土地经营的利益诱导下，"圈地"成为地方政府发展经济的一种手段，将城市"做大、做强"，增加土地供给，以增加城市财源。城市土地利用没有树立节约用地的意识，旧城挖潜改造力度不够，很多中小城市，尤其是乡村聚落出现"空心化"，而各类开发区、大学城、科技园、软件园、旅游度假村等大面积圈占农业土地，造成土地浪费和乱占耕地问题越来越突出，形成城市发展的不可循环性。而且，因为旧城改造的补偿、安置问题十分复杂，加之旧城土地开发利用规划实施的难度较大，因此开发商往往趋于开发城乡接合部，导致城市土地利用与城市功能关系不整合，城市土地利用的综合效率不高。城市建设总体上是粗放式的增长方式。高消耗、高污染、高投入、低效益问题突出，土地浪费现象普遍存在。

（2）城市土地利用缺乏系统协调。市场机制冲击着城市建设的决策者，城市土地利用出现盲动。面对市场经济发展的态势，城市土地利用规划稍显滞后。我国1996年编制的土地利用规划因其是静态的控制性规划，而且规划年限为2010年，与现有的城市规划和经济发展速度、城市动态变动特征存在脱节。城市建设在"日新月异"的主旨下，更新速度和城市再造追风赶潮，导致城市土地开发时序的混乱；城市基础设施建设协调不到位，被喻为"城市拉链"；城市功能配套跟不上城市用地扩展的步伐，许多城市工业发展带来的污染与自然环境间形成非良性循环；城市内部违法占地导致绿地和公共设施用地大量被占用，城市垃圾处理和废弃物利用缺少必要的空间，城市的生活环境质量持续下降[7]。

（3）城市土地利用管理混乱。1991～2000年我国设市城市建设用地平均每年增加 1022km²，每年征用土地 831km²；2001 年设市城市建设用地增加 2079km²，征用土地 1812km²（其中耕地 370km²）；2002 年城市建设用地增加 2640km²，征用土地 2880km²（其中耕地 1863km²）。2001 年以来，每年新增城市建设用地是 1991～2000 年平均水平的 2 倍以上，主要是因为各地大搞开发区建设，很多地方土地征而不用，以大面积圈划开发区为特征的城市用地增长进入了一种无序状态。据相关部门统计，截至 2006 年 12 月，全国开发区的数量由整顿前的 6866 个减少到 5298 个，是原开发区总数的 77.16%；规划面积由整顿前的 3.86 万 km² 压缩为 2.865 万 km²，是原开发区面积的 74.22%①。在国家、地方政

---

① http:// www. sdpc. gov. cnxwfb/t20070419_130504. htm/.

府、企业和公众等利益主体形成的城市用地发展博弈中，地方政府对经济增长的观念、土地垄断特征和凭借土地资源生财的根源没有根本改变，土地管理的混乱和通过各种途径规避国家执法检查形成的土地违法和失控现象严重。2005 年国土资源部执法检查结果显示，2003 年 10 月～2004 年 9 月，全国 15 个城市 70 多个区县违法用地宗数和面积数分别占新增建设用地宗数和面积数的 63.8% 和 52.8%，有些地方甚至高达 90% 以上，而被违法占用的土地大部分是成熟的耕地[8]。

（4）城市赖以发展的用地资源极其有限，而且浪费严重。2005 年土地利用变更调查结果，全国耕地 12 208.27 万 hm²；全国耕地净减少 36.16 万 hm²，人均耕地面积减少到 1.4 亩，仅为世界平均水平的 40%。如果不能有效地提高土地的使用效率，那么我国未来城市的粮食供给、经济增长都会出现危机。目前，我国不少城市由于近年来城市用地主要向着郊外农业用地转移，城市内部出现空心城的现象，土地利用率非常低，很多城市人均占地突破 100～120m² 的指标，有的中小城市甚至超过 150m²，城市内部土地利用还有很大的潜力。

（5）城市工业用地集约化程度不高。我国大部分地区工业结构比较落后，大多数工业用地没有养成集约和节约用地的意识，土地投入和产出都非常低。从单位土地的产出来看，发达国家工业用地每平方公里的产值普遍达到几十亿美元甚至上百亿美元，而我国仅东部发达地区的部分工业开发区每平方公里土地的工业产值能够达到几十亿元。从工业用地的占有面积来看，我国城市工业用地面积占总城市用地面积的比例普遍高于 30%，发达国家城市工业用地面积比例多在 15% 以下，我国高于发达国家一倍的工业用地带来的经济产值却远不及发达国家工业用地的产值。因工业用地分布分散，缺乏有效的组织，各种资源、原材料、能源之间衔接不畅，导致工业和其他各种非农产业发展的配套公共设施、基础设施和交通成本过高，与我国基础设施所要求的规模效益目标背道而驰。

基于我国人多地少的国情和土地利用中存在的诸多问题，集约利用土地是我国城市化发展的必然选择。转变我国土地粗放利用的方式必须走城市土地集约利用的道路，优化城市土地利用结构，促进产业结构调整和粗放增长方式转变，推动我国城市良性发展，是我国全面建设小康社会和节约型社会的客观需要。

（6）城市土地利用缺乏循环经济的理念。在新形势下，循环经济对城市土地利用规划提出了新的要求，强调经济、社会及环境相协调，重视人工系统与自然系统的合作关系、城市土地的节约集约利用与保护。由于长期以来我国对城市建设用地分类和未来预测基本是建立在经验数据的基础上，而不是监测或实验数据。因此，城市土地利用技术规范的局限性导致规划编制缺乏可考证性，以及城市建设实施和管理结果难以预知性。以城市居住用地为例，近些年的城市房地产开发热潮改善了国民的居住条件,从数量上保障了城市居民对于住宅的需求,但却忽略了区域平衡、人文环境、气候调节、绿地、废弃资源的再利用、公共安全和服务等城市功能。另外,中小城市建设同样追求大广场、宽马路、豪华办公楼等,都远远超过了其相对应的城市时空发展需求,这些都明显表现出城市建设用地上的盲目性和冲动性,不符合循环经济发展的要求。从人类社会和谐发展来看,必须采取与我国国情、区域经济发展的阶段需求、城市与农村生产生活相一致的土地利用模式,才能有效解决我国目前城市土地利用中的诸多问题。

8.3 城市土地利用规划的作用与存在问题

城市土地是人类文明高度聚集的地域单元,城市土地利用规划就是有效组织各种城市用地,结合当地自然和社会经济条件及国民经济发展的要求,协调土地总供给与总需求,确定或调整土地利用结构和用地宏观布局。

8.3.1 城市土地利用规划的实质

(1) 城市土地利用规划的约束。城市土地利用规划一般由两部分组成:一部分是国土范围内的土地利用规划,集城市用地、农业用地、重大基础设施用地、森林矿藏用地等多种用地于一体,根据国民经济和社会发展规划、国土整治和资源环境保护要求、土地供给能力及各项建设对土地的需求,平衡全国范围的土地利用;另一部分是城市总体规划,它根据分析确定的城市未来发展目标,制定实现这些目标的途径、步骤和行动纲领,进而制定城市空间发展的战略和土地利用布局,引导和控制社会实践来干预城市发展及城市土地使用。

《中华人民共和国土地管理法》规定"城市总体规划、村庄和集镇规划,应当与土地利用总体规划相衔接,城市总体规划、村庄和集镇规划中建设用地规模不得超过土地利用总体规划确定的城市和村庄、集镇建设用地规模""在城市规划区内、村庄和集镇规划区内,城市和村庄、集镇建设用地应当符合城市规划、村庄和集镇规划"。上述条款明确地限定了土地利用总体规划与城市总体规划的关系,城市总体规划应该在土地利用规划的约束下进行。但从现实来看,土地利用规划是静态规划,由中央政府委托土地管理部门制定和执行,而城市总体规划是动态规划,它由地方政府根据地方经济发展的速度、目标等因素制定,因而城市总体规划在用地上往往会突破土地利用规划的制约,这就需要改革规划编制技术与执行管理模式,加强规划间的衔接。

(2) 城市土地利用规划的理念。从城市发展的动力机制来看,城市是在政府、经济组织、居民（住户）之间互动的利益关系推动下发展的。因此，城市总体规划的编制实质上是在维护城市整体利益和公共利益的前提下，对各种利益主体有关土地利用活动做出协调的过程。城市总体规划的编制是一个动态的连续过程，这一过程所产生的一系列城市发展方针、对策和措施实质上是城市发展和土地利用公共政策形成的过程，同时是一个对既定目标不断修正，对影响方案的诸因素、诸利益不断协调的过程。计划经济体制下，由于社会各阶层的利益隐含在共同利益中，土地是以无偿的形式利用，所以规划编制面对的矛盾和冲突相比市场经济条件下要小得多。市场经济条件下，在城市土地使用上，无偿划拨方式转变为有偿使用和行政划拨并存；建设方式由统建转变为以市场开发为主。城市总体规划的编制应当在满足公共利益的前提下对城市土地进行空间组织，使各类开发建设都能获得适于其本身要求的土地使用，并能适应和适合不同类型、不同规模的开发方式和开发能力的需求。在此基础上，按照社会整合要求对这些需求进行重组，使市场运作和社会利益双赢。那么，传统城市总体规划的编制所采取的基于理想模式和纯技术的土地利用模式已不适应市场经济和城市社会的需求。因此，需要改革城市土地利用规划理念，在强调循环经济的基础上，根据生态环境变化对各种用地需求与组合进行充分的评价和预测，才能保证城市土地利用与人类生存之间的协调性。

8.3.2 城市土地利用规划的作用

城市土地利用规划是城市规划的核心，它是根据城市的现状和发展蓝图，对城市土地的利用进行综合规划，严格约束和引导城市土地利用方式，以期充分利用土地，协调城市空间布局，决定着城市未来空间结构的分布形态和功能布局。

（1）加强土地的综合利用能力。城市规划是建设城市和管理城市的基本依据，也是对城市发展中公共生活空间秩序的未来所做的安排。建立在科学合理的分析与研究结论上的城市规划，能够合理地组合布局相关城市用地，树立用地的质量和效率意识，转变土地功能单一方式，引导城市建设和加强城市土地综合利用的能力，提高单位土地经济质量和效益，以有限的土地资源实现社会发展效率的最优化。

（2）有助于城市布局的合理化。城市是社会分工和商品交换的产物，以非农业人口为主体，以工商业活动为主要内容，以聚集经济创造巨大的社会财富效益为目的，是社会文明和精神文明的地域综合体。城市规划根据城市发展的历史和市场集聚的形态，对城市各种功能进行有目的的归类布局，发挥各种公共设施的集群效益，减少城市内部各种资源、人口流动带来的能量、信息损耗和成本浪费，同时隔断部分污染源与城市人口分布高密度聚集区间的联系，促进城市与人类生活空间的合理化。

（3）有利于控制城市规模。城市规划是建立在对城市历史脉搏的诊断和把握的基础上，参考城市发展速度、特征、规律、潜力等因素，科学测算未来城市化发展水平和人口规模，按照城市发展不同阶段实况和需求安排布局城市产业与用地，对城市的未来既有预测和综合权衡，又有引导作用，因而能够科学预测不同发展时段城市人口规模和建设用地规模，合理安排各项建设活动，既防止超前建设带来的社会财富的折损和闲置浪费，又能够提前安排预留部分城市发展用地，协调城市建设不同阶段的用地需求，而且通过城市规划的法定管理特征将城市用地限定在合理的范围内。

（4）有利于环境保护与整治。城市是人类社会经济发展到一定程度的产物，而且对于经济的发展有着极大的促进作用。城市的经济极核作用对周边地区有着巨大的吸引力，同时城市是各种人类文明的集聚地，具有便利的交通和公共服务体系，也吸引着大量的外来文明、人口、产业向着城市集中，所以城市人口、用地规模总是处于不断膨胀的过程中。当城市膨胀到一定程度时，人口、污染等一系列因素也在一定程度上制约着经济的增长和人类文明的发展，因此进行城市土地规划，预见性地预留和控制城市规模与发展的方向，对不利于人类生存生活环境的发展趋势及早整治，对城市发展的远景进行展望，有利于城市与区域、人类与自然的和谐统一。

8.3.3 城市土地利用规划存在的问题

城市土地利用规划作为城市总体规划核心，是为了统筹土地利用结构、布局协调和区域发展，而对城市各类用地指标和布局进行安排与协调。21世纪，我国进入城市经济时代，伴随城市化和工业化进程的加快，城市建设与城市总体规划脱节现象普遍存在，"城市病"与城市问题也日益严重。在市场行为和政府干预的双重作用下，城市总体规划被突破、被改变、被违反的现象屡见不鲜。规划不能很好地得到实施除规划自身的原因外，主要还体现在以下几点[9,10]。

（1）规划观念落后。我国很多地区把城市总体规划编制当作描绘一幅城市未来发展的"终极蓝图"，缺乏对实现蓝图的过程、步骤、制约条件和措施的研究。城市规划编制的思维模式化，一般都沿着"政府意志—委托—调查—分析—规划方案"的程序进行。许多规划师采用的工作方式也是一种单向思维方法，缺少总体规划编制对未来城市形态的架构和预测，也不能根据规划方案实施反馈的信息，经常性地主动进行调整和适应城市发展与市场需求。城市总体规划还被看作一种价值中立的纯技术性的工作，存在编制人员不问实施管理，管理人员不问技术的倾向，规划编制和实施管理相脱节等问题。规划主要工作仍然局限于分配建设用地指标、确定建设用地规模与速度、按照城市功能划分城市区域等[11]。

（2）编制内容的标准层次不清。规划编制内容上最突出的不合理之处就是城市土地利用规模的不断扩张，规划编制不能根据城市经济集约化发展的合理性确定城市土地空间利用模式，规划成了用地扩张规划。规划不能结合城市产业时空结构演变、城市土地利用需求、城市空间环境容量和用地效益的变化来综合评价城市用地布局的合理性来考虑城市用地空间的规划调整；缺乏对城市区域的宏观经济形势的有力论证，使得城市发展政策、城市规模、外部大交通规划等问题完全凭借政府意志、规划师的经验和主观臆断来得出结论，论证过程完全是为了吻合上述目标而作的拟合过程。城市规划编制中对城市经济发展水平与城市建设水平、人民生活水平间差别的分析不足，对城市总体发展目标实现中的经济可行性、市场不确定性、目标应变和调整能力都缺乏系统论证。规划制定的城市发展目标、城市基础设施建设标准、环境影响分析往往流于形式，规划内容空洞甚至不切实际。

各个层次规划执行同一标准，大中城市总体规划工作内容庞杂、重点不突出，而小城市、建制镇的总体规划深度不足。城市对区域的影响与依赖作用越来越大，区域中各县、市之间的分工也越来越细，城市地域不再是传统意义上的建成区，城市密集区、城市连绵区内的城乡一体化发展意味着未来城市将是包含市、镇、乡、村的地域综合体。目前城市规划法界定的"城市"从直辖市一直延伸到建制镇，人口规模从上千万到几千人，幅度很大。《城市规划编制办法》虽然也要求加强城乡统筹，编制城镇体系规划，但是由于城市总体规划的成果内容过于全面细致，包容过多过杂，上至社会经济发展目标、人口与产业、城市资源利用和环境保护、区域协调发展、公共安全和公众利益等方面，下至风景名胜资源管理、自然与文化遗产保护、工程管网、文物古迹保护以及详细的现状资料、数据等，统统包揽了进来。造成总体规划宏观问题研究不透，微观问题研究不到，形成决策依据不足，具体实施上又缺乏深度而无法操作。规划缺乏层次性导致城市规划的指导性大大降低，对城市自身发展的引导能力尚且不足，对城市周边的区域以及小城镇、乡村的指引性就更差[12]。

（3）规划实施的可行性较差。20世纪80年代后，快速城市化导致城市用地超速扩张，带来资源枯竭、环境污染、无序扩张、开发失控等诸多方面的问题，要求研究城市经济发展阶段的土地利用规律，在保障城市功能活动与土地利用有机协调的前提下，规划应对城市发展的未来做出科学的判断，据此进行土地利用规划方案的编制。而目前，对土地利用规划实施的可行性缺乏判断，规划编制着重于方案本身，而缺乏合理的规划方案；此外，由于土地利用规划的政策性和技术性的特点，规划的自由裁量权极大，往往导致规划权的滥用现象，使得土地资源利用中多种利益的冲突难以在规划决策环节得以充分的协调和平衡，出现政策失灵。

（4）规划方案的前瞻性不强。规划对城市发展的未来分析不到位，发展目标的科学性不足。规划对于城市人口发展速度和区域发展前景考虑不足，再加上规划管理实施措施中的刚性不足，导致规划的时限性很短，失去了城市规划对城市发展的调控作用。面对市场经济发展的态势，城市规划显得滞后，难以适应发展步伐，众多城市的规划用地方案距离规划期限还很远就被市场发展需求突破。

（5）总体方案缺乏系统性。土地利用规划为规划而规划现象较为普遍。规划的土地用途不仅片面，而且规划的土地利用强度缺乏弹性，相邻地块间的衔接联系不够。实施阶段的土地利用规划着重于建筑环境规划，对城市社会环境氛围形成、自然环境利用、文化环境构筑等方面考虑不足，过分渲染建筑环境效果，对城市功能间的有机联系考虑不周，往往是先建设高楼，再见缝安插绿地和公共设施用地，整体规划方案对居民生活需求考虑得较少，土地利用没有按照人文和谐发展预留足够的公共活动用地。

8.4 循环经济理念下的中小城市土地利用规划

随着城市化的迅速发展，城市规划遵循循环经济理念，对城市发展建设方式进行相应的变革成为历史的必然[13]。循环经济的基本出发点是在人类、自然资源和科学技术的大系统内，以及资源投入、生产生活、产品消费的全过程中，人类合理利用各种地球资源，将资源循环利用作为经济持续发展的基础和动力，减缓全球人口剧增带来的资源短缺、环境污染和生态恶化趋势。这些都要求人类正确地看待自然赐予人类的土地资源，以科学、合理的利用态度、方式、技术处理好人类开发活动与自然生态平衡之间的关系。

8.4.1 循环经济对中小城市土地利用的要求

循环经济的核心是最有效地利用资源，提高经济增长质量，保护和改善环境，协调经济增长、资源短缺和生态环境保护之间的矛盾，实现人与自然和谐。其宗旨是以降低经济活动的环境影响为基本目标，将人类的生产活动与资源的有效利用相结合，以"3R"为基本原则，最大限度地重复利用进入社会经济系统的物质生产要素和能量，提高经济运行质量和效益，促进人与自然协调和谐发展的生态化可持续的经济发展模式。

我国人均拥有的耕地面积低于联合国公布的警戒值，面对人口大国的国情，土地应优先满足粮食安全是城市发展的根本命题。因此，城市发展要从源头节约土地资源，切实保障生存与发展的平衡，制定科学的城市用地控制指标，优化调控城市扩张速度。按循环经济内涵，在城市发展过程中，"3R"原则对城市土地利用规划的要求表现如下。

（1）"减量化"对城市土地利用规划的要求。减量化要求城市发展应该减少对土地资源的利用数量。要求城市规划应该严格控制城市空间扩展的速度；同时，城市要采用紧凑集中的用地布置形态，避免中小城市不切实际地寻求理想的生长模式。

（2）"再利用"对城市土地利用规划的要求。再利用要求提高现有城市用地的利用效率。根据城市功能活动动态性的特质，强调城市用地可以多阶段再次开发，通过提高容积率、人口密度来提高城市已开发用地的土地利用强度和基础设施利用效率，特别是规划用地分类要适应多用途的要求，提高用地性质调整的科学依据。

（3）"再循环"对城市土地利用规划的要求。再循环要求城市用地使用功能要不断完善和复合式发展，城市基础设施和路网系统强调从线性的发展模式向网络式的多重环圈发展模式演变，通过城市规划提高城市基础设施和道路的使用频率，实现城市土地综合利用的过程控制，取代不合理用地的末端治理，平衡经济增长、社会发展和环境保护三者的关系。

8.4.2 循环经济理念下土地利用规划实施的途径

城市土地利用规划是对空间秩序进行整体安排，是城市建设管理的基本依据和实现城市社会经济发展目标的综合性手段。循环经济思想为城市土地利用规划提供理性的实施途径，从土地利用结构、产业升级、统筹区域布局、盘活城市存量土地、合理利用新增建设用地及优化配置土地资源等方面考虑，以土地资源的优化利用为目标，通过对土地用途的优化组合，达到城市系统的优化[14]。

（1）树立新的规划理念。城市土地资源属于不可再生资源，城市规划编制中应该树立节约用地的规划观。循环经济要求规划方案充分考虑城市生态系统的承载能力，尽可能地节约土地资源，提高土地利用的综合效率。在土地利用规划上，要由单一的资源利用机制向综合利用机制转变，以提高土地资源综合利用率；要通过调整产业结构，优化土地利用结构，达到经济、社会、生态的和谐统一。

土地紧凑利用是在土地利用中发展循环经济的重要途径。城市建设用地要把握紧凑发展的原则，尽可能缩减"地根"。城市紧凑发展，首先要考虑土地资源的约束，寻求集约紧凑的布局模式，防止"摊大饼式"的城市发展方向，强调内涵发展；要在合理布局的前提下，掌握城市用地的标准和比例；要根据特定区域的实际条件，研究适合于当地的土地利用技术，研究如何使用好各类用地；要转变政绩观，千方百计地杜绝"形象工程""面子工程"；要建立相应的约束和考核指标，尽可能挤掉水分和泡沫，提高土地利用的效率。

（2）提高城市土地集约利用效率。城市土地的集约利用是土地利用中发展循环经济的有效方式。在布局合理、结构优化和可持续发展的前提下，合理规划增量土地，促进城市增量土地与现有城市功能和土地结构衔接。在确保城市功能结构合理和城市良性运行的条件下，不同用途的土地可以混合布局，这有利于保持土地利用结构的平衡，盘活城市存量土地，提高土地利用效率。例如，就业、居住与工作场所之间的距离应尽可能接近，避免出现工作与居住明显分区的现象；合理布局商业网点、交通设施，方便人们的生活，缓解交通压力，降低开发成本和环境成本；在土地利用强度较高的地区，可以考虑向地下和空间拓展，形成土地利用的立体布局。

（3）重复与复合利用城市土地。城市规划不应仅局限于对新增城市用地空间和城市发展形态的规划，更应该做好城市内部已有土地的合理再开发和重复利用，土地循环利用是在土地利用中发展循环经济的关键环节。土地循环利用并不是简单的土地利用类型的转变。根据循环经济的思想，土地循环利用大致有两种情况：一种是原级循环，它要求土地在生产物品、完成其一次使用功能后，能保证其具有持续利用的能力，依次进入下一个阶段被反复利用。这需要采取有效措施，严禁破坏与损毁土地，防止土地过度开发，注重用地与养地相协调，使土地资源能够被多次使用。另一种是次级循环，根据再利用原则，采取土地整理、生态恢复等综合整治措施，将已被破坏的土地资源转化成其他利用类型，或将临时转化为其他用途的土地恢复其原有利用类型，对因土地沙化、水土流失、地质灾害、工程建设、矿产开发等导致使用价值丧失的土地进行治理与恢复，尽可能恢复其土地生产能力，进入新的循环利用过程。一般来说，原级循环在减少土地消耗上达到的效率要比次级循环高得多，是循环经济追求的理想境界。复合利用强调同一地块土地用途时空的多样化利用，提高土地利用规划的弹性。

（4）有机组合城市土地空间。城市土地利用受到地貌类型、区位条件、社会经济发展水平、土地投资强度、土地利用强度、土地空间集约利用度、土地级差地租等众多因素的影响。城市土地利用规划应该按效率优先原则，结合城市土地条件对城市功能进行有机的组织。首先，应该把城市经济、产业集群等内部有机关联的城市功能集中布局，通过交通、物流、人流的运筹，形成高效的用地结构，提高公用设施的使用效率。同时，对于城市新增加的功能需求，尽可能根据功能组合原则形成新的功能地段。例如，从城市水、物质循环利用角度，可将垃圾处理、废水处理、洗车停车等功能组合形成循环经济功能区。此外，纯化用地功能也是实现节约与集约建设用地的有效手段，在城市用地规划中，鼓励工业集中区建立由共生企业群组成的生态工业园区，以及农民住宅向村镇集中和土地向业主集中。

（5）完善城市土地管理系统。城市土地利用规划能否切实落到实处，节约用地和循环用地能否实现的关键在于城市土地管理者的执法态度和土地管理的系统是否健全。这就需要细化城市土地管理图则，加强城市土地管理信息系统的建设，增强城市用地管理的透明度和动态性，通过完善的法律法规体系提高民众的监督意识，保证经过公示和审批的城市土地利用规划方案落到实处。

8.5 中小城市土地利用的规划决策体系

在土地利用规划制度设计中，关键是建立规划与市场协调关系，合理推进土地资源的有效配置。理论上，市场对土地资源的配置优于通过规划进行的配置。但是，土地管理制度的复杂性和土地位置的固定性使得市场效率远不及政策调控的效果。计划经济时代，国家指令划拨城市土地，土地利用的经济性非常低，城市新增用地根据年度用地计划，国家划哪就落哪，基本上没有因用地效率的低下而重新被开发利用的。改革开放后，实现了国有土地产权固有的经济属性，土地资源作为重要的生产经济要素实现了市场供需。但是由于转型期土地管理方式和政策的不到位，加上农村土地产权的不完整，这就形成了我国土地使用市场的不公平性，也限制了市场经济对土地资源的调配和使用。在不公平的制度环境和不完善的市场体系下，城市土地利用不会在没有干预的情况下沿着有效的市场路径达到有效配置。因此，城市土地的循环发展不可能脱离政府的调控而存在，政府必须从广大民众和国家整体利益的角度出发协调城市土地的节约利用和高效利用[15]。土地资源的公共性和土地产品的私利性、稀缺性决定了只有通过政府有效干预下的规划调控，才能使城市土地生态化、循环性发展得到有力保障。从中小城市土地利用规划的特点和层次体系上来看，按照循环经济的理念，城市规划应该从规划决策、控制管理、优化调整三个环节入手，逐步调整完善，达到城市土地利用规划的有效性。

8.5.1 中小城市规划决策系统模型

基于循环理论的城市土地利用规划决策系统模型（图 8-1），是依照循环经济对城市土地利用总体要求，从社会、区域、城市的可持续发展和统筹城乡协调发展的大局出发，以生态、环境、社会、经济、资源等整体化发展为目标，结合城市生态环境和人文环境发展预测，拟合城市土地功能结构、开发强度、单位经济产值、废弃物总量控制和生态质量的关系，确立适于人居的城市用地空间关系、数量关系及功能关系，进行用地规划决策，实施管理控制，并利用土地利用控制方法与技术手段，实现对城市土地利用规划的监督，进而进行纠错调整的规划决策机制[16]。城市发展是必然的，对城市土地的调控是为了协调高速发展的城市用地与农业用地间的相互关系，既保证城市经济和发展保持高质量高水平，又能够坚持节约用地意识，积极地引导城市在"科学发展观、循环资源观、生态

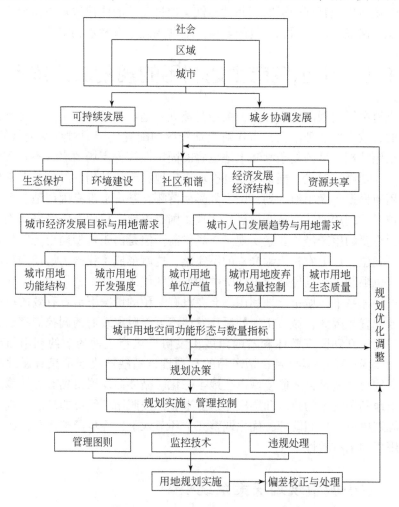

图 8-1 基于循环理论的城市土地利用规划决策系统模型

环境观"的指导下，以"区域视野、城市入手"对城市未来用地发展模式做出"理性预期"，并通过行之有效的管理制度和规划调控手段，形成区域协调发展的整体结构，增强城市土地利用方式和结构的可持续发展能力。

8.5.2 中小城市土地利用规划的控制管理

城市是一个有生命、能呼吸、能成长的不断变化的有机体，一个健康的城市应该能不断改善其环境、扩大其资源，使市民互相支持，发挥最大潜能。"和谐、自然、舒适、善意"是城市适合的人居环境要素。城市土地利用规划作为土地管理的政府干预中最行之有效的措施，应该从完善其规划控制与管理内容、技术手段入手，提高政府行政干预土地市场、协调各种社会需求的能力，保证公共设施用地的有效供给[17]。

（1）城市政府干预。城市用地在市场化发展的过程中，受到市场上用地企业和个人欲望、私利心态、开发目的、经济能力等多方面的限制，土地中的公共利益很难平衡，需要政府运用规划手段约束和规范城市用地发展中的负外部性行为，实现公共利益的最大化，同时保证城市更新改造的及时性，维护公共安全，不断改善城市带给大家的公共服务水平。

（2）土地使用控制。政府从公共安全、公共利益、公共需求、公共生存环境的角度出发，对城市土地使用的数量、空间、功能布局等方面进行控制，一则保证城市建设用地开发的时序性，限制城市无节制外延，防止城市用地过度扩张造成浪费和农业供给的不足；二则优先安排公共空间项目和重点建设项目，引导城市用地向既定的城市发展方向进展，防止城市建设脱离公众，进入用地发展的不良循环，导致城市文明的衰退。

（3）开发强度控制。政府通过城市规划的制定，限制了不同土地承受能力下土地开发利用的强度，对城市开发中不利于他人的行为及时制止和规范处理，协调城市整体空间景观要求和环境要求，确定不同地段的建筑高度、建筑密度和容积率等技术经济控制指标，明确各地块的最大开发强度，限制房地产开发中单纯追逐经济效益导致的地段过度开发。

8.5.3 中小城市土地利用优化模式

城市土地利用的优化配置，是指土地资源在各产业的分配使整个社会的产出水平达到最大化，并实现社会、经济和环境的可持续发展。从有利于我国不同区域城市发展的特征来看，中小城市土地循环发展的优化模式有高强度的集约用地模式、外扩混合开发模式和生态型空间发展模式[18]。

（1）提升高强度的集约用地模式。近年来由于我国区域社会经济快速发展，以及城市化进程的加快，城市用地扩张带来的用地矛盾很难通过新增用地数量来解决，而且很多地区土地资源紧缺，优化城市土地资源配置，提高土地利用效益成为缓解经济建设用地矛盾、促进经济社会可持续发展的有效途径。城市土地开发利用必须加强对土地价值规律的认识，通盘考虑土地开发强度、社会环境和生态环境要求，调整改造和综合整治城市土地，提高城市土地集约程度，不断加快旧城、旧村改造，提高城市建筑密度和容积率。通过资源的配置机制选择不同社会经济效果中资源消耗最少的使用方式。

（2）引导外扩混合开发模式。城市土地利用中，充分发挥规划的调控作用，通过交通、市政等基础设施先行，有目的地引导城市产业用地以新建工业园区的模式向着城市郊区扩展，通过城市产业规模化、集聚化组合城市产业发展中的能源、资源、技术，将部分工业发展中的废弃物资源化，形成城市界外功能鲜明、各种功能用地有机组合的城市用地布局模式，能较好地分流城市人口，缓解水土资源和交通压力，又能有效地带动周边乡村经济文化的快速发展，有利于我国城乡一体化发展和新农村建设。

（3）生态型空间发展模式。由于高强度的城市用地带来的污染、交通问题很难通过城市用地的内部整合达到优化状态，因此城市土地规划应该从环境生态发展的角度出发，制定城市生态保护的限制开发区域，预留足够多的城市绿带、绿色空间，通过城市绿地与城市其他用地间的有机组合，有效调节城市经济、社会及环境间的相互关系，提高人工系统与自然系统的协调，促进城市发展的人文化并提高舒适性。

8.5.4　中小城市土地利用规划的实施措施

构建城市循环经济体系的目的就是调节生态环境与城市空间要素间的生态经济关系，只有科学的城市规划，才能引导城市用地的循环发展。因此循环型城市土地利用模式必须先从城市规划方案的评价入手，分析规划方案在不同层次上的预期结果，进而应用合理的规划方案指导城市建设和用地布局，再加上有效的规划反馈机制和完善的法律约束机制，才能保证城市用地的生态化、循环性[19]。

（1）科学发展——规划思想的变革。城市规划的指导思想直接决定着规划方案的价值取向。规划师倡导的城市发展理念决定着城市用地发展模式。从早期的田园城市到严格功能划分的《雅典宪章》，再到城市与区域协调发展的《马丘比丘宪章》和《北京宣言》，城市规划师的思想引导着城市用地科学发展。这就要求客观上城市土地利用发展必须坚持在土地利用适宜性评价等相关分析基础上，以环境支撑体系和土地资源保障体系为支持层，以生态产业体系和社会文化体系为表现层，综合运用城市生态环境变迁理论规律、城市系统工程理论、城市土地循环发展的机理、土地承载力理论、人文文化思想和生态人居理念，构筑循环型城市土地利用规划的主体内容和框架。

（2）理性预期——合理的土地利用评价体系。循环型城市土地利用的评价，应该从城市土地利用方案是否有利于三个层次来看：宏观层次上，城市规划是否有利于城乡一体化发展，具体而言就是是否有利于发挥城市的正外部效应，节约利用土地，保护水土资源，协调城市与区域水资源分配与利用，保护城市和区域生存的生命用地，改善区域整体的生态环境和提升经济发展速度，完善城市与区域的基础设施系统，带动城市与周边城镇和乡村生态、人文、经济、环境的整体发展；中观层次上，城市规划方案是否能够引导各项建设按照市场需求有机流动，是否有利于城市内部人口与产业组合分布，是否有利于城市公共设施的共享，是否能够实现对城市历史遗迹、古建筑的传承与保护，是否能够综合协调城市资源、能源、信息、经济间的关系，减少城市垃圾产生，加大城市废弃物综合利用的能力；微观层次上，城市规划是否有利于城市内部局地环境的改善，提高城市居住生活品质，增强人与人交流的通道，提高城市建设中的节能、节地、节水能力，改善城市建筑与城市绿地间的有机联系，提升城市文化与城市教育的互益性效果。

（3）动态规划——行之有效的调控手段。规划必须建立在动态市场经济对土地利用分异规律的基础上，根据现实社会发展过程的不同阶段的需求不断更新和完善，才能获得更多的市场认可，也才能得到社会各界的认同和调动社会监管的力量，保证土地利用按照有利于全社会及未来子孙后代的可循环的模式推进。行之有效就是具有可操作性，是规划能否由地方政府最终落实，真正成为环境管理部门指导实践和加强管理的依据的关键。

（4）规划制度——完善的法律监控措施。循环思想下的城市规划在实施与管理的过程中，因循环发展所考虑的利益的长期性与市场经济投资效益的短期性之间的矛盾，总是受制于市场短期逐利思想而难以得到落实。因此，规划落实还需要立法先行，以法律规范循环型土地发展和利用的秩序。完善的循环型土地利用政策法律体系所形成的激励和约束机制是保障循环规划实施的有力武器。

8.6 小 结

我国城市土地利用总体上处于粗放状态，近年中小城市结构趋向分散化方向。本章分析了我国中小城市土地利用的特点，在探索循环经济理念对于城市土地利用内在关系深化和影响的基础上，揭示了城市土地利用规划原理。本章研究针对我国中小城市，但由于我国地域辽阔，城市区域差别较大，土地作为自然和人工复合的城市发展资源，必须在资源类型评价和"土地–城市"、土地与人口、土地与城市经济等关系系统分析的基础上，提出分类的城市土地指标体系，建立法定的土地强制性管理控制机制。

参 考 文 献

[1] 崔功豪. 区域分析与区域规划. 北京：高等教育出版社，2000.

[2] 胡序威，周一星，顾朝林，等. 中国沿海城镇密集地区空间聚集与扩散研究. 北京：科学出版社，2000.

[3] 董伟. 全国城镇"撂荒"土地近四百万亩. 人民日报，2005-06-20，（6）.

[4] 崔功豪. 都市区规划：地域空间规划的新趋势. 国外城市规划，2001（5）：1.

[5] 陈敬明. 循环经济与中国农村可持续发展模式研究. 天津：河北大学，2005.

[6] 严金明，李晶. 新形势下的土地利用总体规划. 北京：中国土地学会2003年学术年会议论文，2003.

[7] 朱才斌. 城市总体规划与土地利用总体规划的协调机制. 城市规划汇刊，1999（4）：10-13，79.

[8] 张晓松. 国土资源部检查发现一些城市违法用地逾九成. 人民日报，2006-06-07，（6）.

[9] 陈敬明. 循环经济与中国农村可持续发展模式研究. 天津：河北大学，2005.

[10] 陈利根. 土地用途管制研究. 北京：中国大地出版社，2001.

[11] 魏莉华. 美国土地用途管制制度及其借鉴. 中国土地学，1998（3）：42-46.

[12] 彭琴，龚新奇. 从循环经济的国内外实践看我国循环经济发展支撑体系的构建. 北方环境，2003（4）：5-8.

[13] 鲁敏，李英杰. 生态城市理论框架及特征标准. 山东省青年干部管理学院学报，2005（1）：117-120.

[14] 王万茂，韩桐魁. 土地利用规划学. 北京：中国农业出版社，2002.

[15] 仲崇峰. 区域农业循环经济发展模式研究. 昆明：昆明理工大学，2005.

[16] 李慧. 对循环经济的理论研究和实证分析. 成都：电子科技大学，2004.

[17] 赵鹏. 发展循环经济的手段研究. 天津：天津大学，2003.

[18] 欧阳绪清，傅晓华. 试论循环经济. 生态经济，2002（1）：31-33.

[19] 吴春梅. 循环经济发展模式研究及评价体系探讨. 青岛：山东科技大学，2005.

9 | 基于循环经济的城市水资源规划

随着经济快速增长、城市化水平提高和人口不断增加，一方面城市对水质、水量的需求越来越高；另一方面水资源相对不足，水污染日益加剧和城市水生态日趋退化，成为影响城市可持续发展的主要因素之一。

9.1 我国城市水资源的特性

我国地处东亚季风气候区，自然降水时空分布不均，导致一些城市水资源丰富却常常面临洪涝灾害；一些城市因季节性水资源充足而形成丰涝枯旱的水资源状况，这不仅给城市排水系统带来巨大压力，还导致 50% 左右的水量以洪水的形式流掉。目前，我国城市雨水利用基本空白，以疏、排为主，还没有将雨水作为一种资源加以利用，也缺乏系统的雨水利用规划和雨水利用工程[1]。与此同时，大多数西北城市却因降水量稀少而经常性地处于水资源短缺状态。随着近年来人口与经济增长，流域污染问题越来越多，我国资源型缺水城市也因水质、水量变化越来越多，城市生活的水质性缺水和城市产业发展的资源性缺水矛盾越来越深[2]。水资源短缺和地下水长期超采，不仅造成了地下水水位急剧下降，水源枯竭，还造成了地面沉降、管网漏水率增加等地质灾害的频发和水资源浪费加剧的问题[3]。

（1）水资源的循环再生性。与其他资源不同，水资源在水文循环过程中使水不断地恢复和更新，属可再生资源。水循环过程具有无限性的特点，但在其循环过程中，又受太阳辐射、地表下垫面、人类活动等条件的制约，每年更新的水量又是有限的，而且自然界中各种水体的循环周期不同，水资源恢复量也不同。所以水循环过程的无限性和再生补给水量的有限性决定了水资源在一定限度内才是"取之不尽，用之会竭"的。因此在开发利用水资源的过程中，不能破坏生态环境及水资源的再生能力。

（2）时空分布的不均匀性。作为水资源主要补给来源的大气降水、地表径流和地下径流等都具有随机性和周期性，其年内与年际变化都很大，它们在地区分布上也很不均衡，有些地方干旱水量很少，但有些地方水量又很多而形成灾害，这给水资源的合理开发利用带来很大的困难。

（3）利用的广泛性和不可代替性。水资源是生活资料又是生产资料，在国计民生中用途广泛，各行各业都离不开它。从水资源利用方式看，可分为耗用水量和借用水体两种。生活用水、农业灌溉、工业生产用水等都属于消耗性用水，其中一部分回归到水体中，但量已减少，而且水质也发生了变化；另一种使用形式为非消耗性的，如养鱼、航运、水力发电等。水资源这种综合效益是其他任何自然资源无法替代的。此外，水还有很大的非经济性价值，自然界中各种水体是环境的重要组成部分，有着巨大的生态环境效益，水是一切生物的命脉。随着人口的不断增长，人民生活水平的逐步提高，以及工农业生产的日益发展，用水量将不断增加，这是必然的趋势。

（4）利与害的两重性。由于降水和径流的地区分布不平衡和时程分配的不均匀，往往会出现洪涝、干旱等自然灾害。开发利用水资源的目的是兴利除害，造福人民。如果开发利用不当，就会引起人为灾害，如垮坝事故、水土流失、次生盐渍化、水质污染、地下水枯竭、地面沉降、诱发地震等。因此，开发利用水资源必须重视其两重性这一特点，严格按自然和社会经济规律办事，达到兴利除害的双重目的。

9.2 中小城市水资源利用中存在的问题

近年来，为了解决城市水资源问题，国家制定了一系列相关政策和措施，通过开源，增加城市供水设施的供应能力，而且积极推广节水型城市发展道路，实施节流，提高城市供水的安全性。为此，许多中小城市编制并实施水资源保护规划、流域综合治理规划、城市湿地建设规划，建立城市给水安全保障机制。城市节约用水也步入法治化，通过建立市场化的供水体制，城市节水意识不断提升，用水量快速增长的势头得到了有效遏制，城市用水效率也有了明显的改善和提高。2005 年，全国城市节约用水量 38 亿 m^3，2015 年至今平均每年城市节水量约 37.6 亿 $m^{3[4]}$，表明城市供水体制取得了一定的成果。但是必须看到，水资源短缺、洪涝灾害、水资源污染和水土流失问题仍然相当严重。

9.2.1 城市水资源日益短缺

我国是一个水资源短缺的国家，人均水资源占有量约为世界平均水平的 1/4，整个北方地区人均水资源占有量为 937m^3，远低于国际上的最低要求。据水利部统计，全国 661 个建制市中缺水城市占 2/3 以上，其中 100 多个城市严重缺水①。对于中小城市而言，呈现资源性短缺与水质性缺水同时存在的状态。我国大多数中小城市的水源主要依赖流经行政范围的地表水，地表水占城市总用水量的80%，占地表径流量的20%以上。中小城市排水基本上是未经处理直接排入自然水系，如果继续沿袭传统以流域自净能力为主的排水方式，以水资源的大量消耗实现工业化和现代化，水体污染面一旦扩展，后果是不堪想象和难以为继的。为了减轻城市增长对水资源需求的压力，必须建立以节约利用水资源和提高水资源综合利用效率为核心的制度创新和技术创新机制，促进水资源循环利用，提高水资源利用效率。

9.2.2　水资源污染严重

从治理环境污染的角度看，过去我国解决环境问题的重要方式是末端治理，基本的解决途径是使污染物从一种形式转化为另一种形式，不能从根本上消除污染。根据《2005年中国环境状况公报》，2005年全国废水排放总量为524.5亿 m^3，其中城市污水排放量为359.9亿 m^3；七大水系411个水体断面监测数据显示，水质达到Ⅰ类仅占4%，而呈Ⅳ类～劣Ⅴ类占59%；28个重点湖泊、水库国控断面的监控数据显示，满足Ⅱ类水质的湖（库）2个，仅约占7%；Ⅴ类和劣Ⅴ类水质的湖（库）17个，约占61%。由此可以看出，不能成为饮用水水源的河流（湖、库）断面占60%以上。再由于对城市污水处理的监管机制欠缺和一些工业企业将超标污水排入城市排水设施，给城市综合治理污水增加了难度，进一步加大了水资源的污染。

物质的不同形态之间的转换，与资源利用水平密切相关，水、大气、固体物是自然物质存在的基本形态，是自然生态系统有机的组成部分。减少废水和解决城市水资源紧缺问题，必须从自然物质生态链的角度出发，大力发展循环经济，推行清洁生产，将经济社会活动对自然资源的需求和生态环境的影响降低到最小，减少废水排放，提高废水资源重复利用能力，降低废弃固体物质的数量，提高其资源化利用的开发技术研究，才能从根本上解决经济发展与环境保护之间的矛盾，真正解决水资源的短缺与污染问题[5-7]。

9.2.3　水资源供给设施建设滞后

中小城市水资源供给设施建设，因用水观念、城市财力的限制，尚处于满足

---

① 《关于加强城市水利工作的若干意见》。

城市的需求阶段，还没有认识到建立分质供水系统、分质排水系统对城市水循环和生态环境建设的重要性。对于中小城市来说，随着城市规模逐步扩大，城市生活用水所占比例将不断增长，更需要符合安全、卫生要求的新水源，而目前大多数城市对地表水的利用已经到了极限，需要开辟新水源。

城市建设中地面硬化覆盖范围扩大，降水补给条件越来越差，补给量日益减少，而开采量不断提高，城市地下水位不断下降。同时，也加大了降雨时城市地表径流量，加重排水管网的负担，雨污合流的水大多未经任何处理直接排入河道，带来的流域性污染问题。住房和城乡建设部的统计，截至 2005 年，全国 661 个城市中还有 278 个城市没有污水处理厂，全国有近一半以上的城市和绝大多数建制镇污水没有经过有效处理而直接排入江河湖海。另外，至少有 30 多个城市的 50 多座污水处理厂，因收集管网不配套、运行经费不到位等，运行负荷率不足 50%，或者根本没有运行，污水处理厂的污泥和垃圾普遍存在二次污染隐患[8]。较低的污水处理率和二次污染隐患不仅使地表水污染严重，还波及地下水资源，水资源短缺与过度开发对城镇供水安全已构成潜在威胁，许多城市供水水质状况不容乐观。

9.2.4　水环境的生态功能逐步退化

中小城市因各类污水排放及农业面源污染超过了水体自我修复的临界点，不仅引发了大量水生物种的消失，还导致蓝藻暴发和水质不断恶化。此外，城市建设填埋吞占自然水体、污染的地表水被土壤吸附和随地下水流扩散而引发水环境生态问题。

9.2.5　水资源综合规划与管理滞后

现阶段的中小城市规划编制很少考虑资源约束下的产业发展方向和人口规模，很多中小城市基本没有设置城市再生水系统的管网规划，对再生水设施布局的调控及激励力度不够，政府对城市水资源综合协调能力不足，预警机制也尚不健全。

9.3　城市水资源系统的组成

城市中水物质流、水设施、水活动及其水相关的各个组成部分构成了"城市水系统"，包括水源系统、给水系统、用水系统、排水系统、回用系统和雨水系统。从城市组成要素特征看，城市实际上是一个由水网、电网、路网、供热网、燃气网、通信网、消费网等许许多多小网络构成的大网络系统。在这个大网络中，水网是市政公用设施的重要组成部分，对城市的经济发展、社会稳定、环境改善起着至关重要的作用，但它不是孤立存在的，而是与其他许多网络相互交织、相互促进和相互制约的。例如，水网服务于消费网，却依赖于电网，也常常受限于路网，相关的网络间需要协调，否则，便可能存在安全隐患，或出现"管线打架"现象，进而导致市政工程建设的重复、返工、浪费等后果。显而易见，城市水网是城市大网络系统中不可分割的有机组成部分，应将其纳入城市大网络系统，统一规划、统一建设、统一管理。

9.3.1 供水系统

（1）供水系统分类。供水系统是保证城镇、工矿企业、居民生活等用水的各项构筑物和输配水管网组成的系统。可有以下不同分类：①按水源种类，可分为地表水和地下水供水系统。地表水包括江河、水库、湖泊和海洋中的水。地下水包括井水、泉水和地下河水等。②按供水方式，可分为重力式供水系统（利用地形自流供水）、水泵提升式供水系统、混合供水系统。③按使用目的，可分为生活饮用供水、生产供水和消防供水等系统。④按服务对象，可分为农业灌溉、城镇、工业供水系统。工业供水中，供水系统又分为直流系统、循环系统和回用系统。循环供水是将使用过的水适当处理后，重新回用，是按用水户对水质的要求，先将水供给对水质要求高的用户，使用后直接或略加处理再送给其他对水质要求较低的用户使用，最后排入容泄区。

（2）供水系统的组成。城市供水系统由相互联系的一系列构筑物和输配水管网组成。①取水构筑物，用以从选定的水源取水。取用地下水多用管井、大口井、辐射井和渗渠。取用地表水可修建固定式取水建筑物，如岸边式或河床式取水建筑物；也可采用活动的浮船式和缆车式取水建筑物。②水处理构筑物，对来水进行处理，处理后符合水质标准的水经输配水管网送往用户。③泵站，将所供水量提升到要求高度。④输配水管网，将水源水送到水厂或将水厂水送到用户的管道。⑤调节构筑物，它包括各种类型的储水构筑物。

9.3.2 排水系统

传统的城市排水建设模式显然已不能满足城市可持续发展的需要。结合城市地下空间的开发利用建立城市雨水综合利用系统，是未来城市发展的重要选择。

排水网络由市政和企业的排水管道、户内下水管道、排水泵站和污水处理厂等构成。排水网络是城市生活和工业废水的排泄和净化系统，其总体覆盖范围与供水网络相似。

城市的给水排水系统对水自然循环至关重要，是水自然循环的一个旁路，是水社会循环的重要组成部分。城市排水系统是水自然循环与水社会循环的连接点，污水处理厂是水循环中水量与水质的平衡点。

国内外水环境恢复与再生的实践经验表明，污水深度处理与再利用是通向健康水循环的桥梁。再生水有效利用的每一点实际进步都是对地球环境、人类进步的贡献，推进污水深度处理和普及再生水利用是人类与自然协调，创造良好水环境，推动循环型城市发展进程的重要举措。

9.3.3　地表水系统

地表水系统由河道、水渠、湖泊、池塘、沼泽、洼地等有形介质和水体组成，也就是地表水源。由于受区域的自然、气候和环境条件的影响，不同城市的地表水网的发育程序差异很大，华北和西北地区的多数城市地表水系统发育较差，而南方地区的许多城市则水网密布。

9.3.4　中水系统

中水网络由废水或污水再生处理厂（站）和回用水管道或中水管道组成。目前主要有两类系统，一类是建设在居民小区、宾馆饭店或工厂企业内部的小循环系统，通常称中水系统或回用水系统；另一类是在城市集中式污水处理厂基础上建设的城市污水再生利用系统，目前尚处于试点和示范阶段，未来有较大的应有发展空间。

9.3.5　地下水系统

地下水系统由有形的地下水开采井和无形的地下水渗流场构成。地下水系统不仅是许多城市尤其是北方城市的主要供水水源和供水设施（如井群），还是影响城市地基稳定和市政基础设施安全的重要因素，如西安等城市出现的地裂缝和地面沉降等问题就与地下水系统被破坏有关。

9.3.6 河湖湿地系统

湿地是介于陆地和水体之间的过渡客体,属半陆、半水的生态系统。湿地种类(自然湿地包括沼泽、泥炭地、浅水湖泊、河滩、河口、海滩、盐沼等;人工湿地包括稻田、水库、鱼塘等)繁多,是生物多样性的储存库,具有调节气候、蓄洪防旱、净化环境、涵养水土等众多重要的功能。湿地储水量很大,在维持区域水土平衡和生态平衡方面作用显著。

9.4 城市水资源规划原理

9.4.1 区域(宏观)层面规划原理(平衡与调配)

循环经济要求城市经济活动建立在"资源-产品-再生资源"的反馈式流程上,对城市水资源的开采-利用-排放同样提出了循环利用的要求。循环性水资源经济在本质上是一种生态经济,它要求运用生态学规律来协调城市水资源与经济发展、社会需求间的关系[9]。

(1)水循环的机理。水循环分为自然循环和社会循环。系统论认为,水自然循环是具有自组织结构的非平衡开放系统,水社会循环是具有人工组织结构的平衡系统[10]。水自然循环有多种,水从海洋蒸发,蒸发的水汽被气流输送到大陆,然后以雨、雪等降水形式落到地面,一部分形成地表水,一部分渗入地下形成地下水,还有一部分又重新蒸发返回大气。地面水和地下水最终流回海洋,这就是淡水的自然循环。水社会循环是水自然循环的一个子系统,包括农业灌溉、城市水系统。这些系统通过取水系统和排水系统相互连接形成一个复杂的网络系统。与水自然循环相比,水社会循环具有可控性和系统完成有序化以及在时间上的及时性。

a. 水循环服从于质量守恒定律。整个循环过程保持着连续性,既无开始,也没有结尾。

b. 太阳辐射与重力作用是水循环的基本动力。此动力不消失,水循环将永恒存在,水在常温常压条件下液态、气态、固态三相变化的特性是水循环的前提条件;外部环境包括地理纬度、海陆分布、地貌形态等则制约了水循环的路径、规模与强度。

c. 水循环广及整个水圈,并深入大气圈、岩石圈及生物圈。其循环路径并非单一的，而是通过无数条路线实现循环和相变的，所以水循环系统是由无数不同尺度、不同规模的局部水循环组合而成的复杂巨系统。

d. 全球水循环是闭合系统，但局部水循环却是开放系统。因为地球与宇宙空间之间虽也存在水分交换，但每年交换的水量还不到地球上总储水量的十五亿分之一，所以可将全球水循环系统近似地视为既无输入又无输出的一个封闭系统，但对地球内部各大圈层，对海洋、陆地或陆地上某一特定地区，以及某个水体而言，既有水分输入，又有水分输出，因而是开放系统。

e. 地球上的水分在交替循环过程中，总是溶解并挟带着某些物质一起运动，不过这些物质不可能像水分那样构成完整的循环系统，所以通常意义上的水文循环仅指水分循环，简称水循环。

（2）城市水资源规划原理。城市是人口和工业集中的地方，城市用水主要是人们的生活用水和工业用水。城市自天然水体取水，供人们生活和工业使用，用过的水又排回天然水体，这就是城市水循环系统（图9-1）。

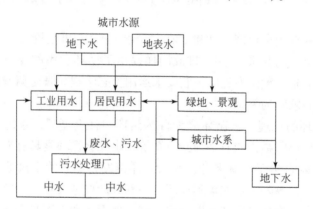

图9-1　城市水循环系统示意图

城市水循环系统由水自然循环系统和水社会循环系统所组成，而城市水的社会循环系统又是由城市给水系统、排水系统、处理系统和中水回用系统组成的。城市水循环系统是区域水循环系统的一部分，参与整体的水文循环过程，因此，城市水环境系统是个复杂的、开放的生态系统[11]。水资源规划应强调系统的整体性原则，构筑完善的系统结构，这样城市水循环系统才能很好地发挥其功能。一个完善的城市水环境系统是通过水资源的社会循环系统与自然循环系统、流域系统联系形成一体的，只有维护整体平衡（区域水量平衡、水量供需平衡），才能使城市的经济发展与生态环境保护相协调。

（3）水资源的平衡与调配。一定时期、一定区域的自然水循环系统是动态平衡的，自然水体通过城市开发利用进入社会循环时，便组成了一个"从水源取清水"到"向水源排污水"的城市水循环系统，于是原来的平衡被打破，这个系统每循环一次，水量便可能被消耗20%～30%，水质也会随之恶化，甚至变为污水，若将污水排入环境，又会进一步污染水源，从而陷入水量越用越少、水质越用越差的恶性循环之中[12]。

水资源时空分配的极端不均匀性决定了调水的必要性，这是水社会循环形成的根源。区域调水必须根据城市区域发展需求，进行一定范围区域水资源供需平衡分析，确定调水的合理规模。调水量确定原则上应以不影响输出区用水需要为原则，或者用补偿的办法减少对调出区的影响以保证调出区的利益。大型调水工程的主要目标是向城市与工业供水，兼顾农业与环境改善，在明确以城市、工业供水为主要目标的原则下，应尽量对调水工程进行综合利用。

城市水系统既是城市大系统的一个重要组成部分，又是区域水资源系统的一个子系统。因此，城市水系统规划要与城市规划和区域水资源综合规划相协调，既要满足城市高质量、高保证率供水的需要，支持城市的发展，又要根据区域水资源的条件，对城市的发展提出调整和制约的要求。

9.4.2　城市（中观）层面规划原理（开源与节流）

面对城市水资源的制约和浪费的严峻形势，"开源节流"是可供选择的最好办法。开源，顾名思义，就是开辟新的水源。跨流域调水对调入区来说是一种重要的开源，而开源又必须在节流的前提下进行。在水资源有限的地区，水只会越调越少，调水是资源消耗型的做法；另外，调水应是对当地水源的补充，而不能将其作为主要水源。只有实现了城市区域的节流，充分挖掘城市区域水资源潜力之后，实施调水才是最经济、合合理的。这种潜力视不同地区而不同：农村与农业充分利用雨水，包括雨水集流、人工增雨和利用雨洪回灌地下水等[13]；城市与工矿地区增加循环用水和污水处理回收利用；沿海城市可充分利用海水。挖潜与节流并举的对策既可缓解调水工程实施前的缺水压力，又能减小调水工程的规模而减少水量调出区的利益损失和整个工程的环境负效益。

将城市的土地利用进行分区，在城市的绿化带、植被缓冲带规划中考虑对城市水文的影响；在城市地面硬化中增加渗透铺装；在城市景观规划设计中，尽可能保持原始地形地貌，使用低势绿地，充分利用雨水资源，使用渗透管渠等渗透设施，增强城市水的自然循环能力；在城市给水系统规划中，加设中水系统规划，提高水重复利用率，减少清水的用量，也就是节流。另外，城市水系统设计生态化，采取因地制宜的原则，与具体的自然系统相结合，与特有的城市结构相结合，使城市水系统多样化[14]。多样化的城市水系统不仅可以更好地发挥城市水系统的各种功能（包括娱乐和景观功能），还可以更好地与自然水体相连接，成为自然水体的一部分，而不是将城市景观水体与城市的生态系统隔断，从而解决城市水系统目前与其他基础设施之间的冲突问题。

9.4.3　小区（微观）层面规划原理（重复与循环）

结合居住区、工业区等功能分区用地，建立再生水利用系统，重复使用到城市用水中对水资源质量要求不高的大用水量建设中，可以节约大量的城市净水资源。再生水可应用于以下几方面。

（1）建立雨水回收系统，创造城市良好的水系环境。再生水可补充维持城市溪流生态流量，补充公园、庭院水池、喷泉等景观用水。日本 1985～1996 年用再生水复活了 150 余条城市小河流，给沿河市区带来了风情景观，愉悦着人们的心情，深受居民欢迎[15]。北京、石家庄等地也利用再生水维持运河与护城河基流。

（2）工业冷却水。工业冷却水对水质要求不高，但是用水量非常大。例如，大连市春柳河污水处理厂 1992 年建设投产了污水再生设备，产量为 $1 \times 10^4 \, \text{m}^3/\text{d}$，主要用于热电厂冷却用水，少部分用于工业生产用水，运行二十多年来效果良好，效益可观。

（3）道路、绿地浇洒用水。因城市绿地景观是建立在人工建筑包围中的，受到钢筋混凝土的阻隔，与周边农用地的水土之间割断，再加上城市地面硬化带来的地下水位下降，城市绿地系统往往需要人工喷洒才能成活。喷洒用水的水质要求应该比工业用水更严格，因为它影响沿路空气，并可能与人体接触。通过提高净化后的再生水水质，大连经济开发区用再生水喷洒街道花园、林荫树带，节省了大量自来水。

（4）城区中水管道。中水管道以冲厕等杂用水为主，一般是以大厦或居民小区为独立单元，自行循环使用。在有条件的城市可以在大片城区内建设广域中水管道，供千家万户使用。

（5）农业用水。再生水用于农业灌溉不仅节省了水资源，还使回归自然水体的处理水得到进一步净化。再生水用于农田应满足农田灌溉标准，一般二级处理水经过适当稀释就可以达到水质要求。

9.5　城市水资源动态规划的控制内容

随着我国经济的高速增长和城市化进程的加速，城市人口剧增，生活水平提高，城市经济产业全面发展使城市工业废水、生产废水量猛增，还形成了流域性的污染问题，如淮河流域、渭水流域、黄河上游等都出现不同程度的流域性污染加重的趋势，也导致我国本不丰裕的水资源出现全面性的紧缺。流域性的水资源污染已经成为我国目前环境危害和社会危害日益严重的一个问题，国家也不断地加大改造力度，投入巨额成本，从研究、规划、项目实施等措施入手增加流域治理力度，如 2016 年上半年国务院就曾提出今后五年陆续投入 10 多亿元加强渭河流域的整治问题，减少其对黄河流域的污染。

9.5.1 规划研究阶段控制内容

城市水资源规划是对一定的时期内城市的水源、供水、排水、污水处理、中水回用等系统及其各项要素的统筹安排、综合布置和实施管理。规划的主要目的是协调各系统的关系，优化水资源的配置，促进水系统的良性循环和城市健康持续发展。规划的主要任务是做好水资源的供需平衡分析，制定水系统及其设施的建设、运行和管理方案。

（1）转变城市废水的价值观念。城市废水是城市居民日常生活和城市经济产业活动中产生的，相对于排放主体而言一般不具有原有使用价值。有效地处理不同流域沿线城市废水，并且将废水综合利用与加工处理对我国经济发展和人民生活至关重要。水资源循环发展是人类为实现可持续发展而采用的旨在保护环境、维持生态平衡的重要组成部分之一。城市废水资源中部分污染物只是对于城市发展的不同阶段、不同企业和个人主体而言，从城市循环发展来看，也可认为这些废水中含有的废弃污染物是一种"错位的资源"，随着加工分离处理技术的进步和不同的城市经济产业主体产生，这些错位的资源会逐渐被意识而重新得到开发利用。

（2）加强水资源对城市发展规模的承载能力研究。城市水资源和城市用水量之间应保持平衡，以确保城市可持续发展。如果一个地区的水资源非常短缺，不能满足城市发展的需要，采取一定措施后仍不能达到供需平衡，那么这个城市的发展就应受到刚性制约，缺水城市不宜发展耗水量大、污染严重的产业。水资源紧张的地区应调整产业结构，建设节水、高效和防污的产业体系。在水资源没有保证的地区，不能盲目新建城市或扩大城市规模。在几个城市共享同一水源或水源在城市规划区以外时，应进行市域或区域、流域范围的水资源供需平衡分析。

（3）增强城市水资源的循环利用研究。相对于传统的无处理排泄而言，水资源的循环发展要求从管网规划建设入手，提高水资源的加工处理率，减轻自然自净能力的负担，甚至在部分缺水城市形成一种闭环流动形式，提高水体重复利用次数，从而实现城市水资源的减量、再利用能力。因而城市规划中应该由开发—排放的单向利用模式下的竖向规划向循环利用模式下的竖向规划转变，尊重水的自然运动规律和品质特征，合理科学地使用水资源，同时将使用过的废水进行深度无害化处理和再生利用，进而降低上游地区用水循环对下游的水体功能的影响，以及削弱地表水体循环对地下水质的污染，管控人工水体循环对自然水体循环的损害等不利结果，维系或恢复城市乃至整个流域的良好水环境。

（4）进行水环境容量的研究。水环境容量是指某水体在特定目标下所能容纳污染物的量。在理论上，水环境容量是自然规律参数与社会效益参数的多变量函数；它反映污染物在水体中的迁移、转化规律，也满足特定功能条件下水环境对污染物的承受能力。在实践中，水环境容量是水资源规划的主要环境约束条件。水环境容量的大小与水体特征、水质目标和污染物的特性有关。它的确定应根据已出现过的环境条件和污染条件，充分考虑各种可预测到的未来变化范围，寻求最不利于控制污染的自然条件，提出在这种自然条件下的水环境目标条件和其他约束条件，为水资源规划提供依据。

9.5.2 规划编制阶段控制内容

随着城市建设的深入发展，我国许多城市水资源相对稀缺的状态越来越严重，这也就要求我们从合理利用水资源的角度出发，正确地看待废水与资源之间的相互关系，将水资源综合利用看作一个系统工程，通过社会的各个层面的组织协调和建立污水处理与再循环系统，既降低自然环境的自净负担，又提高水资源的重复利用能力，解决水资源的相对稀缺问题，减少环境污染。

从技术层面来看，以城市大型广场为主充分利用地下空间和其他城市空间建设雨水蓄水、净化系统，不占用城市原本紧张的地面用地，与周边建筑的屋顶绿化相结合，推广生态居住区规划建设，设计雨水收集、处理与回用于小区的技术方案，实现雨水的自循环回收利用系统，并结合城市大型公共建筑建设独立的雨水利用系统，如一些高级酒店、办公楼、市政大楼、大型商场、体育场及学校等，都可规划建设雨水收集利用设施，减少地面积水的隐患，并将收集的地表雨水应用于广场、绿地杂用水及广场清洁用水、绿化用水，提高城市雨水综合利用能力，降低洪涝灾害和城市排水管网压力。

从经济层面来看，城市废水收集、输送、处理、回用都需要投入资金，从前期的城市管网铺设入手解决城市水资源的分类处理，因而在现有市场经济体制下，这样复杂的水资源综合利用与处理系统常常使单纯以追逐利益为目标的城市水源供给与处理企业因缺乏利益刺激而难以展开公益性的废水加工回收利用系统的建设和业务发展。因此必须由政府通过制定加工处理渠道和相关环节的强制性要求和标准、政策上的扶助、启动资金上补助或税收上的优惠等政治、经济手段保证水资源开发与回收利用企业的利益与经营成本间实现合理的利差。

从政策层面来看，目前我国城市水资源相关处理与回用的法规系统还不完善，在具体的不同区域间，如何结合区域水资源丰缺的现实问题建立城市给排水管网系统，制定与废水资源再处理能力相适应地方标准。虽然《城镇污水再生利用工程设计规范》（GB 50335—2016）等国家标准，但是在这些规范条文制定时没有对全国水资源分布状况进行分区，因而在具体规划制定落实的过程中缺乏可行的、规范性的操作办法而难以付诸实施。所以必须结合我国流域水资源分区分布特征，完善相关的流域水源分配与废水处理强制性标准等政策法规，通过政策约束上下游流域水体的合理开发和排放标准，减少上游地区污染对下游地区的影响和危害，才能从根本上解决我国众多城市面临的水资源相对稀缺问题（有的城市并不缺水，总的水流量是比较大的，但上游污染严重，导致可利用水体相对有限，从而形成相对稀缺）。

从空间协调来看，城市规划中应加强流域水系规划，做好区域水资源的供需平衡分析，合理选择城市供水水源，划定水源保护区；在城市总体规划阶段，保护原有的水系，分析城镇规划区内的各类用水需求，合理安排生活、生产和生态用水，以及确定水源地、供水厂、污水处理厂及其管网设施发展目标及建设布局。在城镇控制性详规阶段，综合协调并确定规划期内城镇水系统及其管网设施的详细布局，包括河湖水系的治理措施等。规划的编制工作应坚持立足水资源条件，促进资源节约，系统地、综合地考虑城镇供水、污水处理、节水、污水再生利用等问题，特别注意厂网配套和设施能力的协调增长，防止对城镇江河湖泊和海滩湿地的破坏性建设和非法填埋占用，切实维护城镇及其近郊水系的原生态。

综合上述，城市水资源的综合开发、管理、利用、排放不只是简单地解决几个利用技术问题，应按系统工程的思路解决问题。目前人们热衷的仅在技术层面上，如企业排放标准、污水再生工艺等，并不能解决区域性乃至全国性城市水资源的根本性问题，没有从政策层面认真地研究解决经济、市场层面的问题，综合治理规划也只能是一句空话，难以落实到城市建设实践中。水资源综合利用与城市水环境改善既需要更多的热心人关注它，从技术层面上寻求各类废水资源的处理加工方法和工艺，减少微观用水企业、单位的污染量和范围，又要各级政府部门各企事业单位关心并大力支持，尤其要从流域特色、工程设计、管网建设等源头上解决和减少城市污染源的产生和排放数量。

9.5.3　规划实施阶段控制内容

在城市规划实施阶段，水系统（总体）规划的主要任务是研究城市规划区内的各类用水需求，优先满足生活用水，合理安排生产和生态用水，确定水源地、供水厂、污水处理厂及其管网设施的发展目标和总体布局；在城市详细规划阶段，水系统（详细或专项）规划的主要任务是确定规划期内水系统及其网络设施的建设规模，详细布局和运行管理方案[16]。

（1）加强水资源再利用管理。水在城市用水过程中，不是被消耗掉了，即水量上不发生变化（理论上），而只是水质发生了变化，失去了使用功能。用水处理的方法改变水质，使之无害化、资源化、特别是再生回用，就能实现水的良性社会循环，既减少了对水资源的需求，又减少了水的排放，减少对水环境的污染，一举多得，这对人类社会发展有重大意义。美国工程院在世纪之交，以改善人类生活质量为评选标准，评出 20 世纪 20 项最重大工程技术成就，其中，"水处理"在电气化、汽车、飞机之后，排名第 4，足见其重要性[17]。政府应该强化其公共利益维护者的责任，完善水资源流域综合利用、回收、治理、排放等标准体系的法律法规，从源头上解决水质变化和水土污染间的矛盾，提高全民生活居住环境。

（2）倡导节约用水的思想。水再生回用，实现水的良性社会循环，才是资源节约型的做法。只有将远距离调水与水的再生回用在经济上的、技术上的和工程可行性等全面论证的基础上统筹考虑，才是合理的。

普及水资源保护知识，唤醒全民水资源节约利用的意识，提高社会各界对发展水资源循环利用的重大意义的认识，推广节水设施和节水型经济发展模式，建立市场化调解机制，增强全社会民众对水资源的忧患意识和节约资源、保护环境的责任意识，把水资源回收利用等活动变成企业的自觉行为，引导全社会树立正确的消费观和水土保护观，逐步形成节约资源和保护环境的生活方式和消费模式。

（3）完善城市水资源管理的其他配套措施。健康的城镇水环境，是提升城镇功能和竞争力，改善人居环境和投资环境，实现城镇可持续发展的前提和基础，也是确保区域、城乡、人与自然协调发展的重点，是实现我国城市化健康发展的必要条件。提高建筑中水回用和小区范围污水再生利用的技术手段，完善城市污水的再生利用和区域水体循环利用的管理措施，从单项治理向水生态的整体优化转变，提高水体生态自我修复能力，按照整体生态最优原则保护和治理水生态、水景观、给水、排水、污水处理、再生利用、排涝和文化遗产、旅游等城市功能，切实将城市水资源的循环发展推向城市建设的各个领域。

（4）健全城市水资源循环发展的制度环境。充分发挥政府的公共管理和监管职能，完善水资源循环发展的区域性制度体系，为城市水资源的循环持续发展提供健全的制度保障和强硬的约束机制，强制性地保护城市水系生态和防污治污设施用地不容侵犯，为城市水系公共利益保驾护航。

9.6 小 结

城市水系统由自然水循环和人工水循环两个体系组成，其规划的出发点是开源节流。水资源是城市主要物质循环要素，目前，水资源循环利用规划的理论和技术基本成熟，在大部分中小城市处于水资源短缺的状态下，国家建立强制性城市水系统规划的技术标准和立法的时机已经成熟，需要加快立法进程。

参 考 文 献

[1] Liu J, Yang W. Water sustainability for China and beyond. Science, 2012, 337 (6095): 649-650.

[2] Bao C, Fang C L. Water resources constraint force on urbanization in water deficient regions: A case study of the Hexi Corridor, arid area of NW China. Ecological Economics, 2007, 62 (3-4): 508-517.

[3] Cheng H, Hu Y, Zhao J. Meeting China's water shortage crisis: Current practices and challenges. Environmental Science & Technology, 2009, 43 (2): 240-244.

[4] 钱易，刘昌明，邵益生，等. 中国城市水资源可持续利用开发利用. 北京：中国水利水电出版社，2002.

[5] Jiang Y. China's water scarcity. Journal of Environmental Management, 2009, 90 (11), 3185-3196.

[6] Qin Y, Curmi E, Kopec G M, et al. China's energy-water nexus-assessment of the energy sector's compliance with the "3 Red Lines" industrial water policy. Energy Policy, 2015, 82: 131-143.

[7] Guan D, Hubacek K. Assessment of regional trade and virtual water flows in China. Ecological Economics, 2007, 61 (1): 159-170.

[8] 杜宇. 278城市无污水处理厂，50多厂负荷率不足50%. 人民日报，2006-07-25，（2）.

[9] 鲁仕宝，裴亮. 中国开放时期循环经济理论与实证研究. 北京：中国原子能出版社，2016.

[10] 翁文斌，王忠静，赵建世，等. 现代水资源规划：理论、方法和技术. 北京：清华大学出版社，2003.

[11] 吴季松. 循环经济：全面建设小康社会的必由之路. 北京：北京出版社，2003.

[12] 董辅祥，董欣东. 城市与工业节约用水理论. 北京：中国建筑工业出版社，2000.

[13] 朱强，李元红. 论雨水集蓄利用的理论和实用意义. 水利学报，2004（3）：6.

[14] Côté R P, Cohen-Rosenthal E. Designing eco-industrial parks：A synthesis of some experience. Joural of Cleaner Production, 1998：6（3-4）：181-188.

[15] Datta Ray B, Athparia B P. Water and water resource management. New Delhi ：Omsons Publications，1999.

[16] Carr A J P. Choctaw Eco- industrial parks：An ecological approach to industrial land- use planning and design. Landscape and Urban Planning，1998（42）：239-257.

[17] Falkenmak M. Sustainable development as seen from a water perspective, in Perspectives of Sustainable Development. Stockholm Studies in Natural Resources Management，1988（1）：118-132.

10 基于循环经济的杨凌城市规划实践

杨凌地处陕西关中平原的西部鄂尔多斯地台南缘的渭河地堑渭河谷地，南侧紧邻我国南北方地理分界秦岭山脉，北侧为横贯陕西中部的渭北黄土塬。它是中华民族农耕文明的发祥地，4000 年前，农耕始祖后稷带领邰氏部族在此"教民稼穑""树艺五谷"，使得该地区自古就成为我国农业发达地区之一。1997 年经国务院批准成立国家杨凌农业高新技术产业示范区（以下简称杨凌示范区），是由国家 19 个部委和陕西省人民政府共同管理建设的我国目前唯一的国家级农业高新技术产业示范区，总面积 94.18km²。截至 2006 年底，总人口 15.68 万人，城市人口 7.60 万人，城市化率达到 48.47%，已经进入城市化加速发展的初期（表 10.1）。

表 10-1 1998~2006 年杨凌人口及城市发展规模情况表

项目	1998 年	1999 年	2000 年	2001 年	2002 年	2003 年	2004 年	2005 年	2006 年
总人口/万人	12.03	12.43	13.27	13.42	13.99	14.09	14.36	15.51	15.68
城市人口/万人	4.84	5.27	5.74	5.96	6.52	6.72	6.98	7.52	7.60
城市人口比例/%	40.23	42.40	43.25	44.41	46.60	47.69	48.60	48.48	48.47
城区面积/km²	4.06	9.90	15.00	15.47	15.47	15.47	15.60	16.10	16.70

数据来源：杨凌示范区统计资料

作为国家唯一的农业高新技术产业示范区，党中央国务院和国家领导人十分重视杨凌的发展和建设，也分别对杨凌的城市发展提出新的要求和期望，而示范区自设立后经过二十多年的发展，社会经济和城市环境面貌有了很大的改观。但是，由于城市规模、社会经济结构和城市市场等方面限制，示范区发展中的制约性因素较多，只有结合杨凌自身科研优势和农业科技城市的特色，以可持续循环发展观从更大的范围寻求发展的机遇和空间，才能真正实现杨凌的农业科技示范效应，这也对杨凌城市发展建设规划提出新的要求。

10.1 杨凌城市规划实践内容

生态与经济协调发展，是我国西部大开发的核心。杨凌地处我国西北内陆，又是我国农业生态示范城市，因而城市规划与发展都应该坚持保护生态环境，倡导可循环的经济发展模式，通过科技创新把科技优势迅速转化为产业优势，依靠科技示范和产业化带动，推动我国干旱、半干旱地区农业实现可持续发展，带动农业产业结构的战略性调整和农民增收，并最终为我国农业的产业化、现代化、生态化和持续性发展作出贡献。但杨凌的发展基础仅为一农村小镇和孤立的科教园区，其面积狭小、社会经济构成单一、城市服务职能层次低、资源短缺、城市基础设施落后。在这样一个非常特殊的地方建设好示范区和现代化的"农科城"，完成国家赋予的历史使命，必须要突破传统的发展经济模式，按照循环经济的理念做好园区的规划建设，才能促进园区社会、经济和环境的可持续发展。

10.1.1　城市发展规划的层次结构

杨凌是我国农业科研教学基地之一，1997 年国务院批准成立国家杨凌农业高新技术产业示范区，期待杨凌在 21 世纪能为西北干旱、半干旱地区农业发展、农业产业化、城乡一体化和区域经济发展提供示范作用。以农业高新技术产业为依托，建立集生产、科研、教育、居住功能于一体的新型生态田园城市是杨凌城市未来的发展目标。未来城市功能的空间结构在信息、技术、生态时代背景下受新的城市发展机制推动，必然显现出生态化与可持续的特点。而作为示范区其经济、社会、生态的循环发展都应该建立在以物质循环流动为特征，以社会、经济、环境可持续发展为最终目标。这同时要求运用生态学规律把区域内的社会经济活动组织成若干"资源—产品—再生资源"的反馈流程，在生产和消费的源头努力控制废弃物的产生，对可利用的产品和废弃物循环利用，对最终不能利用的产品进行合理处理处置，最大限度地提高资源和能源利用效率，减少污染物排放，促进环境与经济的和谐发展。

在分析杨凌城市区域关系的基础上，新的规划中确定杨凌循环型城市规划编制的基本层次系统由以下七级构成。

（1）完善城市的基础功能，保持示范区与城市内外职能、区域的有机协调，实现杨凌基础设施的共享和优化配置。

（2）依照关中城市高新技术产业带的整体需求，确定杨凌宏观发展战略目标、城市规模和城市发展的区域范围。

（3）重构杨凌城市的地域空间结构，加强城市产业布局的有机组合和产业链之间的生态化衔接，促进清洁生产和资源循环利用，实现城市的可持续发展。

（4）分析杨凌城市空间拓展的基本规律和文化内涵，规划确定杨凌城市的空间布局结构的框架及其用地空间扩展时空秩序，营造杨凌"田园"城市的人文精神。

（5）构筑适合杨凌城市发展的建设模式，组织区域和社会层面的物质循环和流动，实现"校-区、区-城、城-带"一体化的发展，形成综合示范效应。

（6）考虑地区的现实条件和经济实力，合理安排发展次序，注重近、远期发展的协调；保持规划方案对未来变化的适应性和弹性。

（7）生态保护和区域环境综合整治相结合，促进社会经济的生产和消费模式的根本转变，使规划既有利于科技、经济与社会的发展，又有利于环境保护，发挥城市生态、文化环境的示范作用。

10.1.2　基于循环经济理念的杨凌城市规划要素

杨凌示范区规划建设以循环经济的理论为指导，以建设现代化的农业科技城为目标，优化城市系统各组成部分的资源配置，保护生态环境，建设生态文明，促进人与自然和谐发展。一方面，通过合理开发利用环境资源，突出农业科技城的特色，以园区内自然组分作为生态环境质量的控制组分来建设，维持和恢复生态过程的连续性和完整性；另一方面，以提高生态环境质量为重点，通过绿化设计、水土保持、生态道路建设和生态住宅建设等手段，促进园区结构布局、组织功能和自然生态的协调一致，将示范区作为一个完整的生态体系进行规划，将生态系统的思想贯穿于园区建设的工业生产、居住生活的各方面，增强生态系统抵御内外干扰的能力，实现自然体系的平衡；同时注重人类生活质量的提高，将生态建设落实到公众生活环境质量改善上。最终把杨凌建设成为科教领先的农业科技城、经济发达的产业城、环境优美的生态城、文明开放的旅游城。按照这一目标示范区的规划应突出五网[1]。

道路网：建立生态优先的道路交通系统。杨凌将以现代化小城市模式进行建设，因此道路系统规划中强调自行车和人行需求，强调道路绿化要求。

水循环网：规划建立地表水与地下水循环系统，强调保留天然冲沟及其集水系统、建设下沉式绿地和采用渗水型铺地材料以尽量保持地表水和地下水的循环。尽量保留原有的地表水面，通过中水回用和分质供水节约用水。

电力热力环网：示范区建设了热电联产的热电站，结合园区特点，尽可能地利用可再生能源供应居民取暖、工业用热、大棚作物用热，实现余热循环。

资源循环利用网：包括固体废弃物的分类、回收和再利用系统。

绿化环网：永久林带、人工湿地、大量生活防护绿地等城市生态绿地呈网状分布于城市中形成互相连通的绿网。以"回归大自然"为目标，营造城市的绿化大背景，建设城市公园、街道、广场及滨水绿地，形成点、线、面相结合的城市大绿化基调，营造富有活力的城市绿地系统。调控人与自然的关系，营造生态林地、生态农业用地和城市绿地相结合的绿地系统。结合环境恢复，并根据用地布局来设置防护和隔离林带。绿地系统互相连通，成为一个整体。生态区和休闲旅游度假区、农业示范园有机组合，共同编织了一张生态绿化网，形成了"环境优美的生态城"。

10.1.3　反映循环经济思想的杨凌规划理念

对杨凌城市循环发展的总体规划，主要从以下三个角度入手。

（1）发展循环型企业和生态产业体系，改进种植和养殖技术，实现农产品的优质、无害和农业生产废弃物的资源化。

（2）建设循环型生态工业园区和农业科技示范区，提高资源效率，降低环境排放，对新建的开发区按照循环经济理念进行整体规划和选择入园企业，构建合理的产业和产品链网，实现园区工业结构的最优组合。

（3）倡导资源节约型社会，合理布局城市用地空间，节约利用土地，建立城市生活垃圾及其他废旧物分类—回收—再造系统，城市及区域中水回用系统和节水措施，以及公共服务系统、生态型产业系统、绿地系统、文化系统等，按照地域环境和发展形势要求完善杨凌城市的空间格局，形成高效、弹性的可持续发展城市。

10.1.4　反映循环经济思想的杨凌规划内容

从具体的规划内容来看，主要体现在经济产业、城市土地利用、生态环境建设、城市水资源保护四方面。

（1）经济产业规划的基本思路。加强农业高新技术产业化培育和优势化发展，通过农牧良种业、农副产品精深加工业将杨凌建设成我国最主要的优质畜牧种源地，扩大植物化工及生物资源综合开发利用产业、节水农业与灌溉关键设备产业化开发，加快优良品种培育，以国家农业专利技术信息中心为主扩展市场，形成覆盖西部、辐射全国的农业科技大市场；建设一批种养示范基地、名优新特果品、苗木花卉、畜牧养殖和绿色无公害蔬菜五大特色产业的示范基地。

（2）城市土地利用规划的基本思路。珍惜土地资源，强化土地集约化利用，保持城市用地的开发强度，提高土地资源综合利用效率。根据规划用地条件及生态适宜性合理布置各类功能用地，把土地经济效益和环境生态效益结合起来。把经济效益高、技术水平高的农科技术产业项目安排在示范区内，一般性的农业示范项目应布置外围地区。突出农科技的发展主题,适度控制城市用地的发展规模,严格控制与示范区功能不相符合的一般加工工业尤其是大型工业项目进入示范区。完善城市的服务功能,提高城市居住舒适性,加快医疗保健等公共设施和基础教育设施建设与共享,新区建设和老区改造相结合,城市功能分区有机组合,完善市政设施、社会服务设施,注重环境建设,加强绿化、美化,实现农村现代化、城乡一体化。

（3）生态环境建设规划的基本思路。从国家和陕西省的总体目标和战略出发,立足本区的区域特点,资源优势和生态环境特征,充分发挥高新技术和科研优势,通过机制创新、知识创新、技术创新和运作模式创新,充分利用生产力要素的优化组合,营造良好的发展环境和可持续发展机制。以生态经济学"整体、协调、循环、再生"理论为指导,运用系统工程原理进行资源与环境最有效的利用与配置,延长生物链,分级利用,多级利用,实现生物能量的有效合理循环,提高复合的生态经济系统的综合功能,强化基础设施建设,加强生态环境保护,达到社会、经济和生态协调发展和资源效益的最大利用。

（4）城市水资源保护规划的基本思路。协调生产、生活和生态用水的矛盾,充分考虑资源和环境的承受力,开源节流,合理开发利用地下水资源,积极启动区外引水工程,调秦岭山脉石头河水补缺。建立中水回用系统,倡导中水回用,规划建设城市管网雨污分流制的排水系统,雨污水管网和道路并行,逐步改造更新原有城区的排水系统,提高城市污水处理率。同时,结合污水处理系统规划中水管网,将污水用于居民冲厕、绿化灌溉、环卫冲刷以及一些企业的低等级用水,增加绿化和减少地面铺装,以节约用水、涵养水源。此外,还在一些用水量大、废水性质相近或单一的企业密集区域,设置专门的污水处理厂,采取针对性的方法进行特殊处理后返回企业重复使用,节省运输、处理成本。污水处理后产生的污泥,可作为农业生产的肥料,也可利用污泥掺和黄土制砖瓦等建材,减少废弃物排放,保护生态环境。建设城市垃圾综合处理厂,对全区的城市垃圾进行无害化、资源化处理。

通过上述规划提高城市发展中对各类资源的再利用率,降低对土地、水等非再生资源的需求膨胀,提倡绿色消费,建立资源节约型社会。

10.2 杨凌产业发展战略规划

10.2.1 产业的基本特征

杨凌示范区初步形成了以"生物工程、环保农资、绿色食（药）品"为特色的产业格局。根据对 2002 年技工贸收入的统计分析，生物工程占 33.8%；环保农资占 30%；绿色食（药）品占 28.9%。由此可见，目前杨凌落户和引进的企业发展方向与城市循环发展的基本目标是一致的，三大产业涵盖了示范区 90% 以上的技工贸收入，示范区以循环和生态发展为主要特色的产业体系逐步建立。主要的绿色产业领域：一是生物工程产业。具有国际领先水平，有望成为西北最大的动植物生物育种研发和生产基地。二是环保型产业。节水设备、无公害肥料和农药具有很好的发展基础和潜力。三是绿色食品产业。医药、食品已经成为农业高新技术产业主题发展方向。

10.2.2 经济发展的条件评析

（1）区位条件。一是杨凌宏观区位条件优越。地处我国宏观经济发展布局的一级轴线和国际新亚欧大陆桥经济带陇海兰新铁路线上，也是关中经济带和目前规划建设的"一线两带"的核心地段，有利于杨凌联通国内东、中、西三大经济地带，并与亚太世界经济重心和欧洲地区"接轨"，走向世界，实现国际区域大协作。二是中观区域位置制约杨凌的经济发展。杨凌位于西安大都市经济区和宝鸡经济区的中间节点，行政区划上又地处咸阳市和宝鸡市的接合部，辖区范围偏小，资源优化组合调配不便，产业选择性较弱，在一定程度上制约了杨凌城市的建设与发展。按区域性中心城市要求，更显得辖区范围太小。三是周边地区的同构性导致区域与城市关系难以整合。武功、扶风、周至等周边地区与杨凌属同质地区，都是有名的传统农业大县，除农业自然条件相对比较优越之外，矿产、能源等工业自然资源则相对较少，缺乏"拳头"产品，市场竞争力不强。

（2）资源条件。杨凌示范区有西北农林科技大学及整合的 10 多家农业科研院所，是我国农业智力资源最密集的地方，在农业科研方面堪称中国的"硅谷"。杨凌示范区建设的主要目的在于发挥农科教、产学研、农工贸相结合的整体优势，在农业高科技产业化、人才培养、科教体制改革、农科教结合、产学研结合、农业对外交流与合作及省部共建七方面为全国作示范。因而杨凌也是城市生态系统与农村生态系统有机复合的生态型、田园式、可持续发展的现代化生态城市。

（3）政策体制。杨凌示范区是全国唯一的农业示范区，在目前我国重点推广的新农村建设中意义非凡。除了享受全国 53 个高新技术产业开发区的政策优惠外，还是家重点扶持的 5 个开发区之一，享受国家和陕西省给予的农林水产业、高新技术产业、校办产业和新产品等优惠政策。杨凌属于省部共建优势的国家级农业高新技术示范区，是全国其他高新技术开发区所不可比拟的。示范区管理委员会为省政府直属派出机构，享有地市级行政管理权、省级经济管理权和部分省级行政管理权。

（4）发展基础。一是产业基础薄弱，经济结构简单。杨凌是传统的农业区，境内除农业科技教育和人文资源外，无发展其他产业所需的自然资源。农业高科技产业的技术研制成本高、研制周期长、产业转化慢，研制过程受自然、社会等因素影响大，实用性农业技术推广因不易保密，产业社会效益高，对于城市的经济推动力弱。二是城市发展内动力不足。一般城市发展的主要动力是工业、商业，示范区成立前杨凌只是"农科乡"，明显缺少这样的前提，城市自身的积累非常薄弱。三是城市规模小，辐射能力很有限。据第七次全国人口普查，至2020年底，杨凌的常住人口仅25万人多，城市规模使得杨凌的区位经济和集聚效应难以发挥，对其周围地区的辐射能力和带动作用极为有限。四是城市服务水平不高，旅游产品稀少。杨凌农业科技旅游的地位尚不突出，旅游形象还比较模糊，旅游产品开发深度还非常不够，各项配套服务设施水平还很低，旅游品牌的知名度还较低。

10.2.3 产业发展战略规划

（1）发展目标定位。杨凌示范区规划的目标定位：立足国家设立杨凌农业高新技术产业示范区的目的，突出"农业""高新技术""产业""示范"四大功能，发挥农科教的综合优势，积极研究、应用和推广科技成果，发展农业高新技术产业，推动我国农业实现产业化和现代化。基于干旱、半干旱地区农业发展和生态环境建设的重大关键技术、科研，农业高新技术企业孵化中心，农业高新技术企业集群，拓展延伸农牧业相关种业、深加工业等产业链，完善园区循环功能、将示范区建设成布局合理、结构协调、规模适度的关中西部重要的区域中心城市；我国现代化的农业高新技术研发、转化的科研示范基地；集科教、商贸、旅游于一体的生态农科城①。

（2）规划实施路径：循环经济理念要求城市实现经济增长方式的转变，为此规划杨凌经济结构的实施路径：首先，加大产业结构调整和投入力度，按照"政府引导、科技支撑、企业带动、农户参与"的思路和"公司+科技人员+农户"的模式，加大对龙头企业的支持力度，从信息、技术、资金等各个方面，为龙头企业搞好服务，发挥好它们在联基地、带农户、进市场方面的作用。支持龙头企业建设农产品生产、加工和出口基地，引进、开发和推广新品种、新技术，

---

① 杨凌国家农业高新产业示范区管委会.《杨凌国家农业高新产业示范区可持续发展战略研究》.

增强市场竞争力和对农户的带动力。进一步探索和完善企业、科技人员和农户在农业产业化过程中结合的有效机制和模式。其次，继续优化投资环境，加大招商引资力度，大力推进产业发展。重点是抓大育新和引进高技术企业，同时积极吸引农产品精、深加工企业和有利于农村产业结构调整的龙头企业入区。再次，进一步发挥好省部、省内共建的体制优势，争取共建单位在资金、项目、政策上给予其更大支持，特别是协助入区企业解决好资金、运输等突出问题。

（3）经济空间布局。根据生态城市建设目标，依据"3R"原则，规划形成六个产业园。

a. 科教产业园。依托西北农林科技大学、杨凌职业技术学院已有的技术优势和学科基础，按照有限目标，突出重点，勇于创新的原则，力争建成 5 个国家级具有区域特色的研究开发中心，即农业生物技术育种中心、旱作农业节水灌溉研究中心、水土保持与生态环境保护创新中心、农产品深加工研究中心和植物化工研究中心。

b. 信息软件园区。信息技术是推进新的农业科技革命的主导技术，随着当今世界微电子、高性能电子计算机、网络和软件等技术的迅猛发展，杨凌示范区的农业信息技术的发展必须高起点、高速度的超常规发展，才能适应我国加快农业现代化进程的需要。其应重点研究智能化农业专家系统、农业信息网络化技术及农业宏观信息采集、处理与应用技术。

c. 节水灌溉与设施农业园区。规划在邰城路以东区域内引进国内外一流的节水灌溉技术、设备，建设节水灌溉示范园，展示喷灌、滴灌、微灌系统，节水灌溉自动化控制技术，以及现代化灌溉技术在农业生产中的应用。建立现代化节能型日光温室，进行无公害蔬菜生产；引进国际现代连栋温室，展示农业种植工厂化、产业化技术；建设现代化生物技术中心和大规模组培车间，开展组织培养，人工种子产业化开发，批量脱毒种苗生产等。

d. 现代观光农业示范园区。在高速公路以南，主要以水运中心、田园山庄为中心，辅以珍稀名贵动物、植物的栽培养殖和农业集约化经营，建立一个集会议休闲、度假娱乐、垂钓、避暑等于一体的综合活动基地，为国内外游客提供一个舒适的农业观光园。

e. 国际农业高新技术示范园区。免费提供一定面积的土地，吸引国外农业科研院所和企业，常年展示各自最新农、林、水、牧、副、渔业技术和成果。

f. 留学归国人员企业园区。建立集办公、研究、开发、生产于一体的留学回国人员创业园，成立园区管理机构，提供办公、交通、生产等硬件设施和信息、政策等软环境服务，以优惠的政策、优质的服务和优美的环境吸引留学回国人员来示范区领办、创办高新技术企业，促进示范区的发展。

（4）农业产业基地建设。在农业技术示范推广的基础上，通过"公司+科技人员+农户"的模式，建设五大基地，实现农业生产规模化、专业化和集约化[5]。

a. 作物良种繁育基地。以繁育小麦、玉米良种为主，兼顾其他作物品种的繁育，同时结合节水灌溉技术，充分发挥杨陵农业科技优势，建成西北作物良种繁殖基地和新品种信息基地。

b. 经济林果产业基地。以优良经济林果品种引进扩繁为龙头，发展经济林果业，实施高水平集约管理，同时增加微灌、滴灌系统，提高果品的商品率和生产效益，基地既要有国际标准的大田果业，更要建立错季节、反季节果业设施基地，实现四季产果。

c. 世界花木繁育基地。以繁育各种苗木花卉为主。主要有大田栽培和温室栽培，通过各种绿化、美化植物的培育，为城乡、家庭环境美化提供商品花卉苗木，满足人们对美好生活的追求。通过强化建设逐步形成杨凌苗木花卉示范基地。

d. 特种动物繁养基地。在现有养殖场的基础上，进一步发展秦川牛、关中奶山羊等地方名优家畜，同时，引进国外的优良品种，建成国内一流国际先进的动物良种繁育基地，实现出口50%的目标。

e. 绿色蔬菜生产基地。在现有基础上，大力发展现代化节能型日光温室，采用国内外先进技术，在现代化温室条件下进行无公害优质精细绿色蔬菜生产，使优质绿色蔬菜生产成为杨凌的重要支柱产业。

10.3　杨凌空间发展与土地利用规划

10.3.1　城市空间发展与土地利用存在的问题

经过二十多年的规划建设，杨凌城市有了较大的改观，主城区逐渐形成三横两纵的城市道路格局，沿西农路的科研轴线已经基本形成，依托于新桥路的产业轴线也已初具规模。农业高新技术产业集中于新区，生活居住用地依托旧城向新区扩张。城市空间结构比较简单，在第一轮规划的指导下，按照"片、轴、带"的布局结构发展，使城市有了较好的拓展空间。但与循环经济视角下的城市空间发展和土地利用要求相比，杨凌现状用地布局主要存在的问题表现为以下几方面。

（1）用地布局分散，土地开发利用效率不高，不利于土地集约利用和基础设施配套。产业布局分散，相互交错，单位土地投资强度低，工业用地容积率偏低，形成土地资源浪费。

（2）城市内部被西宝高速、陇海铁路等人造屏障分割，城市西侧与北侧又被漆水河与漳水河谷底阻挡，造成城市用地的有机联系被割断。

（3）在杨凌新城区发展中对城市景观设计的重视不够，虽建造大量居住小区，但其形式单调，色彩单一，城市绿地虽有一定的规模，但形式单一，档次较低。老城区人口密度高，但存在基础设施落后、环境恶化、交通拥挤、建筑水平低等问题，商业、工业、行政、居住混杂，生活环境较差。

（4）城市特色不够鲜明。杨凌邻水望山，又有深厚的农业基础，还是农业科技城市，但是农业生态主题在城市空间布局上基本没有体现，未能把现代城市与田园风光相结合。

综合以上的分析，可以看出以生物工程、环保农资、绿色食（药）品、农业科技旅游为特色的产业格局带来的土地开发的经济效益远远低于其他高水平的国家高新技术产业开发区。

10.3.2　循环经济理念的土地空间规划定位

从循环经济的原则出发，按照建设"田园城市"的目标，城市用地空间布局必须规避经济实力带来的城市发展制约，以生态适居性为主，以产业关联为辅，建设中小型规模生态文化城市，加速农科技成果转化的示范基地建设，以农业产业化推动城市化，通过城市化促进产业化。因此，城市用地空间分布，以片网状绿地为主，提高城市绿地系统与生态系统的自然平衡能力，按照城市功能的划分合理重组城市用地形态，调整不合理的城市用地，按照城市发展产业目标、人口需求有步骤分阶段地开拓新的城市建设用地，并对其进行总量控制。

规划首先强调生活居住用地的综合服务功能，突出居住环境的舒适性、宜人效果，以环境建设为本发展紧凑型城市空间布局，促进多功能社会化生活服务体系的建立。其次城市集中布局综合功能用地，适应农科城的发展需要，增强示范区的技术与经济辐射作用，加快第二产业的发展。此外，城市土地利用遵循节约用地的理念，尽可能依托老区既有设施和发展条件，改造城市用地的布局结构和功能结构的分布形态；新区建设坚持农村现代化、城乡一体化，将乡村已有非农业建设用地就地、就近改造扩展成新增城市用地，全面完善市政设施、社会服务设施，加强绿化、美化。

10.3.3　城市空间发展战略规划

（1）城市空间发展布局规划。按照杨凌城市发展目标，遵循城市土地利用分异演化的一般规律，规划应确定杨凌城市地域发展格局呈"城（点）-圈-轴"的空间分布模式。

城——杨凌城区。为普集、绛帐、杏林、武功、青化、哑柏六城镇之间的空间范围，为未来杨凌城市的中心城区，规划用地面积控制在 $100km^2$ 左右，用地呈团块扩展，内部空间布局呈轴带网络状发展。

圈——外围城镇圈。包括普集、绛帐、哑柏、杏林、武功、青化六镇，未来杨凌市的外围卫星城镇。

轴——未来受西安、宝鸡城市发展的空间竞争，杨凌将沿"西—宝"、"法—汤"和"周—乾"交通线呈轴向扩展，形成杨凌的直接经济腹地范围。

（2）城市空间功能规划。城市用地空间以网状城市生态绿地分割组织成"六区四园"的功能布局模式，它是城市中心区、片区、园区之间以城市干道相联系、永久性生态绿地相间隔，使各片区相互独立又相互协调的功能组织模式。

（3）城市空间管制规划。经过生态评价、发展战略分析和经济可行性分析、高新技术园区和科技农业园特征研究，最终确定了杨凌城市空间的"轴-带"管制结构。①轴，控制和联系各功能区片，平行于西农郿城路形成空间的秩序。城区共有四大轴线：位于东西城市边缘的产业发展轴；已形成的以西农为依托沿西农路延伸的科研服务轴；起自杨坚墓止于渭河的山水轴线旅游生态轴；在未来处于杨凌的中心地位的城市中心轴。②带，与不同的功能轴东西展开有机组合而成。滨水旅游发展带：作为各轴线的结束，为城市引入水的气息。生活服务发展带：主要城市居住区域，良好的生活绿地和城市公园给居民切实的田园城市的感觉。公共服务发展轴：整合各城市轴线的矛盾，又服务于各轴线，是城市服务与对外联系的窗口。产、学、研发展带：杨凌独有的历史、科技与生产汇集区域，融合杨凌特色的人文地理环境。

为了保证地域发展的衔接以及未来发展城市空间布局弹性的实现，规划毗邻杨凌的周边地区形成哑柏、武功和扶风等产业园区，各区在产业发展方向，用地功能布局和基础设施建设上应与杨凌城市发展区协调一致。

10.4 杨凌生态环境建设规划

10.4.1 生态环境的基本态势

杨凌地处渭河、漆水河和湋水河三水环绕的一、二、三级阶地，自然条件较好，千百年来的农业经济导致自然植被多被人工生态环境替代。目前，农业生产技术基本上仍然停留在传统的耕作技术基础上，节水灌溉面积也有限，水土光热资源的利用率基本上停留在较低的水平。水资源中地表水、地下水均有利用，地表水主要利用渭河水，但因地势平坦，缺乏建库条件，蓄水工程不足。近年，因垦殖率过高引致水土流失严重，并且因上游缺少污水处理设施引致渭河以及南干渠和高干渠水体严重污染。

10.4.2 生态建设的目标定位

杨凌是国家唯一的农业高新技术产业示范区，在城市区域历经千百年的开垦耕种后，自然生态环境已经面目非昔。因此，城市生态环境建设应以向自然回归为方向，以"认知回归"为目标，通过合理的生态保护功能区控制和城市生态环境整治，逐步调整土地、水等生态要素的分布格局，提高生态林地、生态农业用地和城市绿地用地面积，结合环境恢复安排若干人工湖泊及人工湿地，收集、截留雨水，调节区内小气候，涵养地下水源。经过努力，把杨凌建设成为生态环境优美、清洁、健康，社会经济繁荣，农科教发达，具有农科生态的物质-技术资源、高质量生活环境、高度文明的绿色生态城市和中国的农业硅谷。

10.4.3 生态功能区划

根据区内特点和分异规律，结合杨凌示范区的自然条件、经济发展需求、社会文化特质等因素选取生态、环境、经济、社会4项指标进行生态适宜性分析与评价，将示范区划分为4个生态功能区。

（1）林业生态功能区：主要分布在湋水河与漆水河岸沟坡地带。

（2）农业生态功能区：主要分布在三级阶地的五泉、大寨、杨村。

（3）城市生态功能区：主要为杨凌示范区规划范围。

（4）渭河滩地生态功能区：主要分布在渭河岸边一带。

10.4.4 生态规划的主要内容

（1）农业生态系统建设规划。农业生态系统建设以调整种植业结构为出发点，以改善农业生态环境要素质量为手段，发展绿色农业生产体系，依据循环经济"3R"原则组织利用农业资源，按照植物生产—动物转化—微生物分解的方式，在规模化生产的基础上，延长产业链，提高农业生产的整体效益。生态环境的建设重点是：农业供水系统和绿色林网体系按循环经济生产模式组织种养农业生态区、林果栽植区、良种繁育区、生态农业技术试验区、生态农业高新技术研制开发区的布局。

（2）生态产业发展建设规划。生态产业发展目标是构建绿色产业体系，主要方向是推广已经成熟的良种繁育、节水灌溉设备制造、生物工程、制药、农用植物化工和农副产品深加工、农业综合试验等行业，大力发展无污染或污染较小的高新技术企业，服务于农业，走农工商一体化的路子，形成规模效益。从循环经济理念角度看，主要是提高农业废弃物的资源化利用率和生物资源综合开发利用产业。

（3）农村能源建设规划。综合利用生物能源，推进沼气化，建设互补的多元化能源结构；充分利用生物资源，改变农村燃料结构，消除农村环境污染，建设生态型农村；大力发展沼气，积极开发太阳能，大力推广节能灶具，淘汰高耗能的农机具；积极引进先进技术，改进落后的设备和污染严重的工艺。

（4）城区生态建设规划。建设具有自然生态环境特征的现代化中小城市，重点建设绿色生态网、水系统循环体系和绿色社区；大力植树造林，建立示范区绿色保护屏障和环境调节器，沿着主要城市道路设绿色生态走廊，沿河设绿色防护林带，增加公园和城区绿地面积，把示范区建设成为一个环境优美、卫生整洁的公园城市。

（5）城市再生资源利用规划。城市再生资源利用的重点是对雨污水、生活垃圾的再生利用，其产品作为一种新的资源提供给城市，实现环境、经济和社会效益的多赢。杨凌的城市再生资源利用规划应综合考虑城市供热中心、污水处理厂、垃圾处理厂以及与之配套的雨污水收集、中水回用、供热管网和垃圾收集、运输等方面，优化配备，使其都能得到充分利用。图10-1就是一个按照循环经济理念设计的综合利用雨污水和生活垃圾的规划设想。城市的雨水和污水经过收集、生化处理成为一定标准的中水，其用于城市绿地浇灌、道路洒水、汽车冲洗、居民冲厕和部分工业企业的循环水；用于污水源热泵水源，为居民及公共建筑提供冬季采暖、夏季制冷和洗澡用热水。城市垃圾分类投放、收集和处理。生活垃圾进入垃圾综合处理厂通过发酵等形式产生沼气和有机肥料，沼气转化为城市热能。其他垃圾分类进入相应的城市垃圾处理系统进行综合处理[2]。

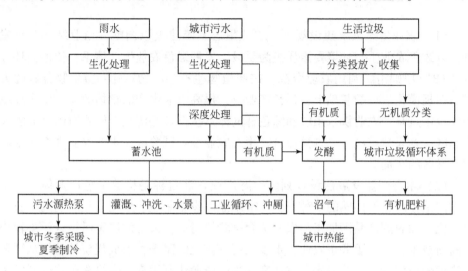

图 10-1　基于循环经济的城市再生资源利用规划

10.5　杨凌水资源发展建设规划

10.5.1　水资源特征

杨凌示范区水资源的基本特征表现为以下四方面。

（1）三水环绕。渭河、漆水河、漳水河环绕，水量有限。渭河多年平均流量 136.5m³/s，年径流总量 46.03 亿 m³。漆水河多年平均流量 4.15m³/s，最大洪峰流量 2260m³/s，年径流总量 1.31 亿 m³。漳水河多年平均流量 0.46m³/s，年径流总量 1448 万 m³。

（2）渠网密布。宝鸡峡主干渠、二支渠、渭惠渠等人工灌溉渠系流经本区。其中宝鸡峡主干渠年入水量 230 万 m³，渭惠渠年入水量 359.5 万 m³，宝鸡峡二支渠年入水量 917.1 万 m³，渭河滩民堰入水量 61.3 万 m³。

（3）地下水丰富。地下水资源以潜水为主，浅层地下水不能作为生活用水。深层地下水开采成本相对较高，而出水量较低，目前利用程度不高。目前地下水是城市供水源，但近年地表水水质逐渐下降。

（4）区域水资源尚有富裕。秦岭为天然的生态水库，在区域平衡下，黑河、石头河尚有一定给杨凌供水的能力[3]。

10.5.2　水资源规划的内容

（1）水源地保护规划。从城市发展水资源的供需分析和区域水体资源分布特征综合考虑，建立城市统一供水管网系统，将位于区内南部渭河阶地区地下水作为城市生活饮用水备用水源，按照水源地保护规划实施有效的保护。同时，结合杨凌的地理特点，引入石头河水库的水，并在三道塬上建新的供水厂，采用重力供水，作为城市生产、生活用水的主要来源。

考虑到杨凌现代化的农业示范区和现代化城市发展需求与供需矛盾协调，除了上述集中统一建设水源地和水源涵养地外，对于示范区内建设密度不大，用水要求低且离城市供水管网较远的地段，可适当保留部分自备水源。

从保护水源地生态发展出发，将示范区中部高速公路以北的区域划为生态水源保护地，加强地表绿地建设，结合人工湖蓄水补给地下水，并在周边规划建设宽阔的隔离林地和发展生态农业用地，涵养水源。

（2）分质供水管网规划。结合水资源紧缺现状，蒸发量大于降水量的现状矛盾，规划对城市给水管网进行分质改造，生活饮用水采用一级管网水；冲厕、城市绿化、农业用水采用经过处理的中水二级管网水。

（3）雨污分流排水管网规划。规划中按照集中统一给水量的90%的规模标准在示范区东南部人工渠下游建设占地面积约20hm² 的污水处理厂，建立统一污水排放处理与回收利用系统，并对原有合流管网进行分流改造处理，综合地形、地势和城市的用地布局等多方因素，将污水排放系统以人工河为界分为两个分水区，西部排水分区以生活、公共建筑为主，东部排水分区为混合区，同时建立示范区污水资源化利用的中水管网。工业园区部分项目的工业废水污染较重，不允许直接进入排水系统，必须单独处理达标后排入污水处理厂集中处理后再进入中水系统，用于农业灌溉或排入漆水河后进入渭河。

（4）城市水生态建设规划。结合污水排放系统在示范区东南部距污水处理厂500~1000m 处规划建设一深3~6m 的人工湿地，面积可根据具体情况随建随增，示范区生活污水经人工湿地自然降解后排入水体，污水处理厂建成后这部分污水全部进入污水处理厂，处理后回用。

（5）工农业用水协调措施。杨凌工业系统的冷却用水、工业化工用水等用水大多对水质要求不高，可以结合城市再生水管网连接，减轻城市水资源对经济发展和工业发展的约束。

10.5.3　水资源规划的实施措施

面对杨凌水资源的严峻形势和存在的问题，必须在水资源管理和利用上按照循环经济的理念，采取切实可行的措施，加强水资源的循环利用，促进杨凌经济、社会、环境可持续发展[3]。

（1）实施引水工程、确保水资源的循环利用。随着杨凌示范区社会经济的不断发展，对水资源的需求量将变得更大，目前，杨凌示范区供水的唯一水源是开采地下水，而且其可开采量已经超过可开采量的极限。若继续使用地下水资源，不仅不能满足示范区供水的需要，还很可能造成地下水位严重下降，形成漏斗，甚至地面下沉。因此，为了确保杨凌示范区水资源的可持续循环利用，保护地下水资源，维护杨凌地区地下水资源的总量平衡，必须实施区外引水工程。结合陕西省的水资源规划和杨凌的区位优势，利用石头河西安供水工程的有利地位和输水条件，是解决杨凌区内供水最经济可行、安全可靠的途径。实施石头河引水工程，每年从石头河水库引进饮用水源 3000 万 ~ 5000 万 m^3，基本上可以缓解了示范区今后 20 年发展的用水需求。

（2）加大污水治理力度，实现水资源的循环利用。城市污水也是水量需求、供给的一种潜在水资源，因此城市污水的再生利用是实现水资源循环再生利用，减轻水体污染程度，发展循环经济的有效途径。

城市污水再生必须按照用水企业、城市管网、城市污水处理厂及中水回用系统来实现。首先，各用水企业应该在生产流程中按照清洁生产法，采用先进技术、工艺，实现企业内部水的循环利用，对于无法重复利用的废水，根据建设项目"三同时"的要求，通过企业内部污水处理设施进行处理达标以后，排入城市污水管网，进入城市污水处理厂处理，处理后的水通过中水回用系统进行再利用；其次，区内各个排水单位必须实行雨污水分流制，与城市排水管网对接，确保生产生活污水进入市政污水管道，提高污水收集率；再次，建成的污水处理厂应该确保设施正常运行，提供稳定的中水水源；最后，建设城市中水回用系统，纳入城市总体规划和城市中水资源合理分配与开发利用计划。对于新建居住区和集中公共建筑区规划，同时编制污水再生回用规划，在城市道路建设中必须预留再生管道的位置，有条件的路段应预设再生水管道。

（3）节约用水，维护水资源良性循环。开展节约用水是保护水资源的战略措施，也是循环经济的必然要求，它不仅能改善供需平衡，还能减少污染，维护水资源的良性循环。根据杨凌的实际情况，应通过以下途径节约用水。

a. 大力推进节水标准化。节水标准化是研究、制定和贯彻实施节水标准的一系列活动。节水标准是评价水资源利用效率，以及评价地区、行业和企业用水单元的供水、取水等最后的科学的尺度，也是水资源循环利用的保障。节水标准无论是在水资源规划、用水计划制定，还是在取水许可、水资源收费、定额管理、节水型企业、节水技术开发、节水产品生产等方面都发挥了基础性的作用。

b. 积极发展节水工业，大力推广应用节水器具。发展以节水为目标的清洁生产，进行产业结构调整，加快工业企业技术改造，发展低耗水工业，淘汰和限制耗水量大的工业企业。同时，应加大推广应用节水器具的力度，将现有房屋使用不符合节水标准的用水器具全部更换为节水型器具，大力节约生活用水。

c. 发现并杜绝水的泄漏。这一途径包括用水器具及输水管网中的泄漏。示范区目前供水泄漏率在10%以上，应当尽快进行检修，以更加有效地发挥水资源的作用并节省供水系统的建设、运行费用。

d. 多渠道开发利用非传统水资源。这是节约用水的新观念、新途径，包括对本地水资源的有效保护和对外来水资源的大力应用。非传统水资源的开发利用是为了补充传统水源的不足，已有的经验表明，在特定的条件下，可以在一定程度上代替传统水资源，或者可以加速并改善天然水资源的循环过程，使有限的水资源发挥出更大的生产力。

（4）建立合理价格机制促进水资源利用的良性循环。目前，我国水资源价格普遍偏低，难以达到调节作用，也无法促进水的循环利用。据推算，我国水费仅占工业产品成本的0.1%~0.3%，占生活消费支出的0.23%，农业用水全国平均水价仅占供水成本的50%~60%。如此低廉的水价，难以有效地约束用水单位和个人形成高效的节约机制。目前，杨凌示范区的供水价格为1.47元/t（平均价格），扣除污水处理费0.30元/t和水资源费0.10元/t，剩余的仅能维持自来水厂的正常运行和管网维护，根本谈不上水厂及城市管网投资的回收。因此，必须合理确定水价，体现出水的商品属性，才能有效地促进水资源的良性循环。

a. 合理确定水价，建立水价调节机制。按照水资源的商品价值，水资源价格应包含自然资源本身价值和市场调节部分，由水资源价格、水工程价格及水环境价格构成。水资源价格体现水资源价值，水工程价格则反映通过具体或抽象物化劳动使资源水变成产品水后进入市场成为商品水所付出的代价，水环境价格是治理经使用的水体排出用户后污染他人或公共水环境和水环境保护所付出的代价。针对示范区目前的水价水平和居民的观念，首先实施自备井供水和自来水同一价格，然后进行认真系统分析，制定适时、适量、适地调整水价的计划，逐步将水价调整到水资源的合理价格。

b. 实行水资源类别价格,按照经济规律分质供水,实行优质优价,将各种水资源的供应价格拉开距离,尤其是中水和自来水价格应有较大的价差,使水资源利用趋向结构合理,并根据实际情况,适当调整水资源流向比例,实行不同行业不同价格,同时推行阶梯式水价,限制水资源的消费,对超定额用水阶梯加价,以促进节约用水和减少污染量,保护短缺的水资源。

(5) 建立水权有偿转让机制,优化配置水资源。谁污染谁治理、谁排污谁交费原则,已经成为我国环境保护工作的基本制度,逐渐被社会接受,随着工业化程度的不断提高,水污染问题已经成为阻碍社会发展的一大主要因素,我国现行的污染收费制度主要由当地政府来实施,用于污染的治理,但是由于水污染的流域性,上游污染,下游受害现象时有发生。流经杨凌示范区城区的渭河、小湭河、漆水河以及宝鸡峡所属的渭惠渠、渭高干渠均表现为上游污染,导致杨凌城区生态环境受影响。然而,杨凌对造成污染的企业无收费权,致使治理资金无法落实。为此,在现行排污收费的基础上建立污染收费交易制度不失为保护地方水资源的一大举措。

排污权交易是在满足环境要求的条件下,建立合法的污染物排放权即排污权(这种权利通常以排污许可证的形式表现),并允许这种权利像商品一样被买入和卖出,以此来进行污染物的排放控制。按照这一理论,陕西省应该制定相应政策,实行地区间排污权交易,以治理流经杨凌示范区城区的渭河、小湭河、漆水河以及宝鸡峡所属的渭惠渠、渭高干渠上游污染,杨凌也应在区内排污企业间核定排污总量,建立排污权交易市场,允许企业间排污权交易。同时,开展有偿转让节约用水量的水权,即按照各用水单位的生产生活情况和各行业间的用水标准核定各单位的用水量,以该用水量为基准,对超过该用水量的单位实行严格的罚款,对节约用水量的单位予以奖励,按照用水总量控制,允许用水企业之间进行用水量的水权交易,即超用水单位可以购买节水单位的水权,通过水权转让来促进企业进行技术改革,调整产品结构,优化配置水资源。

10.6 小 结

杨凌是国家唯一的农业高新技术产业示范区,已被列为国家循环经济的示范区。杨凌要抓住这个机遇,依据循环经济、生态城市和可持续发展的理念,编制循环经济发展规划,按照城乡一体化统筹发展,立足于产业、土地利用、生态建设和水资源保护,重点突出生态工业园区、生态住宅小区和绿地景观规划,把杨凌建设成为国家循环经济的示范区,为中小城市发展循环经济积累经验。

参 考 文 献

[1] 杨战社. 走循环经济之路,搞好园区规划建设:以杨凌农业高新技术产业示范区为例. 建筑技术开发, 2007 (1): 89-91.

[2] 杨战社, 高照良. 生态住宅小区水资源循环利用. 水土保持通报, 2007 (3): 167-170.

[3] 杨战社, 陈菲. 用循环经济理念. 促进杨凌水资源管理. 西安建筑科技大学学报 (社会科学版), 2005 (3): 13-16.

11 | 资源型城市循环经济可持续发展机制

第 10 章对资源型城市的一个代表——杨凌示范区进行了循环经济发展研究,而杨凌示范区循环经济发展只是资源型城市的典型代表,要想分析资源型城市循环经济可持续发展,有必要对资源型城市循环经济可持续发展机制进行分析,为资源型城市循环经济可持续发展提供策略。

11.1 资源型城市循环经济可持续发展机制研究的必要性[1]

资源型城市是依赖资源型产业发展起来的,其重点产业有其发展周期,所以资源型城市的循环经济发展也有其阶段性,在不同发展阶段资源型城市存在不同的发展问题,其主导产业不同,产业组合不同,势必造成循环经济发展模式的变化。但改革开放以来,我国经济发展迅速,未来短期或更长时间的发展变化难以完全预料与估算,因此关于资源型城市循环经济发展具体模式的设计,本章不再详细讨论。循环经济发展需要具体的模式设计,但循环经济发展的机制创建是保障循环经济可持续发展的关键,是资源型城市在不同发展阶段设计不同循环经济发展模式的保障。因此,本章主要讨论资源型城市不同发展阶段循环经济发展机制,以保障资源型城市循环经济得到可持续发展,也即资源型城市达到可持续发展[2-8]。

经营城市如同经营公司,高瞻远瞩型公司并非致力于取得高瞻远瞩领袖的人格特质,而是采取建筑大师的方法,致力于构建高瞻远瞩公司的组织特质,即要"造钟",而不是做"报时人"。资源型城市循环经济发展机制创建即是高瞻远瞩型公司的"造钟"。资源型城市循环经济发展就是要形成"政府主导、企业主体、公众参与、法律规范、政策引导、市场运作、科技支撑"的运行机制,逐步形成有特色的循环经济发展模式,推进资源节约型社会和环境友好型社会建设。

依据循环经济发展运作机理,资源型城市具有特殊的发展周期规律,所以对于资源型城市的循环经济发展,要形成危机管理,未雨绸缪,降低资源型城市的资源环境对社会经济发展的约束,使资源型城市达到可持续发展。资源型城市可持续发展是城市经营的共同愿景，其核心理念是"创造基业长青的城市"。为此，应该构建政府主导的宏观调控机制、激励与约束驱动机制、社会参与机制等，共同为资源型城市循环经济可持续发展搭建良好的组织结构，使循环经济中各个主体形成互补互动、共生共利的关系，降低循环经济运行成本，实现循环经济的动态稳定和长效发展。

11.2　资源型城市循环经济可持续发展机制

11.2.1　优化资源型城市循环经济发展的政府主导的宏观调控机制

政府主导的宏观调控机制基本含义为：政府是循环经济发展的责任主体。为解决市场缺陷，政府应充分运用行政、法律、经济、财政等手段，规范循环经济，保障可持续发展[9]。

1）科学制定循环经济发展规划并不断完善

政府是资源型城市循环经济发展的有力推动者，发展循环经济离不开政府的推动，即政府要为循环经济发展创造政策环境和市场环境。政府应根据城市自身发展特点和优劣势，研究循环经济发展的总体思路，编制符合循环经济发展的项目规划。在总体规划制定后，编制循环经济发展的具体实施方案，使循环经济发展规划的实施落到实处。并且根据城市的发展速度、国家发展政策，对循环经济发展规划适时做出调整和完善。例如，根据资源型城市不同发展阶段的产业组合，设计新的循环经济发展模式，形成新的循环经济产业链等。

将循环经济理念贯穿到各类经济规划、国土规划及城乡建设的各个层面。在城市的各项区域规划、城市总体规划、专项规划编制过程中，都应将循环经济的原则作为规划编制的依据，使其成为衡量规划合理性的标准。对于已经编制好的各项规划，要用循环经济的思想对其进行适当的修正和完善。循环经济发展规划应成为各规划的"总纲"，更重要的是，在今后城市的每个五年规划中，要充分体现循环经济的发展思想，为五年规划的经济、社会发展提供发展思路。

2）在循环经济试点工作中落实国家有关优惠政策

资源型城市在进行循环经济发展试点时，应当有效落实国家关于推进循环经济、清洁生产的各项优惠政策，并引导和鼓励企业自发地实现循环式生产。

3）完善循环经济发展制度建设

为使循环经济持续有序地进行，在资源型城市的不同发展阶段都能有效地执行循环经济，并不断地提升城市产业结构，需要建立一系列制度予以保障。例如，建设资源环境有偿使用制度、财政信贷鼓励制度、排污权交易制度、环境标志制度等，从生产到消费的各个领域，倡导新的行为规范和行为准则。

在管理办法方面，建立全国性的循环经济工作统一协调机构和利益协调机制，完善绿色经济目标体系和政府考核标准，建立与发展循环经济相适应的信息共享体系，加速培养循环经济发展的外部环境等。

4）建立循环经济发展的法律法规体系，规范循环经济，使其达到可持续发展

由于资源型城市在法律法规制定上的权限较小，因此要在国家法律允许的范围内针对城市循环经济发展特点，研究制定相关的规章制度，在循环经济实践的基础上，加快制定促进循环经济发展的规范性文件，通过政策法规对循环经济加以规范，做到有法可依，有章可循。

5）转变政府职能，加强部门合作

循环经济的社会发展机制建构是一项复杂的系统工程，需要各部门、各行业的合作与协调。要使循环经济政策得到有效的执行，必须改变部门之间相互推诿、不合作甚至掣肘的状况，转变政府职能。目前，要探索建立绿色国民经济核算制度，改革政府政绩考核机制，逐步建立绿色经济核算体系。从国家到企业都建立一套"绿色经济核算制度"。在经济核算体系中，要改变过去重经济指标、忽视环境效益的评价方法，建立一套能够使经济社会与环境资源协调发展的考核标准。

11.2.2 资源型城市促进循环经济发展的激励约束驱动机制[10]

循环经济的可持续发展，单依靠政府的宏观调控难以达到发展的自觉性和主动性，而完全依靠市场去配置自然资源和环境资源来推动循环经济的发展，显然也是有限的。循环经济的可持续发展需要政府和市场的双重力量，以社会主义市场经济体制为基础，综合运用经济手段和行政手段建立一整套利益驱动和激励机制。

1）发挥市场机制的作用

在循环经济发展中，不仅要利用市场发挥市场对资源配置的基础性作用。同时还要充分地创建市场，从而达到有效使用稀缺性环境容量和自然资源的目的。充分地发挥市场机制在推进循环经济中的作用，使循环经济具体模式中的各个主体形成互动互补、共生共利的关系。

利用市场的例子如征收环境税、押金返还制度等。设计和实施环境税收的目的是通过对资源环境的定价来实现环境质量的改善和自然资源的有效配置。以环境税为例，它是将环境成本内在化、防止"市场失灵"的重要途径之一。目前，世界各国征收的环境税已近百种，如燃油税、污染产品税等。与环境税相对应的是排污收费政策。押金返还制度，是指对可能污染环境的产品收取押金，当这些产品回到指定地点或处理厂时再返还押金。这一制度能促使污染产品的生产者和消费者共同承担起保护环境的责任，并分担环境税或环境收费，从而达到回收处理或安全存放废品的目的。可以收取押金的产品很多，如干电池、饮料罐或杀虫剂等。欧洲的许多国家都在积极推行这一制度。从发展趋势看，这一手段的应用将越来越广泛，对大多数种类的包装材料的回收处理，均可以采用这一措施，从源头减少废弃物的产生。

创建市场的例子如排污权交易。运用污染物排放许可证制度，政府主管部门对企业每年的排污量或资源消费量规定一个上限，许可证的价格由市场的供求关系决定。政府对污染物排放定价，排污量则由生态环境的承载能力决定。

2）完善资源型城市循环经济可持续发展的政策机制[11]

循环经济发展是在经济发展对资源环境的破坏影响下逐渐提出来的，它的发展是在许多国家不断出台的政策激励与约束下不断发展起来的。国家的相关政策是循环经济发展的有力推动力，所以资源型城市的地方政府要根据国家政策及自身情况，出台一系列相关政策，有效地保障循环经济的发展，如财政补贴政策、税收政策、金融投资政策、技术政策、价格政策、产业政策、购买性支出政策、国债转移支付政策、人才政策、资源管理政策（矿产资源、能源、水资源、旅游资源等）等。

对节能、降耗、减污的高新技术企业及新兴生态工业园的建设项目，在征地、审批和投资环境方面给予政策倾斜。对采用清洁生产工艺和资源循环利用的企业给予减免税收、财政补贴及信贷优惠政策，保证其产品的市场竞争力，为社会树立模范企业，做到以点带面。

以经济利益为纽带，制定充分利用废弃物资源的经济政策。一要通过政策的调整，使循环利用资源和保护生态环境有利可图，使企业和个人对生态环境保护的外部效益内部化。二要推进建设生态环境的有偿使用制度，并建立污染者治理、受益者补偿机制。逐渐提高各项排污费用，使污水处理厂、垃圾处理单位达到保本或者盈利水平，这样既可以吸引国内外资金和技术，保证其良性发展，又可以促使全社会加快实行清洁生产，减少排污，提高社会产品的循环率。总之，要重点研究制定促进节能、节水的鼓励政策，继续完善资源综合利用的税收优惠政策，研究提出建立生产者责任延伸制度的相关政策和机制，提出推动政府绿色采购、节能改造的政策等。

3）结构调整要围绕循环经济发展来实施，并加强相关技术改造力度

循环经济发展模式要根据资源型城市不同发展阶段，不同的产业结构提升水平来设计。相应地，产业结构调整和产业结构的合理化、高级化、生态化也是循环经济发展所要求的，产业结构要遵循循环经济的发展要求，优化资源配置，用循环经济理念指导资源型城市产业转型。严格限制新上高耗能、高耗水、高污染项目，加快淘汰落后技术、工艺和设备。鼓励发展资源消耗低、附加值高的第三产业和高技术产业，加快用高新技术和先进适用技术改造传统产业，不断增强高效利用资源和保护环境的能力。加大利用国债资金或财政预算内资金支持重点节能、节水和资源综合利用项目的力度。

11.2.3 构建学习型城市，建立职责分明的三级社会参与机制[12,13]

20 世纪中叶以来，世界范围内的科技革命日新月异，知识总量急剧增长，知识更新周期大大缩短，人类社会已经进入知识经济和信息时代。社会发展的关注点已经从以质量求效益转为以创新求效益，发展的基础已经从以物质资源为主转为以智力资源为主，国民的知识水平、科技素养、创新能力已经成为全球化背景下提高国家综合国力和国际竞争力的关键性因素。

循环经济是一种自觉的经济形态，循环经济的发展中涉及许多新的理念和新的生产方式和生活方式。循环经济思想的贯彻和循环经济具体的行动，要求构建学习型城市，使城市市民形成促进循环经济发展的自觉行动，可以说学习型组织和学习型城市的构建可以改变资源型城市市民的思维模式及心智模式，是城市文化及城市核心价值观的体现。

学习型城市构建成功的标志：一是全市上下形成比较浓郁的学习气氛；二是终身教育体系建立；三是形成政府、企业、社区、家庭等学习型组织；四是软硬件平台建设比较完善。

循环经济可持续发展机制需要政府、企业和公众共同努力营造[14]，通过学习型城市的构建，建立职责分明的三级社会参与机制。

1）规范政府参与职责

政府是循环经济发展早期的有力推动者和引导者，规范政府在发展循环经济中的职责是使循环经济达到可持续发展的有力保障。政府在发展循环经济中的职责包括：通过制定有关法律、法规，建立必要的管理体制和制度，引导、激励企业和社会共同推动循环经济的发展；从制定政策、调整产业结构、明确产权、加大投入、强化监督等方面发挥主导作用；通过直接投资、贷款贴息、税收优惠、调控价格、政府采购和信息发布等手段，促进企业发展清洁生产等。

2）明确企业参与职责

城市系统循环经济的发展主要表现在两大领域——生产领域和消费领域。生产领域为消费领域提供清洁产品或绿色产品，所以在循环经济的发展中，企业的责任意识的强弱直接关系着循环经济理念的贯彻执行的效果。企业参与责任意识的培养主要通过两种途径：一是宣传教育和引导。通过宣传教育和引导，使企业把资源循环利用和环境保护纳入企业总体创新、开发和经营战略中，自觉地在生产经营的各个环节采取相应的技术和管理措施，实施清洁生产，引导有利于循环经济的消费和市场行为，结合科技界开展科学研究，开发新技术、新工艺、新装备和新产品。二是借鉴发达国家的经验，采取行政和法律规范的办法，使企业明确发展循环经济是自己义不容辞的社会责任。

3）增强公众参与责任意识

公众在循环经济的发展中扮演消费者的角色，其消费心理对生产企业的生产具有引导作用。在循环经济的社会发展机制构建中，加强对公众的宣传教育，大力倡导绿色消费，使公众改变传统的消费观念和生活方式，树立与环境相协调的价值观和伦理观，自觉自愿地选择有利于环境的生活方式和绿色消费方式，使社会各行各业、各个社区、千家万户之间形成能量和物流的多层次交换网络，走上社会整体良性循环的轨道，共同营造一个和谐、文明的循环型社会。

11.3　小　　结

循环经济发展机制构建，使资源型城市在不同发展阶段的循环经济发展有序进行，是资源型城市循环经济可持续发展的保障。本章从宏观角度，对资源型城市循环经济发展机制进行了分析，包括优化政府主导的宏观调控机制，促进循环经济发展的激励约束驱动机制，构建学习型城市，建立职责分明的三级社会参与机制。

参 考 文 献

[1] 高丽敏. 资源型城市循环经济发展的可持续性研究. 兰州：兰州大学.

[2] Yu F, Han F, Cui Z. Evolution of industrial symbiosis in an eco-industrial park in China. Journal of Cleaner Production, 2015, 87：339-347.

[3] Li H, Dong L, Ren J. Industrial symbiosis as a countermeasure for resource dependent city：A case study of Guiyang, China. Journal of Cleaner Production, 2015, 107：252-266.

[4] Geng Y, Zhu Q, Doberstein B, et al. Implementing China's circular economy concept at the

regional level: A review of progress in Dalian, China. Waste Management, 2009, 29 (2): 996-1002.

[5] Zhang L, Yuan Z, Bi J, et al. Eco-industrial parks: National pilot practices in China. Journal of Cleaner Production, 2010, 18 (5): 504-509.

[6] Mathews J A, Tan H. Progress toward a circular economy in China: The drivers (and inhibitors) of eco-industrial initiative. Journal of Industrial Ecology, 2011, 15 (3): 435-457.

[7] Feng Z, Yan N. Putting a circular economy into practice in China. Sustainability Science, 2007, 2 (1): 95-101.

[8] Su B, Heshmati A, Geng Y, et al. A review of the circular economy in China: Moving from rhetoric to implementation. Journal of Cleaner Production, 2013, 42: 215-227.

[9] 张晓华, 沈金生. 关于发展循环经济的技术与产业结构调整问题研究. 西南民族大学学报 (人文社科版), 2006, 9 (1): 192-196.

[10] 吉小燕, 郑垂勇. 基于循环经济的产业结构高度化判别. 商场现代化, 2006, 478: 337-338.

[11] 张昌蓉, 薛惠锋. 基于循环经济的产业结构调整. 生产力研究, 2006 (4): 197-199.

[12] 桑金琰. 循环经济发展模式下的我国产业结构调整问题研究. 山东理工大学学报 (社会科学版), 2005, 21 (6): 12-15.

[13] 朱明峰, 梁木梁. 循环经济对资源型城市发展的导向研究. 资源与产业, 2006, 8 (1): 1-3.

[14] 鲁仕宝, 裴亮. 中国开放时期循环经济理论与实证研究. 北京: 中国原子能出版社, 2016.